新バイオテクノロジーテキストシリーズ

分子生物学 ［第2版］

NPO法人 **日本バイオ技術教育学会** 監修

池上 正人・海老原 充 著

講談社

監修の言葉

　新しく「分子生物学　第2版」を皆さんにお送りすることができ，大変嬉しい気持ちです．「生化学」を勉強した皆様は「分子生物学」とはどのような分野なのかと疑問に思うことでしょう．それはこの2つの分野は重なり合う部分が多いからです．

　1960年のころから分子生物学という言葉が使われるようになったと記憶しています．生化学を芝居でいうと，舞台で演じている役者のように，その働きがわかっている俳優同士の関係を研究する分野です．これに対して，分子生物学は裏方で働いている人，たとえば台詞を書く人，演出者，監督や照明を担当する人たちの活動を説明する学問と理解していただくとよいでしょう．細胞分裂が時系列に沿って起こるとき，または細胞が色々な細胞に分化していく時に，重要な役割をしている生化学的な反応を研究するのが分子生物学といってよいと思います．技術的には生化学なのです．したがってこの生化学と分子生物学は重なり合っている部分が多いのです．このように理解して勉強されることをお勧めします．

　最後に一言付け加えますと，専門学校の学生の方々には，様々な個所で理解するのに困難をおぼえることがあるかもしれません．特に第7章と第8章に述べられている内容は，分子生物学の最前線で行われている研究の紹介と受け止めていただきたいと思います．

　日本語で書かれた教科書としては，図表による説明が多いのも特徴です．次のステップに進むための参考書も紹介され，バイオに興味のある方々にとって良いガイダンスとなっていることでしょう．

　最後に，執筆された先生たちのご努力に感謝いたします．

2013年9月
NPO法人日本バイオ技術教育学会
理事長　小野寺一清

はじめに

　本書は,「新バイオテクノロジーテキストシリーズ」の教科書として企画された.本シリーズは,バイオテクノロジーの学問に興味をもって大学に入った1,2年生,短期大学,専門学校などの学生のための,基礎科目の教科書シリーズとして上梓した.

　ワトソンとクリックによる"DNAの構造"の発見以来,生命現象の謎を分子の構造と機能をもとに理解しようとする分野が誕生した.いわゆる分子生物学である.分子生物学は大腸菌およびそれに感染・増殖するバクテリオファージやプラスミドを研究材料に用いて,長足の進歩を遂げた.それに伴って遺伝子の本体であるDNAを,機能をもつ物質として取り扱う生化学的技術も進み,1960年代から1970年代にかけて,遺伝子DNAの細胞内の機能,すなわち遺伝子の転写,DNAの複製,DNA修復,遺伝子組換えなどについて多くの成果が得られた.これらの成果をもとに,1973年には,大腸菌における組換えDNA技術が創出され,さらに塩基配列決定法などのDNAを解析する技術が次々と開発された.これにより原核生物を中心に発展してきた分子生物学の研究領域がより複雑な真核生物などに広がっていったのである.分子生物学は幅広い生物群を研究対象にすることができ,生物学の中心的な領域を占めるようになった.特定の遺伝子を膨大な数の遺伝子の中から単離することは,それまではまったく不可能であったが,組換えDNA技術はそれを可能にした.さらにヒトを含む数多くの微生物,動物,植物のゲノムの全塩基配列が次々に決定され,高等生物の分子生物学は爆発的に発展した.今日はすでにポストゲノムの時代に入っている.急速に発展してきた分子生物学は医学,薬学,農学など幅広い分野に浸透し,食品や薬,病気の診断や治療などわれわれの生活に大きく貢献している.

　「バイオテクノロジーテキストシリーズ」として分子生物学（第1版）が出版されたのは今から9年前である.その間の分子生物学の進展は目を見張るものがあり,今回,新しい知見を盛り込んだ教科書を上梓する運びとなった.

　本書は分子生物学を初めて学ぶ学生にも理解を深めていただけるように多くの図を取り入れて,基礎からわかりやすく解説した.また,各章の終わりには"まとめ"の項目を設け,要点を簡潔に記した.さらに,中級・上級バイオ技術者認定試験対策用テキストとして利用していただけるよう配慮した.中級・上級バイオ技術者認定試験対策としてぜひ理解していただきたいキーワードは青字で,その他の重要語句は太字で示したので,勉学に役立てていただきたい.

　なお,本書の出版にあたっては,講談社サイエンティフィク編集部の三浦洋一郎氏をはじめ多くの方々にお世話になった.記して深くお礼申し上げる.

2013年9月

池上正人
海老原充

目次

監修の言葉 ………………………………………………………………………… iii
はじめに …………………………………………………………………………… v

第1章 細胞とゲノム … 1

1.1 生命とは … 2
1.2 細胞の構成成分 … 3
- A 原核細胞と真核細胞の構造 … 4
- B 細胞小器官 … 6
- C 共通性としてのDNA … 9
- D 遺伝情報の流れ … 10

1.3 多様性（環境の違い→エネルギー獲得の違い） … 10
1.4 細胞骨格 … 10
1.5 細胞コミュニケーション … 11
まとめ … 16

第2章 情報高分子 … 17

2.1 DNA … 18
- A 遺伝物質としてのDNA … 18
- B DNAの構成成分 … 21
- C 二重らせん構造 … 23

2.2 RNA … 26
- A RNAの構造 … 27
- B mRNAのキャップ構造 … 29

2.3 核酸の物理的性質 … 30
- A DNAの吸光性 … 30
- B DNAの立体構造 … 31

2.4 核酸の化学的性質 … 32
2.5 タンパク質 … 33
- A タンパク質の基本単位 … 33
- B タンパク質の構造 … 34
- C タンパク質翻訳後のプロセシングと修飾 … 39

まとめ … 43

第3章 ゲノム … 45

| 3.1 | ゲノムとは何か | 45 |

3.2 真核細胞のゲノムと遺伝子　45
- A　クロマチンと染色体 … 45
- B　核ゲノムの中の遺伝子の構成 … 46
- C　rRNA遺伝子の構造 … 47
- D　遺伝子ファミリー … 48
- E　高度に反復した配列 … 48
- F　*Alu*ファミリーと*LINE-1*ファミリー … 50
- G　テロメア配列 … 50
- H　ゲノムの解析方法 … 51

3.3 細胞小器官のゲノム　53
- A　葉緑体ゲノム … 53
- B　ミトコンドリアゲノム … 55

3.4 大腸菌（原核生物）のゲノムと遺伝子　56
- A　大腸菌の遺伝子の構成 … 56
- B　プラスミド … 57
- C　大腸菌の接合 … 58

3.5 トランスポゾン　60

3.6 バクテリオファージ　62
- A　T4ファージ … 62
- B　λファージ … 64
- C　M13ファージ … 66

まとめ … 68

第4章　DNAの複製　71

4.1 DNAの半保存的複製　71
4.2 複製開始点と複製の方向性　73
4.3 DNAポリメラーゼ　73
4.4 DNAの半不連続複製　75
4.5 複製開始機構　76
4.6 DNA鎖伸長反応の分子機構　77
4.7 複製の完結　79
4.8 複製過程におけるエラーの修復　80

	まとめ	82

第5章 転写と転写後プロセシング　　83

5.1 転写　　83
- A 転写反応　　83
- B 原核生物の転写と転写調節　　84
- C 真核細胞の転写　　92
- D アンチセンスRNA　　102
- E RNAサイレンシング　　103

5.2 転写産物のプロセシング　　106
- A 5′キャップ構造とポリ(A)構造　　107
- B スプライシング　　108
- C RNAエディティング　　115
- D ゲノムインプリンティング　　116

まとめ　　118

第6章 翻訳　　121

6.1 コドン　　121

6.2 tRNA　　123

6.3 アミノアシルtRNA合成酵素　　124
- A ペプチド鎖合成の開始反応　　125
- B ペプチド鎖の伸長反応　　127
- C ペプチド鎖合成の終結反応　　128
- D 真核細胞における翻訳　　128

まとめ　　130

第7章 変化するDNA　　133

7.1 DNA変異とは　　133

7.2 DNA過誤とDNAの損傷　　133
- A 点変異　　134
- B 欠失・挿入変異　　135
- C 転座　　137
- D ホットスポット　　138
- E 変異による影響　　138

7.3 DNAの修復機構　　141

| A | 複製時のミスを修復するミスマッチ修復系 …………………………………… 141 |
| B | 複製時以外のミスマッチを修復する除去修復 …………………………… 142 |

7.4 遺伝的な組換え　146

A	大腸菌の相同組換え（RecBCD 経路）………………………………………… 147
B	真核生物の相同組換え …………………………………………………………… 148
C	遺伝的組換え ……………………………………………………………………… 148

7.5 分子進化　150

7.6 分子時計　151

| A | 遺伝子の重複 ……………………………………………………………………… 152 |
| B | 進化――遺伝子にはファミリーがある―― ……………………………… 153 |

7.7 変異と進化　155

まとめ …………………………………………………………………………………………… 160

第8章　高等生物の分子生物学　163

8.1 情報伝達（シグナル伝達）　163

| A | シグナル伝達経路とは ………………………………………………………… 163 |
| B | シグナル伝達の流れ …………………………………………………………… 165 |

8.2 細胞周期とその調節　166

| A | 細胞周期とは ……………………………………………………………………… 167 |
| B | 細胞周期の制御 …………………………………………………………………… 169 |

8.3 がん　171

| A | がん遺伝子 ………………………………………………………………………… 171 |
| B | がん抑制遺伝子 …………………………………………………………………… 175 |

8.4 細胞死　176

| A | カスパーゼ ………………………………………………………………………… 177 |
| B | 外部アポトーシス経路と内部アポトーシス経路 ………………………… 178 |

8.5 免疫による認識と反応の分子機構　180

A	体液性免疫応答と細胞性免疫応答 …………………………………………… 180
B	リンパ球細胞 ……………………………………………………………………… 183
C	抗原と抗体 ………………………………………………………………………… 183
D	免疫系の多様性（遺伝子再構成）…………………………………………… 185
E	主要組織適合系複合体遺伝子群と組織適合抗原 ………………………… 188

まとめ …………………………………………………………………………………………… 190

索引　192

第1章 細胞とゲノム

　分子生物学という言葉が使われるようになったのは，ロックフェラー財団のウィーバー（W. Weaver）によって1938年に提唱されてからといわれている．当時は，遺伝物質がDNAであることが科学者の間で共通の認識として認められていなかった時期であったことを考えると，今日の分子生物学の興隆を予言した卓越した提案だったといえよう．しかし，以後，分子生物学が花開くまでには長い年月を要した．もちろん，1953年にワトソン（J. D. Watson）とクリック（F. H. C. Crick）によるDNA二重らせん構造やニーレンバーグ（M. W. Nirenberg）やレダー（P. Leder）による遺伝暗号の解読などの注目すべき報告もあったが，分子生物学を発展させるためには，制限酵素やリガーゼを用いた遺伝子組換えや大腸菌への形質転換，さらにはハイブリダイゼーションや塩基配列決定法の確立など，現在も用いられている分子生物学的技術が一般的になった1970年代後半から1980年代前半まで待たねばならなかった（表1.1）．

　その後の分子生物学の急速な発展には目を見張るものがあった．1980年代後半には，すでにヒトゲノム配列決定に向けた動きがはじまり，2001年にはヒトゲノム配列の概要が発表されるに至った．現在では，数多くの生物のゲノム配列が決定したばかりでなく，同じ

表1.1 分子生物学の進歩

年	出来事
1859年	ダーウィンが「種の起源」を出版
1865年	分離と独立の法則を発表
1869年	DNAの発見
1910〜1916年	遺伝子が染色体上に存在することを証明
1931年	組換え現象を発見
1938年	「分子生物学」の誕生
1941年	一遺伝子一酵素説発表
1944年	遺伝子の本体がDNAであることが共通認識となる
1953年	DNA二重らせんの発見
1958年	半保存的複製を証明
1961年	mRNAの発見
1966年	遺伝暗号の解読
1970年	制限酵素の発見
1973年	プラスミドDNAの利用
1975年	サザンハイブリダイゼーション法の開発
1975年	モノクローナル抗体作製法の開発
1977年	DNA配列決定法
1977年	イントロンの発見
1987年	PCR法報告
1995年	インフルエンザウイルスの全ゲノム配列決定
1996年	酵母の全ゲノム配列決定（真核生物初）
2003年	ヒト全ゲノム配列決定

生物種にみられる多様性の解析や疾病の解析が進み，アイスランドでは全国民を対象とした遺伝子検査が行われるなど，ポストゲノム時代とよばれる新しい分子生物学の時代に移行しつつある．

第1章では，まず生命とは何か，その基本構造を理解した上でゲノムの構造と機能に隠された生命の神秘をひもといていくことにしよう．

1.1 生命とは

生命は，自己を複製することができる分子装置が外界から隔離された時にはじまったと考えられており，それが細胞のはじまりでもある．地球上には1億種にもおよぶ生物が存在しているといわれており，それぞれが自身と同じ細胞（個体）を複製して子孫を残すことで，太古の昔から現在まで，姿を変えつつも種として存在し続けている．ワトソンとクリックが，遺伝物質であるDNAが二重らせん構造をとることを発表した20世紀には，人々は生物がもつ共通性を驚嘆とともに受け入れた．しかし，植物と動物，微生物とヒトといった違いを例に出すまでもなく，外見もエネルギー獲得形式も生物によって大きく異なっていることは自明の理である．今世紀になって次々と明らかになってきているゲノム情報は，ヒトとチンパンジーのゲノムにおける違いがわずかに1%程度であること，そしてヒトとヒトの個人差が0.1%程度であることなど，生物種の違いが予想以上に小さいにもかかわらず，同一種内にも多くの遺伝的多様性が存在していることを明らかにした．

ヒトゲノムが解析される以前は，「ヒト遺伝子配列が明らかになった直後に，遺伝子がもつ機能はもちろん，さまざまな病気の原因や治療法が開発され，分子生物学が明らかにすべきことの多くは『解決済み』という判子を押されるだろう」と考えられていた．しかし，現実は異なり，パラダイムシフトが生じている．エピジェネティックな現象や非コードRNAなど，生物がもつ謎はまだまだ解き明かされていないのである．

いうまでもなく，すべての生物の基本は細胞である．意外かもしれないが，地上の生物のうちの大半が単細胞生物であり，ヒトのように数十兆個もの細胞からなる多細胞生物は例外といってもよい．多細胞生物は相互の情報交換を行うとともに，個体として生き残ることができるように細胞が独自の分化を遂げ，役割分担を行う．いずれの生物においても，生物は細胞という基本単位をもっており，その細胞には，種を決めるゲノムとよばれる遺伝情報が保存されている．ゲノム情報に従い細胞の内外のさまざまな材料を用い細胞が分裂し，遺伝的に同等な細胞がつくられる．

細胞は，マイコプラズマのような最小のもので0.2 μmであるが，神経細胞では数cmにもなり，形もさまざまである（図1.1）．しかし，細胞の構成成分をみていくと，多くの共通な器官が存在していることに気づくだろう．

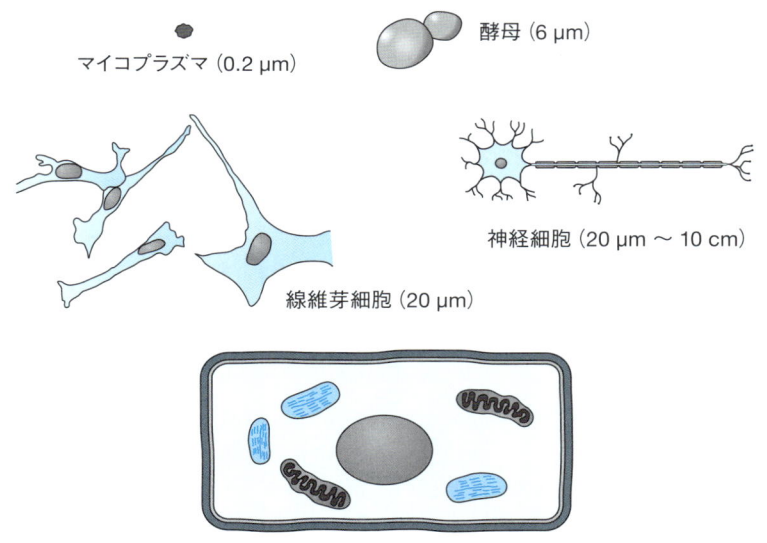

図1.1 細胞の大きさの多様性
細胞は，大きさだけでなく形もさまざまである．

1-2 細胞の構成成分

　すべての細胞に共通する特徴は，細胞膜が存在することである．細胞は，細胞膜を介して栄養素を取り込み，老廃物を排出するなど，選択的な物質の透過を行っている．細胞膜はラップのような透過性が低い膜ではなく，きわめて流動性が高い脂質で形成されている．これらの脂質は，水に溶けにくい疎水性と水に溶けやすい親水性の部分からなっており，両親媒性という物理化学的特性をもつ．そのため，水環境下において，疎水性領域どうしが向かい合い，親水性領域が外側を向いた二重層構造をとる（図 1.2）．膜に最も存在する

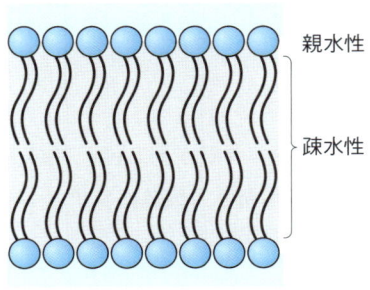

図1.2 脂質二重層構造
疎水性の尾部を内側に親水性の頭部を外側に向けて二重層構造を形成する．

脂質はリン脂質であり，親水性の頭部と脂肪酸からなる疎水性の尾部からなる．動物細胞においてはリン脂質1分子あたり1分子のコレステロールが存在し，脂質二重膜の透過性を減少させていることが示されている．動物細胞の脂質二重膜の外側には糖を含む脂質である糖脂質が存在し，細胞膜の外側の脂質の5%程度を占めている．

細胞膜のほぼ半分にあたる重量がこれらの脂質分子であるが，細胞膜には脂質だけではなく多くの膜タンパク質が存在しており，これらは膜上で移動が可能である．これら膜タンパク質や細胞外に分泌されるタンパク質には，糖鎖が結合しているものが多く，糖タンパク質とよばれている（図1.3）．このようなタンパク質のはたらきにより，物質や細胞外からの情報が細胞内に輸送される．

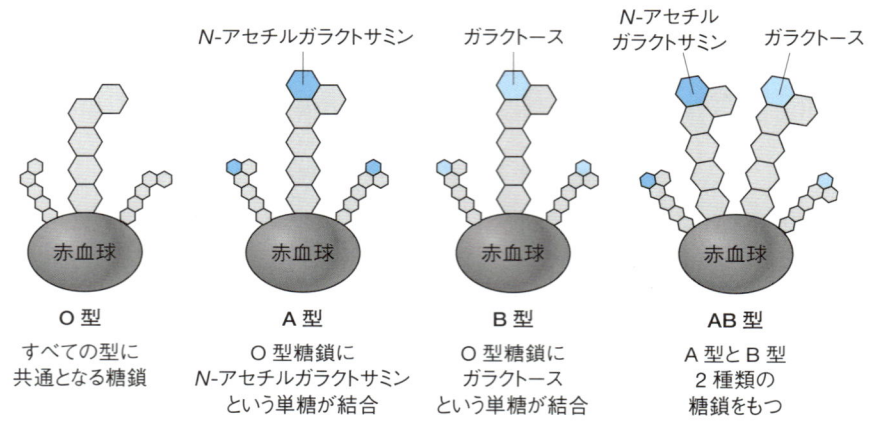

図1.3　血液型は糖タンパク質で決定する
赤血球上のタンパク質に結合する糖が何であるかによって血液型が決定している．AB型は，A型・B型双方の糖をもっている．

A　原核細胞と真核細胞の構造

細胞は，遺伝物質であるDNAを核膜で取り囲んでいるかいないかによって，原核生物・真核生物に分類される．

1. **原核細胞**

   DNAとその産物であるタンパク質が同じ区画に存在し，DNAを収める明確な区画が存在しない．これには細菌と古細菌が属する．

2. **真核細胞**

   原核生物と異なり，核膜によって区切られるDNAを収める区画があり，細胞質との物質のやりとりは核膜に存在する核膜孔を通じて行われる．

原核生物は，細菌（バクテリア）と古細菌（アーキア）に大別される．細菌は，さらにグラム陰性菌，グラム陽性菌の2つのグループに分けられる．グラム陽性菌には細胞膜の外側に細胞壁が存在し，その細胞壁成分がグラム染色液と反応することで染色される．一方，グラム陰性菌は細胞壁の外側にさらに膜が存在するため，グラム染色性が喪失する．これらの細菌には細胞内に単一な水性区画があり，細胞質とよばれている．

古細菌の外見は細菌と酷似しており区別することは困難であるが，DNAの複製・転写・翻訳装置が真核生物に似ている一方，代謝系は細菌に似ており，さらに高温・高塩などの極端な環境を好んで生育する特徴がある．

細菌も古細菌もゲノムサイズは10^6〜10^7塩基対程度であり，1,000〜6,000個の遺伝子がコードされている．ほ乳類に寄生して生活するマイコプラズマは約500個の遺伝子しかもたないこと，すべての生物が共通して保持する遺伝子数は100に満たないことなどから，自立して生活する細菌に必要な遺伝子数は，数百個程度と見積もられている．ただし，多くの自立的に生存できるバクテリアは，1,500以上の遺伝子をもつことが知られている（表1.2）．ゲノムサイズと遺伝子数は，必ずしも相関があるわけではない．また，さまざまな機構により，実際のタンパク質の種類は表の数値よりもかなり多いと推定される．

表1.2 ゲノムサイズと遺伝子数

生物名	ゲノムサイズ（1個体あたりの塩基対数）	遺伝子数（推定）
マイコプラズマの一種（細菌）	5.8×10^5	468
大腸菌（細菌）	4.6×10^6	4,289
炭疽菌（細菌）	5.2×10^6	5,634
メタノコックス（古細菌）	1.6×10^6	1,750
酵母（真菌）	1.2×10^7	約6,300
シロイヌナズナ	1.4×10^8	約26,000
キイロショウジョウバエ	1.3×10^8	約14,000
ヒト	3.2×10^9	約24,000

真核生物の細胞には膜で区切られた区画がいくつもある点が原核生物と大きく異なる．それらは，核，ミトコンドリア，小胞体，ゴルジ体，エンドソーム，リソソーム，ペルオキシソーム，それに植物に存在する葉緑体などである．これらは，細胞小器官とよばれる．また，膜による明確な区画とはなっていないが，核内には核小体とよばれる領域が存在し，リボソームRNA（rRNA）がリボソームへ組み込まれる場であることが明らかになっている（図1.4）．

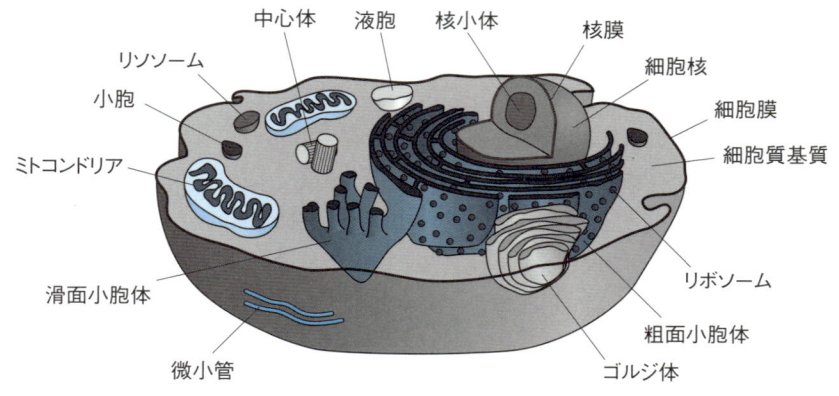

図1.4 細胞小器官
植物細胞では，上記の細胞小器官に加えて葉緑体が存在する．

B 細胞小器官

a 核

　真核細胞にのみ存在する核の総体積は細胞全体の10％を占めていて，最大の細胞小器官である．核は脂質二重膜によって囲まれており，細胞質から区別されているとともに，その核膜は細胞質に伸び小胞体膜とつながっている．この核膜は，核膜内側の薄い網目状のラミンとよばれる中間径フィラメントによって支えられていて，この中間径フィラメントが核ラミナを形成する．核と細胞質の水性環境は同一と考えられるが，核膜の存在によって核内ではたらく酵素の局所的濃度を上昇させることにより生化学反応を促進するとともに，他の場所で作用すべき生化学反応の影響を抑えるはたらきがあると考えられている．物質の移動は核膜孔を通して，50 kDa以下の分子は拡散による受動輸送，それ以上の分子は能動輸送によって行われる（図1.5）．

　核には染色体DNAが格納されている．ヒトの場合は，合計約3.2×10^9塩基からなる24本の染色体に分かれている．真核生物は，原核生物よりも多くの遺伝子をもつばかりではなく，タンパク質にはならないDNA領域（非翻訳領域）も多い．驚くことに，ヒトのゲノムサイズは真核生物の中ではそれほど大きくなく，イモリ，シダ類，アメーバなどの方が桁違いに大きいことが明らかになっている．

　染色体DNAは1細胞あたり2 mにもなるため，高度に折りたたまれて核内に収納されている．この折りたたみのためには，八量体を形成するヒストンなどのタンパク質が結合し，ヌクレオソーム構造をとる．さらにこれらが折りたたまれることにより，凝集したDNA-タンパク質複合体であるクロマチンを形成している．

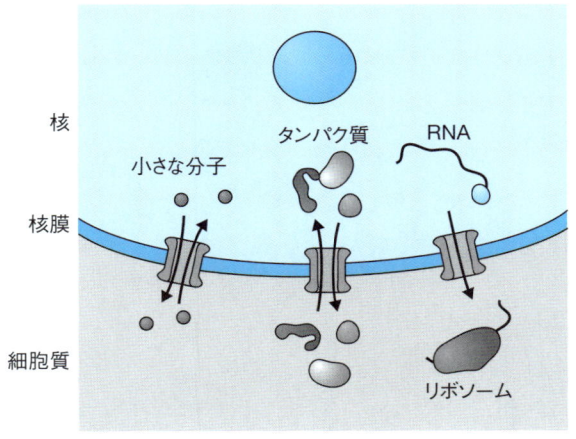

図1.5 核と核膜を介した輸送
50 kDa 以下の小さな分子は拡散により核膜を自由に行き来できるが，それ以上の分子（タンパク質や核酸）は能動的輸送によって運ばれる．

b 細胞質

　細胞質は，タンパク質の合成の場であるとともに，多くの酵素反応が行われる場でもある．細胞質にはさまざまな物質が存在しており混み合った状態であるにもかかわらず，拡散により 0.2 秒で 10 μm といったスピードで基質が移動することが知られている．酵素が 1 秒間に何百，何千という基質と反応するのは，こうした拡散のスピードによる．

c 小胞体・ゴルジ体

　原核細胞には存在しないにもかかわらず，真核生物では全膜総量の約 50％を占めているのが小胞体（endoplasmic reticulum：ER）である．小胞体膜は，環状ないし袋状の構造をとっており，核膜ともつながっている．小胞体はさまざまな機能を担っており，細胞膜に局在するタンパク質や分泌されるタンパク質の生合成，シグナル伝達などに使われる Ca^{2+} の貯蔵庫，さらには脂質の合成なども行われている．小胞体にはリボソームが結合しているもの（粗面小胞体）と結合していないもの（滑面小胞体）がある．膜タンパク質や分泌タンパク質は，合成がスタートした直後にシグナルペプチドが認識されることにより小胞体と結合し，合成されたタンパク質は小胞体に挿入される．その後，小胞体が出芽するように移行小胞体が生じ，ゴルジ体へとタンパク質を輸送する．ゴルジ体は細胞に存在する多くの糖を合成する場であり，小胞体からやってくるタンパク質に糖鎖を付加する役割をもつ．また，ゴルジ体は層構造をとっており，小胞体からの分子を受け取るシス面と細胞膜などへ分子を放出するトランス面とに大別される（図 1.6）．タンパク質への糖鎖の付加は，それぞれのゴルジ層内で決まった順序で行われることが知られている．

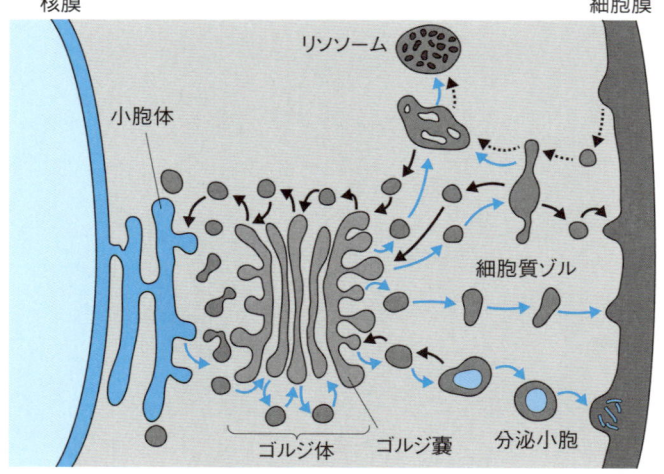

図1.6　小胞体とゴルジ体
ゴルジ内で修飾を受けたタンパク質は，分泌小胞を介して膜に運ばれて細胞外に分泌される．

d　ミトコンドリア

　ミトコンドリアは，真核生物が必要とするエネルギーの大半をつくり出すエネルギー工場である．解糖系だけでつくられるエネルギー量の約15倍ものエネルギー（ATP）をつくり出すことができ，これが真核生物の複雑な活動を支えているといっても過言ではない．
　一般的な細胞に含まれるミトコンドリアの数は，数十から数千個といわれており，核のゲノムとは異なる独自のDNAをもっている．ミトコンドリアのDNAはヒストンをもたない環状DNAであることなどから，太古の自由生活をしていた好気性細菌が嫌気性の真核細胞によって飲み込まれることにより，細胞内共生をはじめた名残りであると考えられている（細胞内共生説，図1.7）．

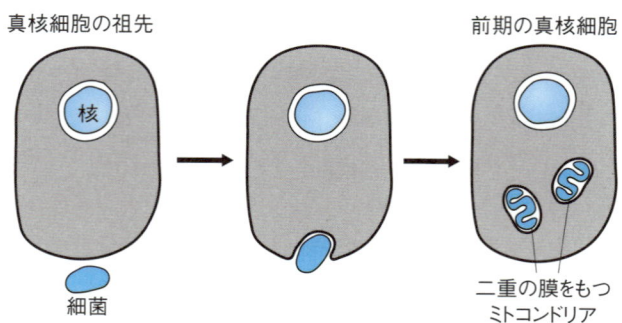

図1.7　ミトコンドリアの細胞内共生説
環状DNAをもった細菌が取り込まれ，別々のDNAをもった細胞小器官として共生をはじめた．

e エンドソーム・リソソーム・ペルオキシソーム

細胞は，細胞外の巨大分子や他の細胞をエンドサイトーシスとよばれる機構により取り込む．取り込まれた分子はエンドサイトーシス小胞となり，エンドソームとよばれる区画に運ばれる．その後，リソソームに運ばれて酸性加水分解酵素群により消化される．植物における液胞は，リソソームと同様の酵素群をもつことが知られている．

ペルオキシソームは，カタラーゼなどの酸化酵素をもつ小器官であり，ミトコンドリアと異なり，独自のDNAをもっていない．しかし，真核細胞の中に共生することでミトコンドリアが行っていない酸素濃度の低下にかかわる化学反応を行うようになったのではないかといわれている．

f 葉緑体

植物や藻類には，光合成を行う細胞小器官である葉緑体が存在する．葉緑体は，色素体（プラスチド）とよばれる一群の細胞小器官の1つであり，ミトコンドリアと同様に独自のゲノムDNAをもっている（図1.8）．葉緑体では，NADPHやATPを使用して，糖などの有機物を産生する．

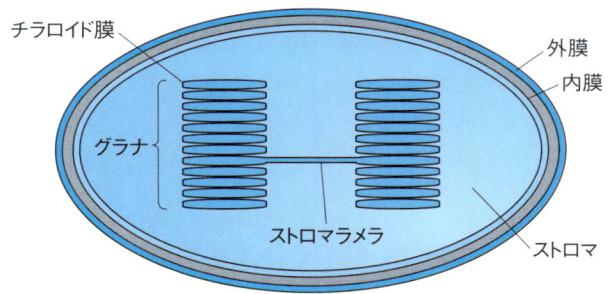

図1.8 葉緑体の構造
葉緑体は大気中の二酸化炭素を固定し，多くの生物の食料生産を行っている．

C 共通性としてのDNA

ヒトは言語を通してコミュニケーションをとるが，世界には数千の言語があるとされており，異なる言語を用いたコミュニケーションはきわめて困難である．同様に，生物にも驚くほどの形態的・機能的多様性があり，DNAという言語がすべての生物に共通であることが明らかにされるまでは，生物の起源が同じであることは信じがたいことであった．しかし，レトロウイルス（生物であるかどうかの議論は抜きにして）のようなRNAを遺伝物質とするものを除くと，すべての生物はDNAを遺伝物質として使用していることが，地球上の生物が起源を同じとしていることを強く示唆している．

DNAとその構成要素である4つの塩基については，次章で詳しく解説することにする．

D 遺伝情報の流れ

分子生物学の基本概念として，1958年にクリックが提唱した「セントラルドグマ」がある．これは，《DNA → RNA → タンパク質》という情報の流れを示したものであり，絶対的な定理として発表された．しかし，その後《RNA → DNA》という逆の伝達経路が存在していることが明らかになり，セントラルドグマには修正が加えられている．

1.3 多様性（環境の違い→エネルギー獲得の違い）

生物が生存し子孫をつくっていくためには，エネルギーが必要となる．多くの動物は，他の生物がつくったエネルギー物質を食べることにより，自らのエネルギーを獲得し，身体をつくりあげる．これらは有機栄養生物とよばれる．一方，植物や藻類などのように太陽光からエネルギーをつくり出す生物を光栄養生物，無機化合物からエネルギーをつくり出す生物を無機栄養生物とよび，とくに後者はきわめて多くの種が存在している．無機栄養生物には，無酸素環境であったり高熱環境であったりと，他の生物が成育できない環境下で生育しているものも多く，こうした生物は，硫化水素やメタンなどを利用することでエネルギーを得ている．

また，生体を形成する物質のうち，炭素（主に二酸化炭素として存在する）と窒素は，ともに反応性に乏しく，生体内に取り込みにくい．二酸化炭素は，光栄養生物によって糖に変換されることにより多くの生物が利用できる形態となる．空気中の窒素は，マメ科植物の根に共生する根粒菌によってアンモニア態窒素となり，これがアミノ酸などの窒素源として用いられている．

このように，生物はその生育環境に適応し，さまざまな特徴を有している．しかし，生物種の大半を占めるといわれている微生物，とくに極限環境下に生息する無機栄養生物などのほとんどは，いまだに調べられていないといわれている．これは，古典的な微生物培養法では培養できないためであるが，近年の分子生物学的手法の発展により，培養不可能な微生物であっても遺伝子レベルでの解析が可能となり，今後多くの未知の微生物が解析されるものと期待されている．

1.4 細胞骨格

真核生物の細胞には独特な形状をとるものがある．通常，細胞は液体中に浮遊すると球状となるが，神経細胞は細い軸索と突起をもち，上皮細胞は立方体様である．これは，細胞骨格とよばれる繊維状の細胞内構造体のはたらきによる．細胞骨格には3種の繊維が存在し，微小管，アクチンフィラメント，中間径フィラメントとよばれている（図1.9）．

微小管は，α-チューブリンとβ-チューブリンの二量体からなる中空の管状タンパク質である．この微小管形成を阻害すると，小胞体やゴルジ体が崩壊し，細胞が球体となること

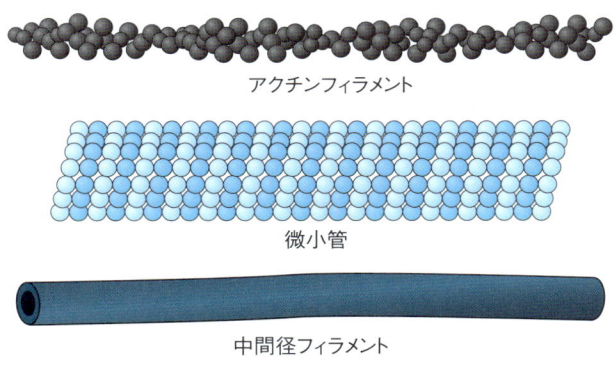

図1.9 細胞骨格を構成する繊維

から，細胞小器官や細胞の形態を維持するために重要なはたらきをしていると考えられる．

アクチンフィラメント（マイクロフィラメント）は，アクチンタンパク質が重合してできた長い繊維状の構造物であり，細胞内できわめて豊富に存在するタンパク質の1つである．ATPの加水分解により得られたエネルギーを用いた細胞の移動などに関与している．また，アクチンフィラメントは，ミオシンフィラメントなどとともに，有糸分裂における収縮環形成にも関与している．有糸分裂時に細胞分裂をせずに核分裂だけが数回起きることがあり，そのようにして形成された細胞を多核細胞（シンシチウム）とよぶ．

中間径フィラメントは，機械的な強度を与えるとともに，細胞の変形や内部構造の形成にも関与している．中間径フィラメントには，I型〜VI型までのファミリーが存在する．I型およびII型に属するケラチンはきわめて多様なファミリーを形成しており，ヒトでは50種類存在していることが知られている．ケラチンフィラメントは，I型とII型がヘテロ二量体となり，さらにそれらが結合して四量体を形成している．IV型ファミリーであるニューロフィラメントは，脊椎動物のニューロン軸索にそって発現していて，NF-H，NF-M，NF-Lの差種が知られている．これらのニューロフィラメントにより，軸索や樹状突起が安定化する．III型ファミリーであるビメンチン様フィラメントに属するデスミンは，骨格筋，平滑筋，心筋などで発現し，組織細胞に物理的弾性を与えている．

1.5 細胞コミュニケーション

生物の進化には，きわめて大きな飛躍ともよぶべき段階がある．その1つが，単細胞生物から多細胞生物への進化である．単細胞生物においては，1つの細胞が生存のためのすべての機能を担う必要があり，自らが生き残ることが最大の使命となる．しかし，多細胞生物においては，細胞それぞれが特化した機能を分担したり，相互に情報を交換したりする必要がある．時には，自らが死ぬこと（アポトーシス，p.176参照）が個体として正常に

発達することにつながるなど，単細胞生物では考えられない複雑なメカニズムも存在する．

多細胞生物が"社会"をつくるための基本となるのは，細胞同士の情報のやりとり，すなわち直接的あるいは間接的な接触である．

細胞間接着と細胞外マトリクス

多細胞が集合して構造体をつくるための戦略は，細胞内部の強固な細胞骨格の形成と隣接した細胞の細胞骨格に結合させる細胞間接着（細胞接着）と，細胞が分泌するタンパク質や多糖などからなる網目状の細胞外マトリックスによる細胞−マトリックス間接着の2通りに大別される．

細胞間接着はさらに2種類に分類され，接着結合（アドヘンスジャンクション）ではアクチンフィラメントが，デスモソーム結合では中間径フィラメントが関与している．細胞間接着の糊の役割を担う膜貫通接着タンパク質はこれらの細胞骨格分子と細胞内で連結し，他端は隣接した細胞がもつ膜貫通接着タンパク質と連結している．この膜貫通接着因子として知られている分子が，カドヘリンとインテグリンである．カドヘリンは主に細胞間接着を担うが，インテグリンは細胞−マトリックス間結合を仲介する分子である．

カドヘリンは，ほとんどすべての多細胞動物においてみられる普遍的な膜貫通接着タンパク質である一方，単細胞生物である細菌や古細菌はもちろん，植物や菌類にも存在しないことが知られている．このことから，カドヘリン分子が動物の形態形成に重要な因子であることが示唆されている．また，カドヘリンはCa^{2+}依存ではたらくことが知られており，これが名前の由来でもある．

現在までに，脊椎動物のカドヘリン分子にはヒトにおいて180種類以上あることが知られており，カドヘリン・スーパーファミリーを形成している．アミノ酸配列で類似性が高いE-カドヘリン，N-カドヘリン，P-カドヘリンなどもあるが，膜貫通領域がないT-カドヘリンなど，構造的にも類似性が低いものも存在する（図1.10）．

細胞間接着において中心的なはたらきをしている分子は，前述のカドヘリン・スーパーファミリー分子であるが，それ以外にもインテグリン，セレクチン，免疫グロブリン・スーパーファミリーの3つのスーパーファミリーが知られている．

セレクチンは，白血球細胞と血管内皮細胞の結合を制御するレクチンであり，インテグリンと相互作用することで機能する．免疫グロブリン・スーパーファミリーには，ICAM（intercellular cell adhesion molecule）やVCAM（vascular cell adhesion molecule）が属する．セレクチンもIgスーパーファミリーも接着が弱く，可逆的あるいは補助的な役割を担っていると考えられている．

脊椎動物の細胞のうち半分以上を占めているのが，上皮細胞である．上皮細胞は，基底膜と結合している底部とその反対側の結合なしの頂端部があり，極性をもった構造をとる．このとき，頂端部側の細胞外液と基底部側の細胞外液が接触することがないように細胞間を閉じる構造をとる必要がある．この結合が密着結合（タイトジャンクション）である．密着結合を形成する主要な分子は，クローディンとよばれる膜貫通タンパク質である．密着

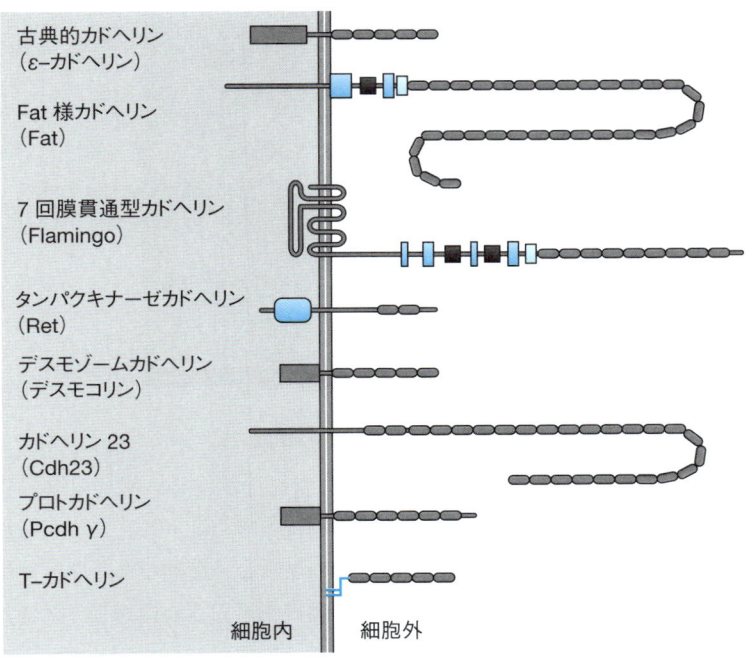

図1.10 カドヘリン・スーパーファミリーとその構造
カドヘリン・スーパーファミリーに属するタンパク質は，カドヘリンドメインモチーフをもっている．
（出典：細胞の分子生物学，p.1137, 図19-7）

結合にはオクルディンやトリセルリンなどの分子も関与し，これらの索状分子によって網目構造が形成されて上皮を通した水分などの流出を防いでいる（図1.11）．

密着結合が分子の流出・流入を妨げるはたらきをもつのに対し，細胞質間をつなぐことにより物質の交換を行うための結合が存在する．この代表例がギャップ結合（ギャップジャンクション）である．ギャップ結合は多くの動物組織でみられる結合様式であり，細胞間の隙間がほぼ一定間隔となっていることから，斑点としてみることができる．この結合に関与している分子はコネキシンとイネキシンであるが，動物種によってどちらが優先的に使われているか，あるいは両方が使われるかなど，さまざまな点で異なることが明らかになっている．ギャップ結合による迅速な伝達が，たとえばとっさにはたらかなければいけないようなニューロンの活動時に，協調的な動きを可能にしている．植物においては，原形質連絡が存在しており，これが動物細胞におけるギャップ結合と機能的な類似性をもっている．

細胞と細胞は，常に接触しているわけではない．組織を形成する際には，細胞外空間が存在し，そこは細胞外マトリックスとよばれる巨大分子で満たされている．細胞外マトリックス分子がつくる動物の上皮細胞で必須な構造物に，基底膜がある．基底膜は，さまざまな細胞の構造維持だけでなく，細胞の増殖や分化などさまざまな機能を有している．

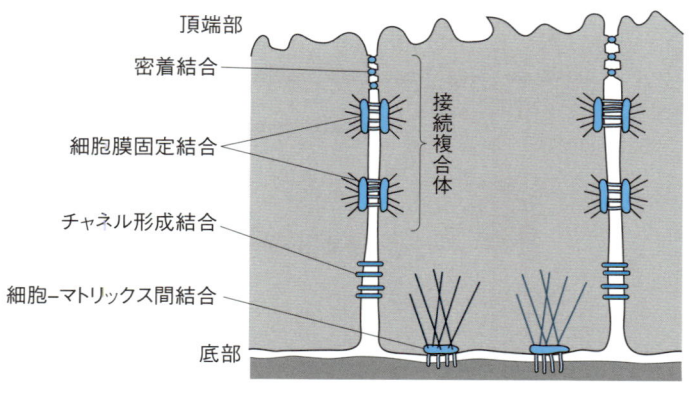

図1.11 細胞結合の種類

　基底膜を構成する主要な分子は，線維性糖タンパク質と多糖類であるグリコサミノグリカンである．線維性糖タンパク質は構造物に伸張強度を与えるのに対し，グリコサミノグリカンは，プロテオグリカンに結合し組織を水和させる作用をもち，組織が圧縮力に対して耐えるクッションのはたらきをもつ．グリコサミノグリカンには，コンドロイチン硫酸，デルマタン硫酸，ケラタン硫酸，ヒアルロン酸，ヘパラン硫酸という5つのクラスが存在している（表1.3）．

　基底膜のシート状構造をつくるために最も重要な分子は，ラミニンである．ラミニンは，α，β，γのヘテロ三量体であり，より合わせによるコイル状領域とコイルがほどけた末端が形成する十字状の構造をもつ．Ⅳ型コラーゲンも基底膜の構成成分として重要である．コラーゲンは，ラミニン同様に三重らせんを形成し，フィブロネクチンやビトロネクチンなどの他の細胞外マトリックスと結合する．フィブロネクチンは，多くの結合組織でみられる分子で，選択的スプライシングにより20種類ものタンパク質となることが知られている．フィブロネクチンは，ジスルフィド結合によって連結した二量体であり，インテグリン分子を介して細胞表層に結合している．また，インテグリン以外にもヘパラン硫酸やフィ

表1.3 グリコサミノグリカンのクラス

プロテオグリカン	コアタンパクのおよその分子量	GAG鎖の型	GAG鎖の数	分布
アグレカン	210,000	コンドロイチン硫酸＋ケラタン硫酸	約130	軟骨
ベータグリカン	36,000	コンドロイチン硫酸／デルマタン硫酸	1	細胞表面とマトリックス
デコリン	40,000	コンドロイチン硫酸／デルマタン硫酸	1	結合組織内に広く分布
パーレカン	600,000	ヘパラン硫酸	2〜15	基底膜
シンデカン-1	32,000	コンドロイチン硫酸／ヘパラン硫酸	1〜3	細胞表面

（参考：細胞の分子生物学，p.1184，表19-6）

ブリンなどとも結合する．ビトロネクチンは，細胞外マトリックスとしては小さな糖タンパク質で，損傷した組織における血液凝固形成の促進作用をもつ．

　細胞がつくりあげた細胞外マトリックスは，細胞自体にも作用する．その作用を媒介する分子が膜貫通接着タンパク質であるマトリックス受容体である．最も重要なマトリックス受容体は，前出のインテグリンである（図1.12）．

　インテグリンを介した作用は，細胞外マトリックスから細胞へ，細胞から細胞マトリックスへと双方向性であることが特徴である．インテグリンは，α，βサブユニットからなるヘテロ二量体であり，ヒトでは24種類が知られている．細胞外ドメインであるN末端領域は，ラミンやフィブロネクチンなどの細胞外マトリックスの特定の部位と結合し，細胞内ドメインであるC末端はタリンなどの分子を介して細胞骨格分子（アクチンフィラメント）と連結している．インテグリンには活性型と非活性型が存在し，インテグリンがリガンドと結合することにより，アロステリックに制御される．多くの細胞は，足場依存性*を示し，細胞外マトリックスと接していないとプログラム細胞死（アポトーシス）を起こす．この足場依存性は，インテグリンによって生じる細胞内シグナル伝達によるものである．インテグリンを介したアクチンフィラメント－細胞外マトリックス間の結合は，線維芽細胞が培養ディッシュに強く結合したときに生じる接着斑として観察される．

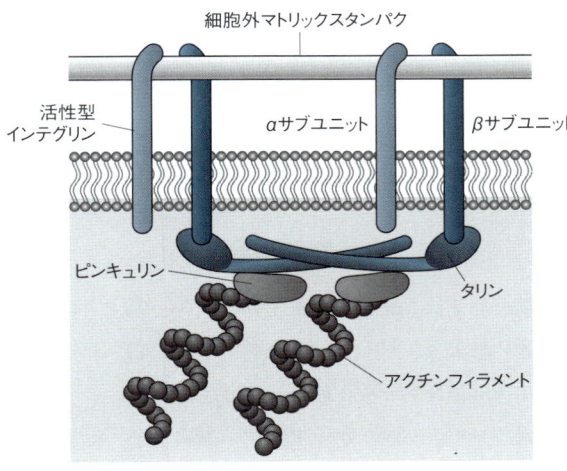

図1.12 インテグリンの構造

用語 *足場依存性…細胞が増殖する時に足場を必要とすること．対して血液系の細胞などは，増殖に足場を必要としない（浮遊系細胞という）．

まとめ

1. すべての細胞に共通の構造かつ細胞の単位を形成するために必要なものは，脂質二重膜からなる細胞膜であり，物質の透過を制御している．
2. 原核細胞と真核細胞では，細胞小器官の構成が異なる．真核細胞には，核の他，ミトコンドリアやエンドソーム，リソソーム，さらに植物には葉緑体などが存在する．
3. 核を構成する核膜は，50 kDa 以下の物質は受動輸送，それ以上の物質は能動輸送で透過させる．
4. 小胞体，ゴルジ体は，タンパク質の修飾や分泌，Ca^{2+} の貯蔵などにかかわる．ミトコンドリアは，細胞共生によって真核細胞内に取り込まれ，効率的な ATP の産生を行う器官である．
5. エンドソーム・リソソーム・ペルオキシソームは，さまざまな物質の分解などにかかわる小器官である．
6. 葉緑体は，植物などの光合成を行う細胞のみがもつ小器官で，糖などの有機物質を産生する能力をもつ．
7. DNA はすべての生物において共通の遺伝物質であると同時に，多様性を生み出すもととなる物質である．
8. 多様性は，生物がエネルギーを獲得し子孫を残すため環境に適応するための手段の1つである．
9. 細胞骨格は，細胞の形態維持に必要なだけでなく，組織の形成や細胞間コミュニケーションの担い手としても大切なはたらきをもつ．

参考文献

Albert, B. et al., 中村桂子他訳, 『細胞の分子生物学 第5版』, ニュートンプレス, 2010

Lewin, B. et al., 永田和宏他訳, 『ルーイン細胞生物学』, 東京化学同人, 2008

Lewin, B. et al., Gene XI, Jones & Bartlett Leaning, 2012

Weaver, R., 杉山弘他訳, 『ウィーバー分子生物学 第4版』, 化学同人, 2008

Avery, O. et al., *J. Exp. Med.*, 79, pp.137-158, 1944

Crick, F., *Symp. Soc. Exp. Biol.*, 12, pp.138-163, 1958

第2章 情報高分子

　核に存在する酸性物質という意味で名づけられた核酸にはDNA（デオキシリボ核酸）とRNA（リボ核酸）の2種類がある．核酸は遺伝情報の担い手で，DNAは細胞核，ミトコンドリア，葉緑体に存在し，遺伝子の本体として親から子への情報の伝達に関与する．RNAは細胞核と細胞質に存在し，主にDNAに書き込まれた情報をもとにしたタンパク質の生合成に関与する．

　どちらの核酸も，ヌクレオチド（nucleotide）とよばれる構成単位が鎖状にいくつも重合してつくられた高分子物質であるが，DNAとRNAでは，構成するヌクレオチドの種類に違いがある．ふつうヌクレオチドといえば，それが1個からなるモノヌクレオチドを意味している．ヌクレオチドが2個結合したもの，3個結合したものはそれぞれジヌクレオチド，トリヌクレオチドなどとよばれる．DNAとRNAは多数のヌクレオチドからなるので，ポリヌクレオチドとよばれる（図2.1）*．

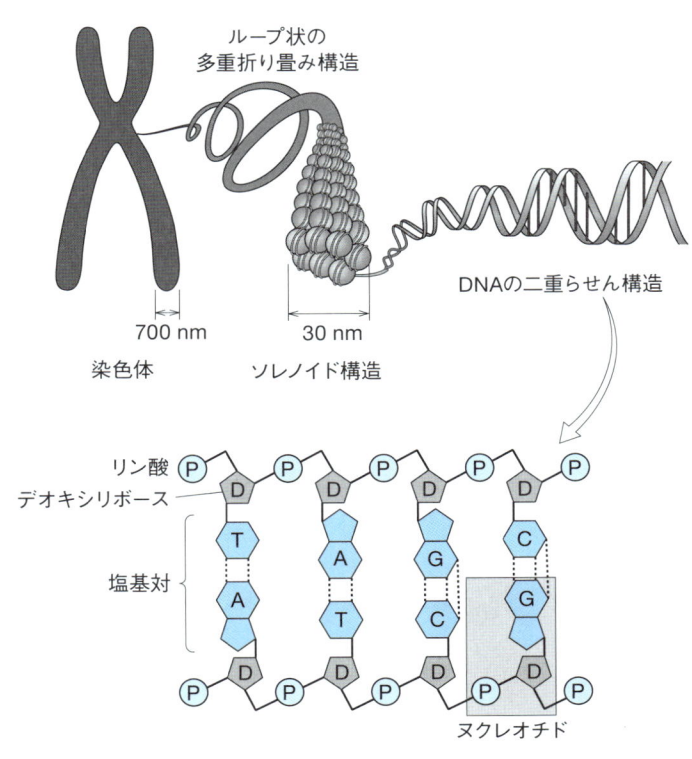

図2.1　染色体・核酸構造の概略

用語　*数詞…モノ(mono)＝1，ジ(di)＝2，トリ(tri)＝3，ポリ(poly)＝多数

2.1 DNA

A 遺伝物質としての DNA

　グリフィス（F. Griffith）は，肺炎双球菌（*Diplococcus pneumoniae**）を扱った一連の実験によって遺伝子の本体は何かについての解答の鍵を提供した（1928年）(図2.2)．肺炎双球菌にはS株とR株とがある．S株は，菌体の外側に多糖類からなるなめらかな外膜（莢膜）をもっているため，なめらかなコロニーを寒天平板培地上につくる．莢膜は肺炎双球菌の病原性のもとである．R株は莢膜を欠いているため，寒天平板培地上でざらざらした感じのコロニーをつくり，病原性はない．S株をネズミに接種すると，4〜5日後には肺炎にかかって死ぬ（図の①）．グリフィスは，生きたR株や加熱殺菌したS株のいずれかを単独でネズミに接種しても病気を起こさないが（図の②，③），その2つの株を同時に接種すると肺炎で死亡することを発見した（図の④）．さらに，彼はその感染したネズミから病原性のあるS株を分離した．このようにしてR株からS株へ変化した菌は，そのS株固有の性質がずっとその子孫にも受け継がれた．そこでこの現象は形質転換（transformation）と名づけられ，加熱殺菌したS株菌中にある何らかの物質がR株菌に移行し，R株菌をS株菌に変えたと考えられた．

　それから15年にわたって，アメリカ・ロックフェラー研究所でエーブリー（O. T. Avery）の研究グループはこの形質転換物質が何であるかを明らかにするため，S株の細菌を多量

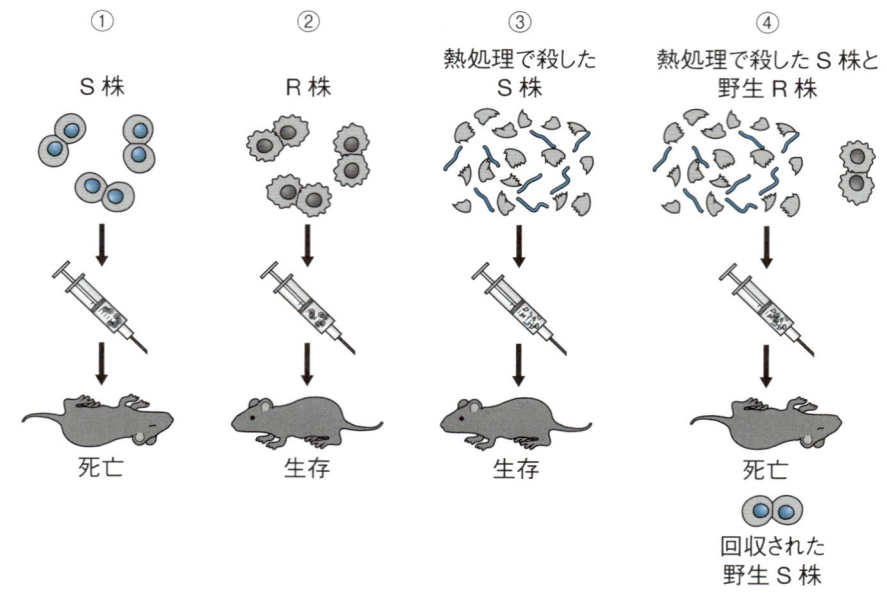

図2.2　グリフィスの実験

*肺炎双球菌の現在の正式種名は *Streptococcus pneumoniae*（klein）Chester である．

に集め，その抽出液から種々の方法を用いてタンパク質，多糖類，DNA，RNAを分画精製した．そして各分画をR株菌の培養液に加えて，R株菌をS株菌に転換する能力があるかどうかを調べた結果，DNAを含む分画が最も強い形質転換能をもつことがわかった．さらに，この形質転換能はタンパク質分解酵素であるトリプシンやキモトリプシンで処理しても，また，RNA分解酵素であるリボヌクレアーゼ（RNase）で処理しても影響を受けなかった．しかし，DNA分解酵素であるデオキシリボヌクレアーゼ（DNase）処理では形質転換能を完全に失った．エーブリーらのこれらの研究は「形質転換物質は遺伝子とみなされ，遺伝子はDNAである」ことを示した最初の，しかも決定的な実験であった．

続いて，まったく別の系でもDNAが遺伝物質であることが示された．T2ファージは大腸菌に感染するウイルスである（p.62参照）．T2ファージ粒子を大腸菌に接種すると細胞壁に吸着して，ファージDNAを菌体内に注入する．そして約20分後に細菌は破裂して（溶菌（lysis）という），たくさんの子ファージが放出される．1952年にハーシー（A. D.

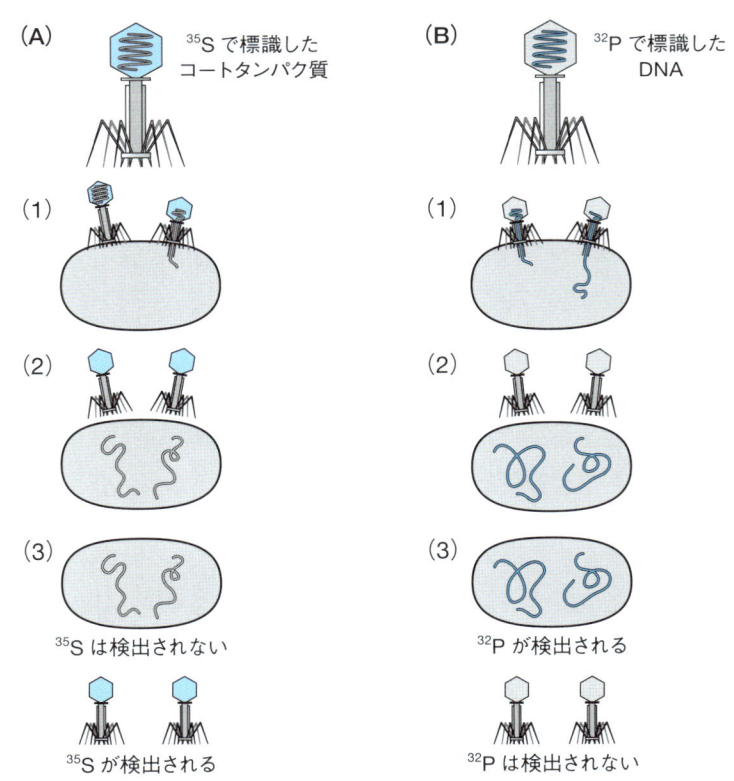

図2.3 ハーシーとチェイスの実験
実験は ^{35}S で標識したT2ファージ（A）を，あるいは ^{32}P で標識したT2ファージ（B）を用いて行われた．
（1）放射同位元素で標識したT2ファージを大腸菌に感染させる．（2）激しい撹拌によりT2ファージを菌細胞から外す．（3）遠心分離により菌細胞（沈殿）とT2ファージ粒子（上清）を分離する．大部分の ^{35}S は上清に検出される．一方，大部分の ^{32}P は子ファージを産生する大腸菌の細胞画分（沈殿）に検出される．

Hershey）とチェイス（M. C. Chase）は，ファージ DNA 成分を ^{32}P で標識した T2 ファージを，あるいはファージの外殻成分であるタンパク質を ^{35}S で標識した T2 ファージをそれぞれ別々に大腸菌に感染させる実験を行った（図 2.3）.

^{35}S で標識した T2 ファージを感染させた大腸菌を激しく撹拌し，遠心で上清と沈殿の 2 つの画分に分けた．上清画分には菌の表面から遊離した空のファージのタンパク質からなる外殻が含まれており，^{35}S 放射性同位体標識をもっていた．もう一方の沈殿画分には感染菌が含まれており，^{35}S 放射性同位体標識をもっていなかった．また，^{32}P で標識した T2 ファージを感染させた大腸菌を激しく撹拌し，遠心で上清と沈殿の 2 つの画分に分けた場合には，^{32}P 標識の大半は感染大腸菌に見い出された．生まれた子ファージの粒子を調べると，感染時にもっていた ^{32}P 標識の約 30% を含んでいた．また，生まれた子ファージの粒子には感染時にもっていた ^{35}S 標識の 1% 以下しか含まれていなかった．この実験は，親ファージ DNA が細菌に入り，子ファージの一部になることを示しており，まさに DNA が遺伝物質であるといえる．

細菌やファージの遺伝物質が DNA であることは明白であり，真核生物の遺伝物質についても同じことがいえる．

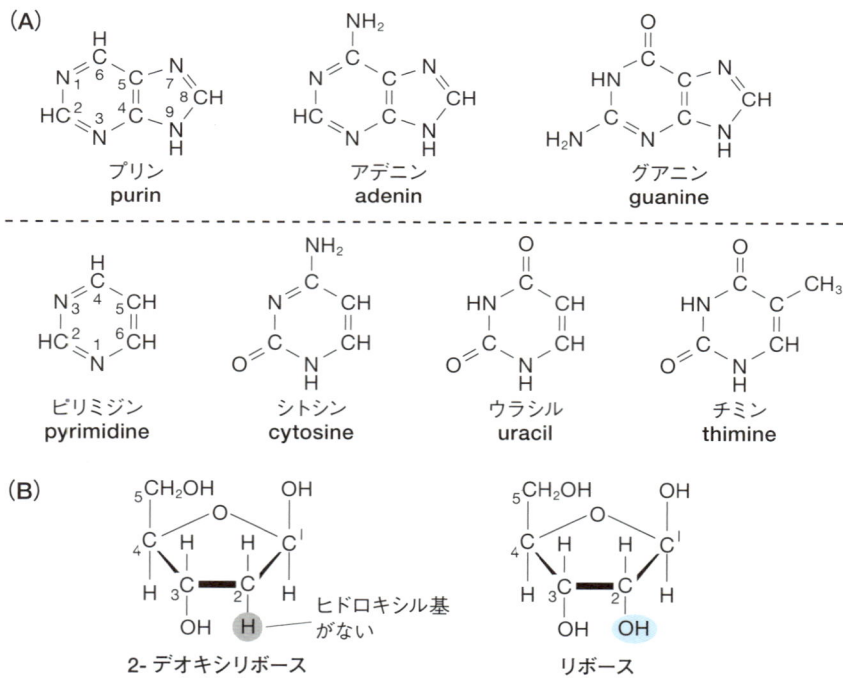

図2.4 塩基・糖の化学構造
（A）塩基の化学構造．数字は環状の位置を示す．DNA にはアデニン，グアニン，シトシン，チミンが存在する．RNA はチミンの代わりにウラシルが存在する．（B）デオキシリボースとリボースの化学構造．デオキシリボースは DNA に含まれる五炭糖で，リボースは RNA に含まれる五炭糖である．デオキシリボースとリボースの違いは，糖の環の 2 の位置のヒドロキシル基の有無である．糖は塩基と 1 の位置でつながっている．

B　DNAの構成成分

　DNAは，1869年，スイスの生理化学者ミーシャー（J. F. Miescher）によって発見された．彼はヒトの膿汁の白血球の大型核から抽出した物質のなかに，今までに知られていない「リン酸化合物」が存在することを発見し，この化合物は弱アルカリで処理後，酸で中和すると沈殿するが，ペプシンのようなタンパク質分解酵素によって分解されないことを発見した．今日の分子生物学はここからはじまった．彼はこの化合物を「ヌクレイン」と名づけた．今日，デオキシリボ核酸つまりDNAとよばれるものである．

　DNAの構成単位をデオキシリボヌクレオチド（deoxyribonucleotide）という．デオキシリボヌクレオチドは，**塩基**（base），**デオキシリボース**とよばれる五炭糖，およびリン酸が〔リン酸・デオキシリボース・塩基〕という形で結合している．塩基は通常4種類あって，プリン塩基としての**アデニン**（A）と**グアニン**（G），ピリミジン塩基としての**シトシン**（C）と**チミン**（T）である（図2.4）．なお，RNAにはチミンの代わりに**ウラシル**（U）が存在する．すなわち，DNAはA，G，C，Tを含み，RNAはA，G，C，Uを含む．

　塩基は，ヌクレオチドを構成するとき，必ず糖の1位の炭素（C）と結合し，リン酸は，5位および3位の炭素と結合する．このとき，デオキシリボースの5位の炭素にリン酸が結合したものを5′-デオキシリボヌクレオチドといい，3位の炭素と結合したものを3′-デオキシリボヌクレオチドという．

　なお，糖の炭素の位置は，塩基と結合しているときには，まぎらわしくないように1，2，…，5のかわりに1′，2′，…，5′と表す（図2.5）．

　デオキシリボースに塩基のみが結合した化合物をデオキシリボヌクレオシドという．デオキシリボヌクレオシドの5′位の炭素にリン酸が1〜3個結合したデオキシリボヌクレオシド5′-一リン酸，デオキシリボヌクレオシド5′-二リン酸，デオキシリボヌクレオシド5′-三リン酸がデオキシリボヌクレオチドである（図2.6）．1番目（α）と2番目（β）のリン酸基の結合と，2番目（β）と3番目（γ）の間の結合はエネルギーに富み，さまざまな細胞

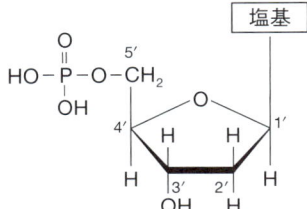

5′-デオキシリボヌクレオチド
（デオキシリボヌクレオシド
5′-一リン酸）

図2.5　デオキシリボースの1′の位置に塩基を，5′の位置にリン酸基をもつデオキシリボヌクレオチドの化学構造

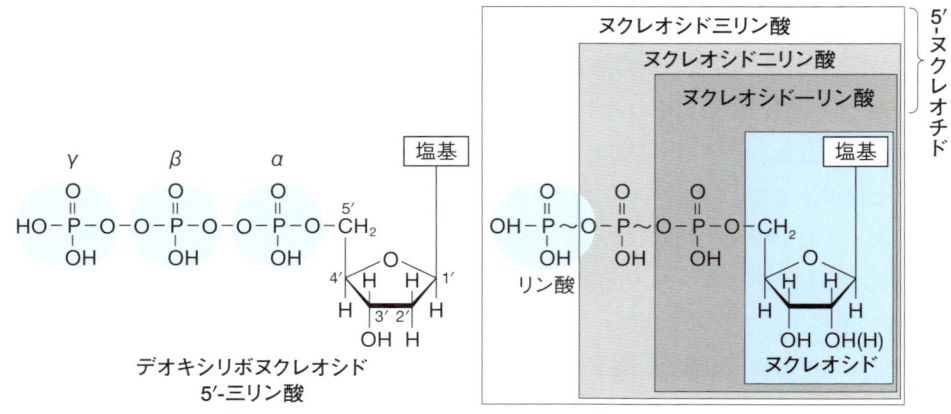

図2.6　デオキシリボヌクレオシド 5′-三リン酸の化学構造

活動のエネルギー源として利用されている．デオキシリボヌクレオチドとデオキシリボヌクレオシドは，含まれる塩基の違いによって固有の名称をもっているので，それらを表2.1にまとめた．

DNA はデオキシリボヌクレオチドが重合したもので，ポリヌクレオチドという．重合の仕方は一定で，常にデオキシリボースとの間をリン酸が橋渡しをする形（ホスホジエステル結合）でつながっている（図2.7）．DNAは通常二本鎖である．

表2.1　ヌクレオシドおよびヌクレオチドの名称

塩基		ヌクレオシド	ヌクレオチド
アデニン(A)	RNA	アデノシン	アデノシン5′-一リン酸, AMP(アデニル酸)
	DNA	デオキシアデノシン	デオキシアデノシン5′-一リン酸, dAMP(デオキシアデニル酸)
グアニン(G)	RNA	グアノシン	グアノシン5′-一リン酸, GMP(グアニル酸)
	DNA	デオキシグアノシン	デオキシグアノシン5′-一リン酸, dGMP(デオキシグアニル酸)
シトシン(C)	RNA	シチジン	シチジン5′-一リン酸, CMP(シチジル酸)
	DNA	デオキシシチジン	デオキシシチジン5′-一リン酸, dCMP(デオキシシチジル酸)
チミン(T)	DNA	チミジン	チミジン5′-一リン酸, TMP(チミジル酸)
ウラシル(U)	RNA	ウリジン	ウリジン5′-一リン酸, UMP(ウリジル酸)

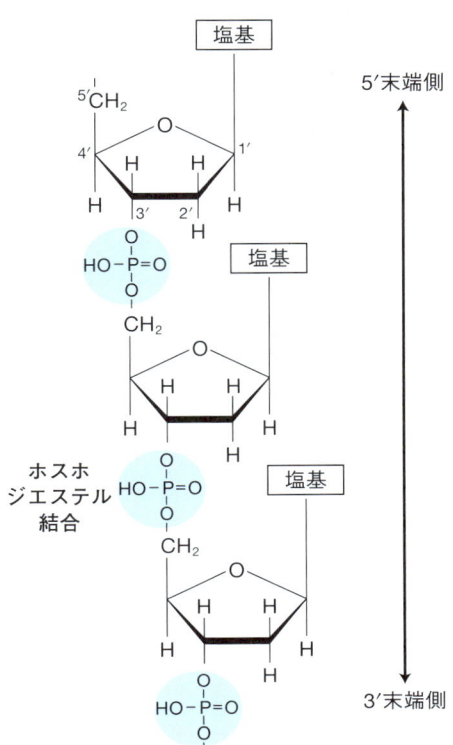

図2.7 ポリヌクレオチド鎖の化学構造
糖-リン酸結合が連なる骨格構造をなしており，糖1′の位置で塩基とつながっている．5′Cの側で終わる末端を5′末端，3′Cの側で終わる末端を3′末端とよぶ．

C 二重らせん構造

　DNAの塩基組成を分析すると，普通のDNAではAとTが等モル量であり，GとCが等モル量である．これはプリン塩基の量とピリミジン塩基の量が等しいということである．このような塩基含量の規則性は**シャルガフの規則**ともよばれるが，DNAが規則正しい二重らせん構造をとる要因となっている．

　1953年にワトソンとクリックは，主としてDNAのX線回析像の解析をもとにして，塩基組成の規則性などを考慮にいれて，DNAの二重らせん構造モデルを提唱した．その後の研究でDNAが二重らせん構造をもつことが確証された．

　DNAの二重らせんでは，「――糖（デオキシリボース）―リン酸―糖（デオキシリボース）―リン酸――」という基本骨格が2本絡み合っており，それぞれの塩基はらせんの内部に突き出ている．このありさまを一方の鎖についてみると，塩基は互いにコインを重ねたように重なり合っているが，他方，それらの塩基は反対側の鎖から突き出している塩基と定まった組み合わせで向かい合い，水素結合という比較的弱い，しかし特異性の高い相互作用によって対をつくっている．この相互作用の特徴は，一方の鎖から塩基Aが突き出しているときには，他方の鎖からは必ずTが突き出し，一方がGであれば他方は必ずCであるという，厳密な規則性をもっていることである（図2.8）．これは，4種類の塩基のうち

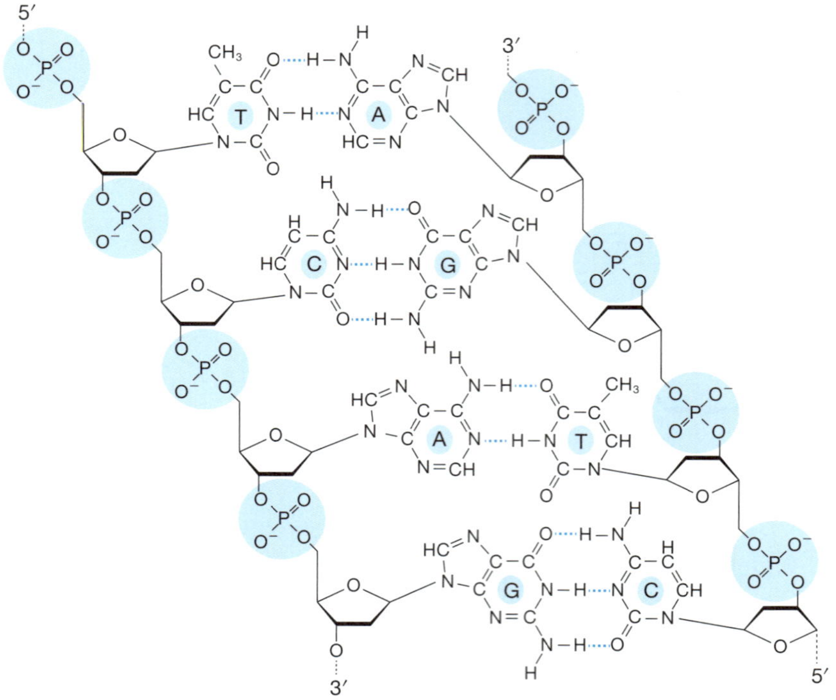

図2.8 DNAの二本鎖の相補性
平面的な塩基対は糖–リン酸の骨格に対して垂直に位置している．鎖の方向性が逆であることに注目．

でAとT（A–T対あるいはT–A対），GとC（G–C対あるいはC–G対）がそれぞれ水素結合によって特別に結びつきやすい性質をもっているからである（図2.9）．この性質のことを塩基の**相補性**という．したがって，DNAにおけるアデニン含量はチミン含量に等しく，またグアニン含量はシトシン含量に等しい．いいかえると，プリン含量（A+G）はピリミジン含量（C+T）に等しい．

　A–T対は2つ，G–C対は3つの水素結合によって結ばれている．常にプリン塩基とピリミジン塩基が対をつくっているので2本の分子鎖によるらせんの幅を一定に保っている．DNAの1本の鎖の一端は5′-Pで終わり，他端は3′-OHで終わる．前者は5′末端，後者を3′末端という．二本鎖DNAでは，二本鎖が逆向きに対向して，右巻き（らせんの方向に進むときに右回り，カバー図参照）の二重らせん構造をなしている．

　この二重らせん構造は湿度で変わることがわかっている．ワトソン・クリックの二重らせん構造モデルは**B型**という形で，塩基面がらせん軸に対してほぼ直角で，塩基対の中心がらせんの中心に位置しており，湿度70%以上あるいは溶液中ではDNAはこの形をとる（図2.10）．しかし，湿度70%以下では**A型**という形で，塩基面がらせん軸に対してやや傾き，塩基対の中心がらせん軸の中心から外れている．A型は二本鎖RNAの構造に似ている．RNAは2′にヒドロキシル基をもっているためにB型をとることができない．一本鎖

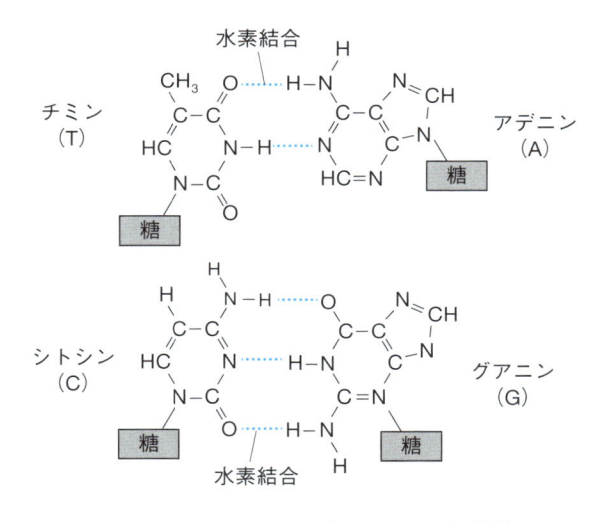

図2.9 DNAの二本鎖にみられる塩基対
AとTの間に2つの水素結合が，GとCの間には3つの水素結合が形成される．

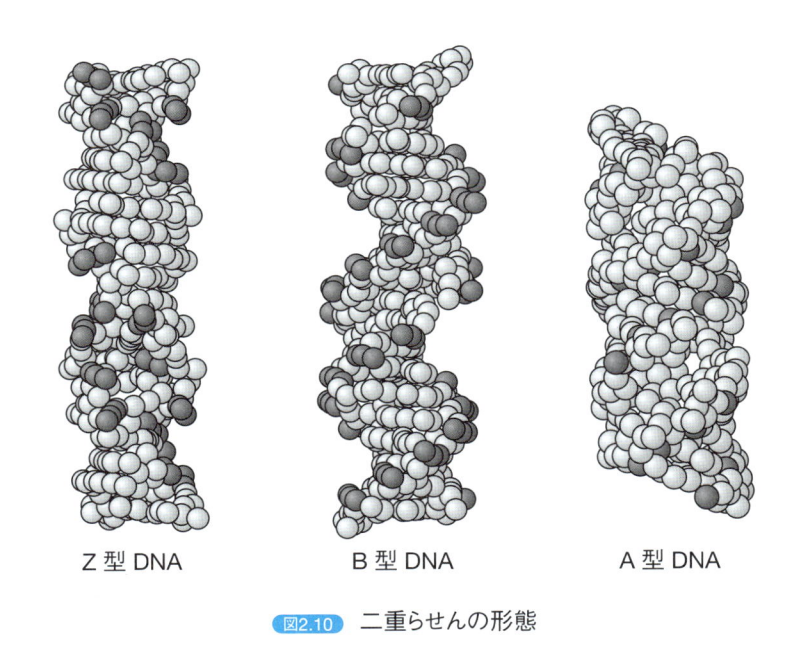

図2.10 二重らせんの形態

のDNAと一本鎖のRNAのハイブリッド二本鎖もA型をとる．DNAの二重らせん構造は端から端まで完全にB型であるかというと，そうでもなく，グアニンとシトシンの対が長く連続しているところではらせんが左巻きになっていて塩基対の位置がB型の場合とはかなりずれた位置になる．このような部分のDNA構造を**Z型**という．

2.2 RNA

　細胞の中でタンパク質合成が活発に行われているときに，その場所にはRNA量が多く，また盛んにRNAが代謝している．これはタンパク質合成に種々のRNAが関与しているためである．RNAは構造や機能によって大きく3種類に分類することができる．mRNA（メッセンジャーRNA）はゲノムDNAを鋳型として，RNAポリメラーゼやその他多くの転写因子により合成される．

　mRNAはタンパク質のアミノ酸に対応する遺伝暗号をコードしている．真核生物ではmRNAの前駆体は核内で合成されるが，長さも不揃いであるためヘテロ核RNA（hnRNA：heterogeneous nuclear RNA）とよばれる．hnRNAはスプライシングなどの修飾を受けて成熟したmRNAとなる．スプライシングとは，ヘテロ核RNAから一部分を切り落とし，必要な部分をつなぎ合わせ，活性のあるmRNAに仕上げる過程をいう．

　タンパク質合成（図2.11）の場はリボソーム（ribosome）であるが，ここに含まれるRNAをrRNA（リボソームRNA：ribosomal RNA）とよぶ．通常は細胞内のRNAの90％以上をrRNAが占める．真核細胞のリボソームは大小2つのサブユニットからなるが，リボソームの大サブユニット（60S）には28S，5.8S，5S rRNAが含まれ，小サブユニット（40S）には18S rRNAが存在する．なお，Sは遠心分離時の沈降係数で表される重さの単位（スベドベリ単位）である．アミノ酸をリボソームに運ぶtRNA（転移RNAあるいはトランスファーRNAともいう）は，細胞内のRNAの15％を占める．少なくともアミノ酸の数に対応するだけの特異的なtRNAが存在し，mRNA上の対応するコドンに結合してポリ

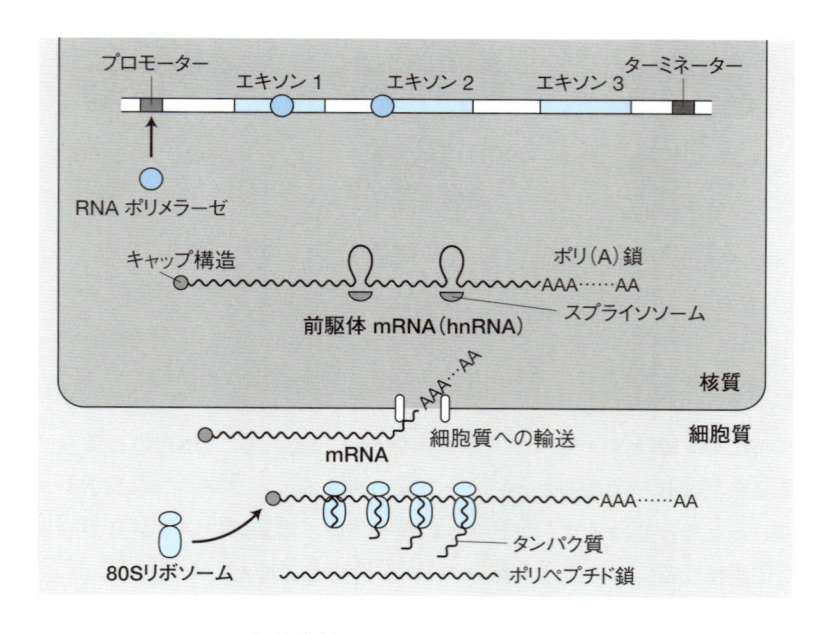

図2.11　真核生物のmRNA転写とタンパク質合成

ペプチドの合成に関与する．その他，核内には長さの短い一群のRNAが存在し，低分子核RNA（snRNA：small nuclear RNA）とよばれる．このRNAの多くはスプライシング反応に関与する（p.108参照）．

A　RNAの構造

RNA（リボ核酸：ribonucleic acid）の化学構造は，糖（リボース）とリン酸がくり返し連結した骨格があり，その糖部分の1'の位置に塩基が結合している．塩基の環の位置を1, 2, 3, …と示し，糖（リボース）の炭素の位置は1', 2', 3', …で示す．その糖の3'位置にリン酸基が結合し，次の糖の5'位置へつながる．RNAの背骨はこのくり返しである．糖の5'位置が空いている方をRNAの5'末端，3'位置が空いている方をRNAの3'末端とよぶ．

DNAの構成単位がデオキシリボヌクレオチドであることを先に述べたが，RNAの構成単位を**リボヌクレオチド**（ribonucleotide）という．リボヌクレオチドは4つの塩基（プリン塩基としてのアデニンとグアニン，ピリミジン塩基としてのシトシンとウラシル）のう

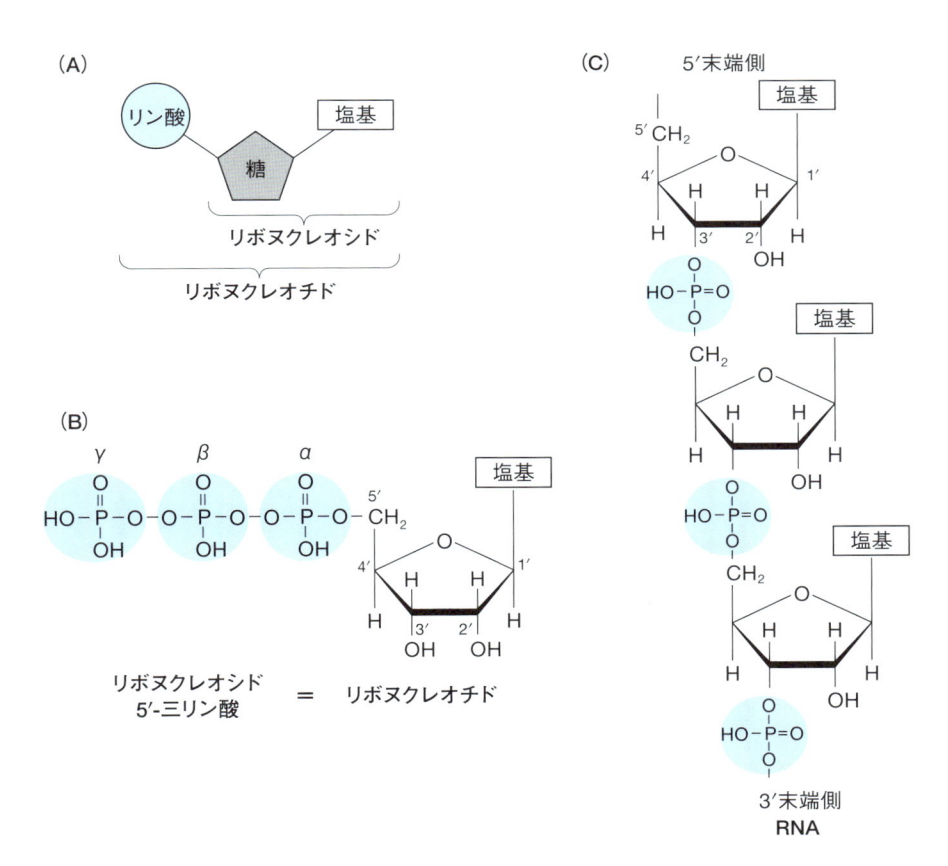

図2.12 リボヌクレオチドとリボヌクレオシドの構造（A），リボヌクレオシド5'-三リン酸（B）とRNA（C）の化学構造
RNAは糖-リン酸結合が連なる骨格構造をなしており，糖1'の位置で塩基とつながっている．5'Cの側で終わる末端を5'末端，3'Cの側で終わる末端を3'末端とよぶ．

ちのいずれか（図 2.4 参照）と**リボース**（ribose）とよばれる五炭糖，さらにリン酸が，〔リン酸・リボース・塩基〕という形で結合している（図 2.12）．糖に塩基のみが結合した化合物を**リボヌクレオシド**（ribonucleoside）という．リボヌクレオシドの 5′ 位の炭素にリン酸が 1～3 個結合したリボヌクレオシド 5′-一リン酸，リボヌクレオシド 5′-二リン酸，リボヌクレオシド 5′-三リン酸がリボヌクレオチドである．リボヌクレオチドとリボヌクレオシドは，含まれる塩基の違いによって固有の名称をもっている（表 2.1 参照）．

RNA はリボヌクレオチドが重合したもので，ポリヌクレオチド（polynucleotide）という．重合の仕方は一定で，常にリボースとの間をリン酸が橋渡しをする形でつながっている（図 2.12）．通常の RNA は一本鎖であるが，ウイルスの RNA の中には完全な二重らせん構造をとるものがある．

リボースは，2′ 位の C に OH が結合しているが，デオキシリボースの場合は 2′ 位の C に H が結合している（図 2.5 参照）．

一本鎖の RNA 分子でも分子内で塩基同士が水素結合によって結合している場所があり，連続した数個の塩基が相手の塩基と水素結合していると，この部分は二重らせん状態となる．RNA 分子内にはこのような幹の部分とループ状に張り出した部分を含むヘアピン状構造があちらこちらにできているため，特定の二次構造，あるいはさらに特定の立体構造をとっている．その典型的なものは tRNA のクローバー葉型二次構造（図 2.13）で，さらにそれが折りたたまれて L 字型の立体構造（図 2.14）になっている．

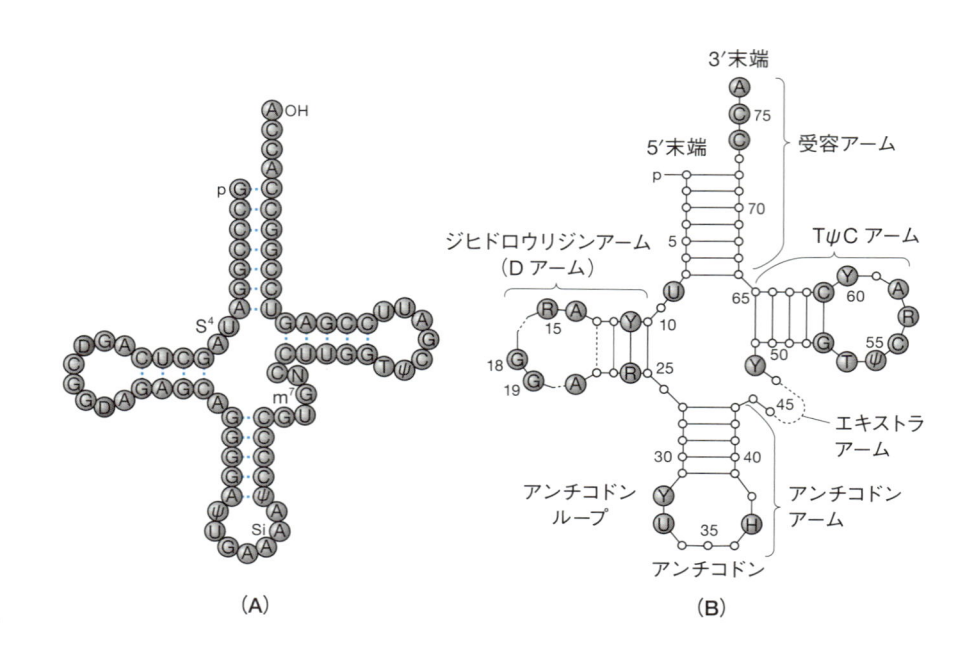

図2.13 tRNA の二次構造（クローバー葉型モデル）
（A）大腸菌フェニルアラニン tRNA．
（B）一般化した tRNA 構造．どの tRNA にも共通な塩基を記入．

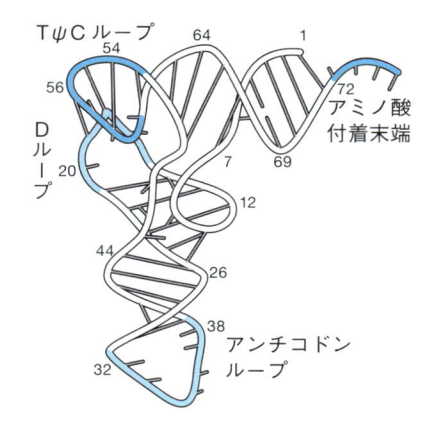

図2.14 tRNA に共通の L 字型高次構造
モデルは酵母 tRNA[Phe] について組み立てられたものであるが，どの tRNA にもあてはまる．数字はヌクレオチド番号を示している．アミノ酸は右端に結合する．リボン状にひとつながりになっている部分が糖−リン酸による骨格構造を示し，棒状に突き出している部分が塩基と塩基対を示している．

B　mRNA のキャップ構造

　真核生物の mRNA は原核生物の mRNA と違って，5′末端に**メチル化**された（—CH_3 がついた）グアニンが付加されており，これを**キャップ構造**とよぶ（図2.15）．また，この付加反応をキャッピングとよんでいる．生物種や遺伝子の種類によっては，mRNA の 5′末端から2番目あるいは3番目のヌクレオシドのリボースの 2′位の酸素原子にもう1つメチル基が付加されているものもある．キャップ構造は mRNA の安定性，翻訳，ならびにスプライシングの効率に影響をおよぼす．3′末端には数十個から 200 個ほどのアデニル酸がついている．この部分を**ポリ(A)鎖**という．ポリ(A)鎖は mRNA の安定性に重要なはたらきをしている（p.108 参照）．

図2.15 真核生物 mRNA のキャップ構造
図中右側の N は 4 種類のリボヌクレオシドのいずれでもよいことを示す．

2.3 核酸の物理的性質

A　DNAの吸光性

　DNAおよびRNAは紫外部において特徴ある吸収スペクトルを示す．220 nm～300 nmの範囲で吸収スペクトルを調べると，図2.16に示されるように260 nm近傍に極大，230 nm近傍に極小をもつようなUV曲線が得られる．OD_{260} nm / OD_{230} nm，OD_{260} nm / OD_{280} nmの値は約2.0である．組織や細胞から高分子核酸を抽出する際に除タンパクが不十分で最終標品にタンパク質の混入が多いと，OD_{260} nm / OD_{230} nm，OD_{260} nm / OD_{280} nmの値が2.0より小さくなる．このような場合には，タンパク質分解酵素処理，フェノール処理をくり返す必要がある．ここでOD（optical density）は吸光度のことで，A（absorbance）で表すこともある．試料の入ったセルを透過した光の強度をI，試料の入っていない溶媒のみのセルを透過した光の強度をI_0とした場合，$\log_{10}(I_0/I)$を吸光度という．

　二本鎖DNAを安定化させている水素結合は熱することで容易に壊すことができる．水素結合はA：T対で2つ，G：C対で3つあるため，水素結合の多いG：C対の方が安定で壊れにくい．DNAを十分に加熱するとすべての水素結合が切断され，一本鎖DNAとなる．二本鎖DNAが一本鎖DNAに変化する過程を変性（denaturation）という（図2.17A）．塩基を構成する複素環は紫外部の光を強く吸収するが，二重らせんの中では，塩基の複素環は積み重なり，光の吸収が減少する．これを**淡色効果**（**減色効果**）という．DNA溶液をゆっくり加熱しながら260 nmの吸収の変化を追跡すると，温度の上昇に伴い吸収値が少しずつ上昇する（**濃色効果**）が，ある温度を過ぎると吸収値が急激に上昇しはじめ，1.4～1.5倍の値に達して一定となる（図2.17B）．急激に上昇を開始してから終わるまでの中点に相当する温度（50％のDNAが変性する温度）を**融解温度**（T_m：melting temperature）という．T_mは一般のDNAでは70～90℃であるが，G・C含有率が高くなると水素結合が3

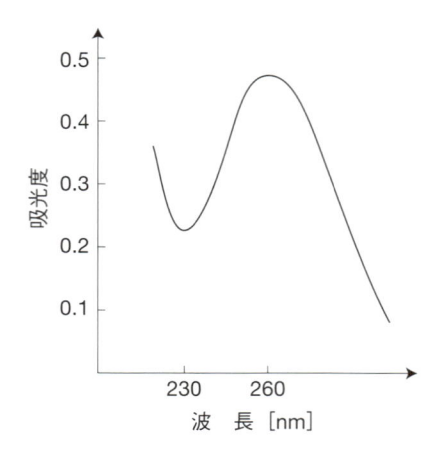

図2.16　核酸（DNA・RNA）の紫外線吸収曲線

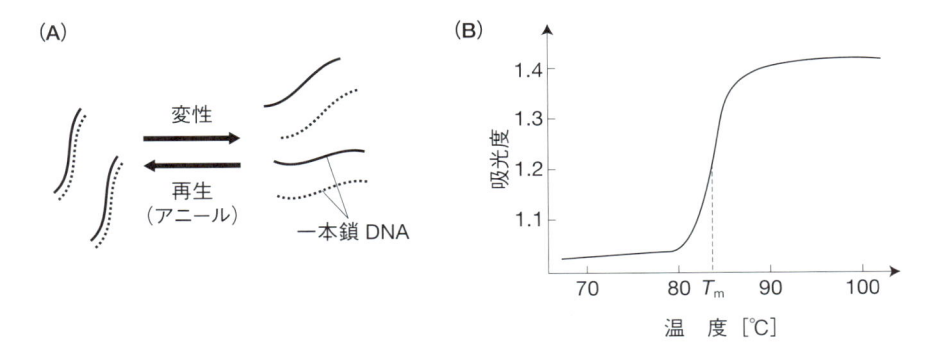

図2.17 （A）DNA の変性と再生，（B）DNA の変性曲線
（A）二本鎖 DNA は熱などにより水素結合が壊れて，一本鎖 DNA になる．
（B）二本鎖 DNA は変性に伴い吸光度が増加する．二本鎖 DNA の融解温度は T_m で表す．

つある G：C 対が多くなり，DNA を変性するのにより高い温度が必要となる．DNA を変性させるのは熱だけでなく，水素結合を壊す化合物（尿素，ホルムアミド）や高い pH（アルカリ）なども DNA を変性させる．一般に 200 bp 以上の長さの DNA の T_m は主に G・C 含有率に依存し，溶液の Na^+ 濃度が 0.2 M のとき，以下の式で概算される．

$$T_m (℃) = 69.3 + 0.41 \times [G・C 含有率（％）]$$

また，T_m（℃）がわかれば，この式から G・C 含有率（％）を計算することができる．
より一般的には，DNA の長さや G・C 含有率の他に，溶液の Na^+ 濃度（イオン強度：大きいほど T_m は高くなる），ホルムアミド（T_m を下げるはたらきがある）の影響を考慮した次の式で T_m の概算値を求めることができる．

$$T_m (℃) = 81.5 + 16.6 \log [M] + 0.41 \times [G・C 含有率（％）] - 500/N - 0.62 \times [ホルムアミド濃度（％）]$$

[N は DNA の長さ（塩基数），M は Na^+ のモル濃度]

RNA も DNA と同様に水素結合をつくるのでハイブリダイゼーションが可能である．RNA と RNA がつくる二本鎖の方が，DNA と DNA がつくる二本鎖よりも T_m は高い．DNA と RNA ハイブリッドはその中間である．

二本鎖 DNA を熱変性して生じた DNA を熱変性 DNA といい，熱変性 DNA は，温度を急激に下げたときには，一本鎖のまま（変性したまま）残る．しかし，温度をゆっくり下げる（徐冷するという）と再び二本鎖に戻る．この過程のことを**再生**といい，この操作を**アニーリング**という．二本鎖に戻った DNA のことを再生 DNA といい，一般的には変性曲線と再生曲線は一致する．

B　DNA の立体構造

二重らせんといえば線状分子の DNA を指している．しかし，大腸菌のゲノム DNA やプラスミド DNA などは共有結合で閉じた環状の二本鎖 DNA（**閉環状 DNA**：covalently closed circular DNA：**cccDNA**）を形成している．閉環状 DNA は安定な形態を保つため，**ニック**（nick，切れ目）のない超らせん（スーパーコイル）構造となる．このような cccDNA の一方の鎖にニックが入ると，cccDNA の状態では存在できず，部分的にらせんがほどけた**開環状 DNA**（open circular DNA：**ocDNA**）となる（図 2.18，写真）．

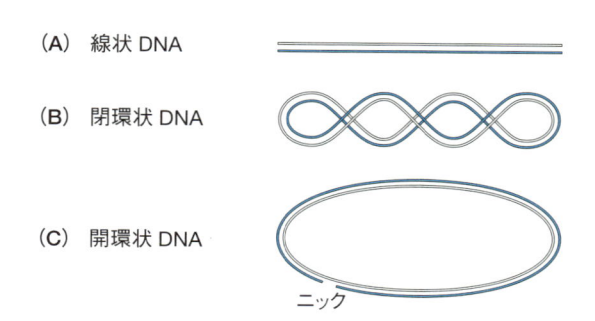

図2.18 線状 DNA（A），閉環状 DNA（B）と開環状 DNA（C）
閉環状 DNA：DNA 分子が切れ目のない環状分子をとる場合．
開環状 DNA：閉環状 DNA の一方の鎖にニックが生じた場合．

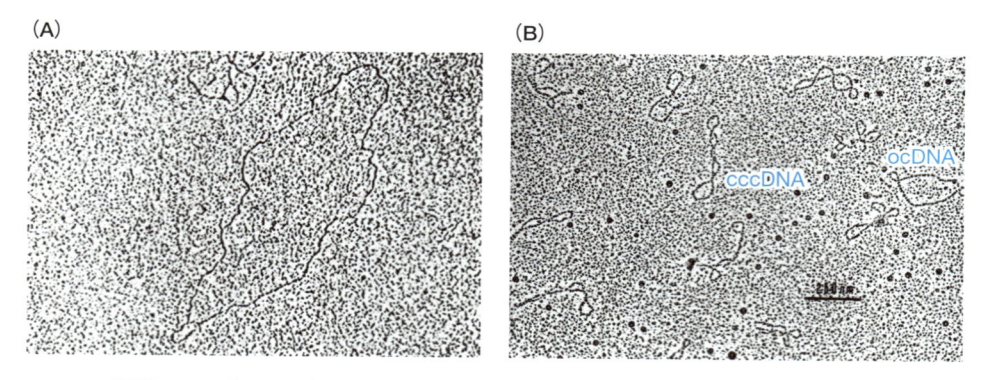

写真 プラスミド（pBR322）の開環状 DNA（A）とウイルスの環状二本鎖 DNA（B）の電子顕微鏡写真

2.4 核酸の化学的性質

　核酸は多数のリン酸基をもっており，それらは溶液中では大部分が電離して酸の性質を示している．他方，核酸中に多く含まれる塩基は，塩基の性質をもつが，溶液中での電離の程度は低いので，核酸は全体として酸性を示す．

　DNA と RNA の間には，アルカリに対する安定性の点で大きな違いがある．RNA は 0.5N 程度の KOH 溶液中に 37℃で放置すると，容易に構成単位であるモノヌクレオチドへ分解する．RNA を pH の高い条件にすると，隣り合った 2 つのリボースの間の 3′-5′ のリン酸ジ

エステル結合よりも，個々のリボースの中で 2'-3' のサイクリックリン酸ジエステル結合の方ができやすくなるからである．このようにして形成された 2',3'-サイクリックヌクレオチド（2',3'-環状ヌクレオチドともいう）は，次に加水分解されて，3'- および 2'-ヌクレオチドを 1：1 の割合で生じる（図 2.19）．このことからわかるように，RNA がこのようなアルカリ分解を起こす原因はリボースの 2'-OH の存在である．

　RNA と違って DNA がアルカリ分解を受けないのは，リボースの 2'-OH をもたないからである．DNA を化学的にモノヌクレオチドに分解するには，ギ酸に溶かしてアンプルに封入し，長時間 130℃ ぐらいに加熱するなど，はるかに過激な反応条件が必要である．アルカリに対する安定性以外にも，RNA は塩基配列に応じて，かなり柔軟にさまざまな立体構造をとることができる．この主な原因もリボースの 2'-OH が存在するためである．

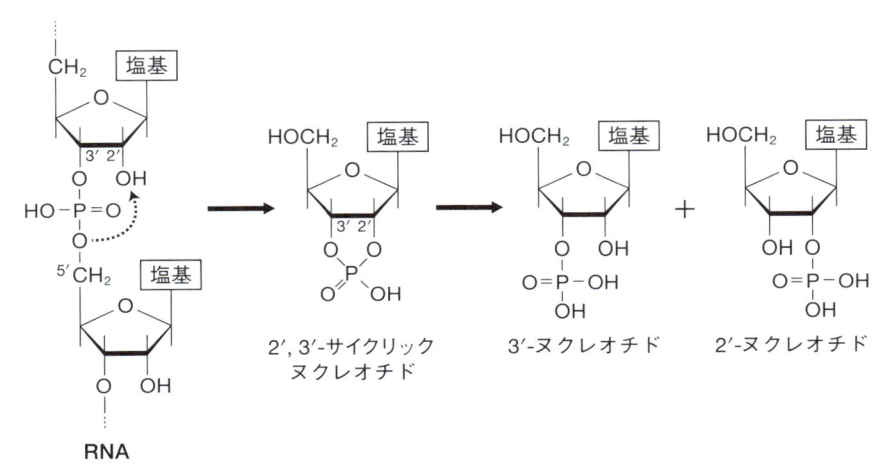

図2.19 RNA のアルカリ分解
3'-ヌクレオチドと 2'-ヌクレオチドが 1：1 の割合で生じる．

2-5 タンパク質

　タンパク質は，細胞や生物体の構造となる分子として重要なばかりでなく，細胞や生物体の機能面においても化学反応を触媒する酵素の本体として中心的な役割を果たしている．それ以外にも，生物体を異物から守る抗体分子，ある種のホルモン分子などがある．タンパク質は英語でプロテイン（protein）というが，これはラテン語の"第一義的なもの"を意味するプロティオス（proteios）に由来する．

A タンパク質の基本単位

　タンパク質はアミノ酸の重合体であり，20 種類のアミノ酸から構成される．アミノ酸の

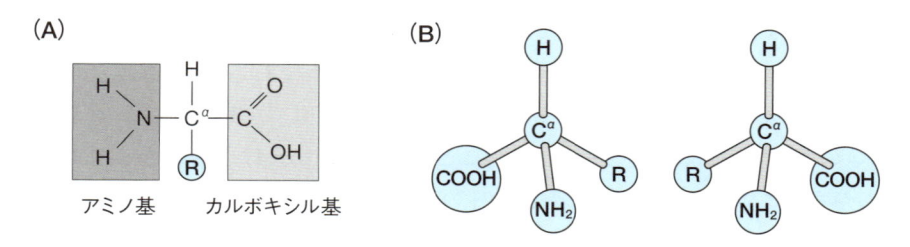

図2.20 （A）α-アミノ酸，（B）L-α-アミノ酸とD-α-アミノ酸

構造は1つの炭素原子に水素（—H），アミノ基（—NH_2），カルボキシル基（—COOH）が1つずつ存在し，さらに特徴的な側鎖（—R）が結合している．アミノ基がカルボキシル基の隣の炭素（α炭素）についているので**α-アミノ酸**とよぶ（図2.20A）．

図に示したα-アミノ酸の一般式では，中央のα炭素から4つの結合の手が平面的に出ているが，正しくは図2.20Bのように立体的に描くべきで，左右は鏡に映した像の関係にあり別物である．ただし，これは中心のα炭素からでている4つの結合の先に別々の原子または原子団がついている場合である．グリシンの場合はRがHであって，左の像と右の像は同一物となり，DLの区別はない．グリシン以外はすべてL-α-アミノ酸である．

アミノ酸の酸-塩基の性質は，タンパク質の性質を理解する上でとても重要である．アミノ酸は一般に$RCH(NH_2)COOH$と示され，水溶液にすると弱い電解質の性質を示し，一部がイオン化する．電解するのはアミノ基とカルボキシル基であり，アミノ基は—NH_3^+ ⇔ —NH_2+H^+，カルボキシル基は—COOH ⇔ —COO^-+H^+のように，反対に荷電する傾向がある．

アミノ酸がどのように電離するかは，溶液のpHによって決められる．酸性条件では，水素濃度（H^+）の濃度が高いので，上の2つの反応は左へ進みやすく，したがって，アミノ酸は$RCH(NH_3^+)COOH$というイオンになる傾向が強い．逆に塩基性条件では反応は右へ進むため，アミノ酸分子の大部分は負に荷電して$RCH(NH_2)COO^-$となる．中性溶液中ではアミノ基にはH^+がつき，カルボキシル基は電離し，両性イオンとなる．

このようにアミノ酸は周囲のpHに応じて+にも-にも荷電するので，**両性電解質**とよばれる．アミノ酸で構成されるタンパク質も，基本的には同様の両性電解質である．

アミノ酸を$RCH(NH_2)COOH$で表したとき，Rは側鎖を表し，20種類あるアミノ酸はそれぞれ構造の異なる側鎖を有する（図2.21）．アミノ酸の性質はどのような側鎖をもつかによって決まる．

B タンパク質の構造

1つのアミノ酸のカルボキシル基は，もう1つのアミノ酸のアミノ基と脱水縮合して**ペプチド結合**を形成して，ジペプチドを生成する（図2.22）．このようにして次々にアミノ酸とペプチド結合する．3個結合したものをトリペプチドという．アミノ酸が2個から数

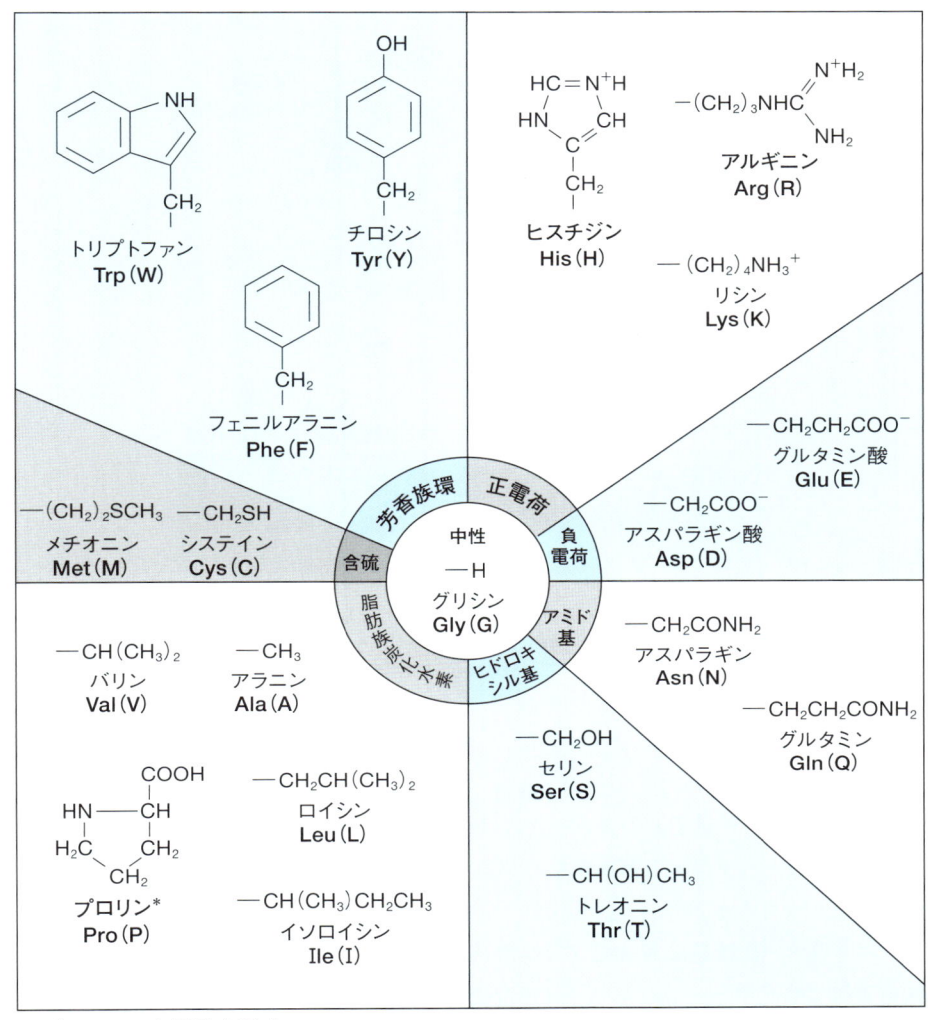

図2.21 アミノ酸の側鎖と性質
（　）内のアルファベットはアミノ酸の1文字表記を示す．

＊プロリンは全構造を示す

十個結合したものを一般にオリゴペプチド，それ以上の数がつながったものを**ポリペプチド**という．ペプチドを構成した状態のアミノ酸を**アミノ酸残基**とよぶ．

ポリペプチドの一方の端に位置するアミノ酸残基には，遊離の（ペプチド結合を形成していない）アミノ基があり，もう一方の端には遊離のカルボキシル基をもつアミノ酸残基がある．遊離のアミノ基をもつ末端を **N 末端**，またはアミノ末端，遊離のカルボキシル基をもつ末端を **C 末端**，あるいはカルボキシル末端という．また，N 末端をもつアミノ酸残基を **N 末端アミノ酸残基**，C 末端をもつアミノ酸残基を **C 末端アミノ酸残基**という．

タンパク質中のアミノ酸の平均残基分子量（タンパク質の分子量／アミノ酸残基数）は

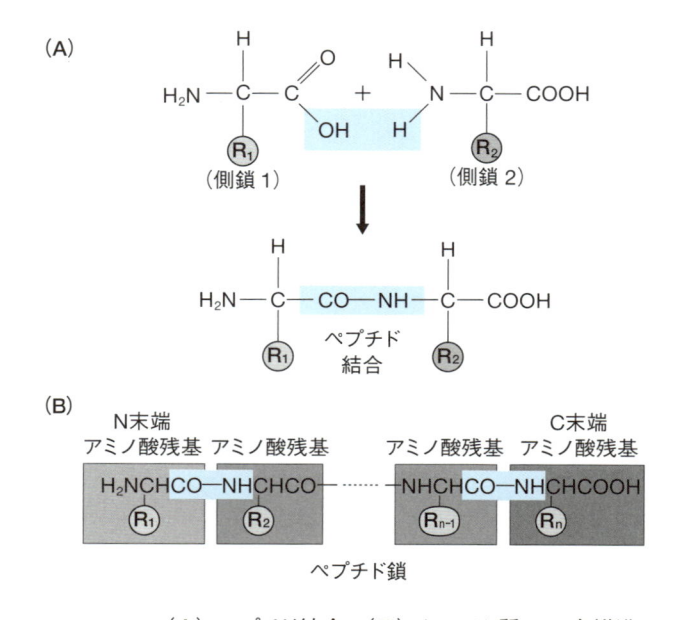

図2.22 （A）ペプチド結合，（B）タンパク質の一次構造
（A）ペプチド結合は1つのアミノ酸のカルボキシ基と，もう1つのアミノ酸のアミノ基から水分子が1つ取り去られることによって形成される．（B）アミノ酸が次々とつながってタンパク質（ペプチド鎖）ができる．

110程度なので，分子量1万のタンパク質は約90個のアミノ酸からなることになる．タンパク質の分子量としては4万前後のものが多く，分子量が10万を超えるタンパク質はサブユニットをもつものが多い．

　タンパク質の**一次構造**はN末端アミノ酸残基からC末端アミノ酸残基まで順にアミノ酸残基を並べて略記する．これをアミノ酸配列という．ペプチド鎖中のシステインのSH基は可逆的に酸化され，S–S（ジスルフィド）結合するが，一次構造にはペプチド鎖間におけるS–S結合のかかわり方は含まれない．これを含んだ共有結合全体のあり方は化学構造とよばれる．アミノ酸同士の共有結合（ペプチド結合）は強いので，一次構造は安定に維持される．タンパク質の機能を考えたときに重要なのは，タンパク質の一次構造が空間的に折りたたまれたときにどのような形になるかである．これをタンパク質の**高次構造**という．高次構造は，二次構造，三次構造，および四次構造に階層分けされる．

　二次構造は，タンパク質中の数個ないし数十個のアミノ酸残基の並び方によって，局所的に形成される構造で，αヘリックスとβ構造（βシートともいう）の2つが知られている．**αヘリックス**は，アミノ酸3.6残基ごとに1回転するヘリックスコイル状になっている（図2.23）．繊維状タンパク質であるミオシンでは大部分がαヘリックスをとる．**β構造（βシート）**は平行に並んだ2本のポリペプチド鎖が水素結合で固定され，プリーツシーツ状（布状）の構造をとる．図2.24では水素結合をはっきりさせるためβ構造を平面に示したが，この構造は平面ではなくひだ状である．ペプチドの面は交互に折れ曲がり，側鎖

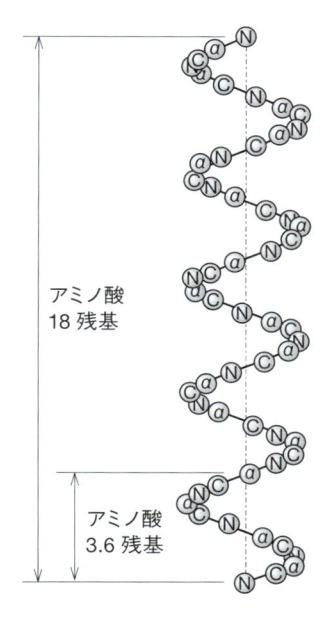

図2.23 αヘリックス

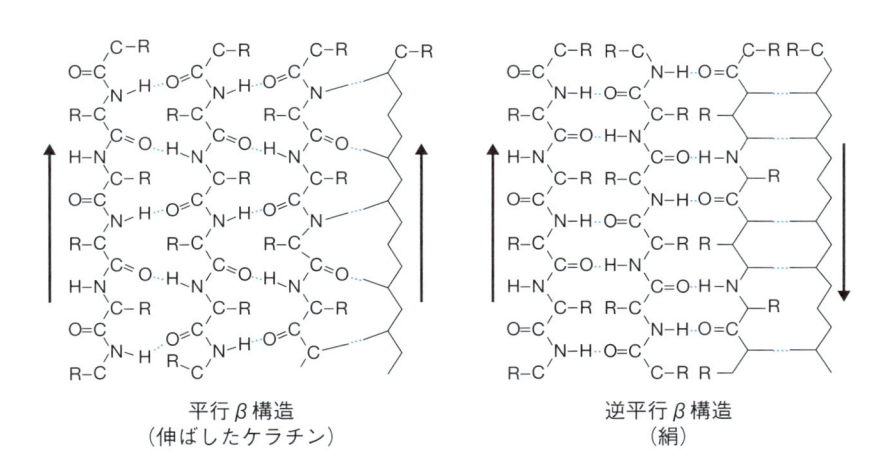

平行β構造
（伸ばしたケラチン）

逆平行β構造
（絹）

図2.24 2種のβ構造におけるポリペプチド鎖と水素結合

は1つおきに上下に出る．β構造も，ポリペプチド主鎖のアミド基とカルボニル基がすべてほぼ直線状の水素結合をつくり安定化する点で，αヘリックスと同様である．となり合わせの主鎖が逆向きに並んでいるβ構造を逆平行β構造とよぶが，多くの場合，1本の主鎖が途中で折り返して逆平行になっている．この際にみられる共通な折り返し部分を**βターン**とよぶが，これも二次構造の1つである．絹糸の主成分であるタンパク質，フィブロインはほぼ全体にわたってβ構造をとっている．

三次構造は，主鎖と側鎖すべてを構成する全原子の空間配置を指す（図2.25）．システイン残基間に生じるS–S結合に関する情報もここに含まれる．タンパク質の一般的傾向として，疎水性のアミノ酸を内部に包みこみ，親水性のアミノ酸が外側になる構造をとっている．二次構造，三次構造を合わせてコンホメーション（立体配座）という．

四次構造は，三次構造を形成したポリペプチド鎖が複数個集合して，特異的に結合した状態をいい，個々のポリペプチド鎖を**サブユニット**という．

弱い化学結合で高次構造が維持されているタンパク質は，過激な条件で容易に構造がこわれる．これをタンパク質の**変性**という．強酸，強アルカリ性下では立体構造のみならずペプチド結合自体も加水分解を受ける．60～70℃以上になると通常のタンパク質は高次構造が壊れる．また界面活性剤，高濃度の尿素，塩酸グアニジンはタンパク質の高次構造を

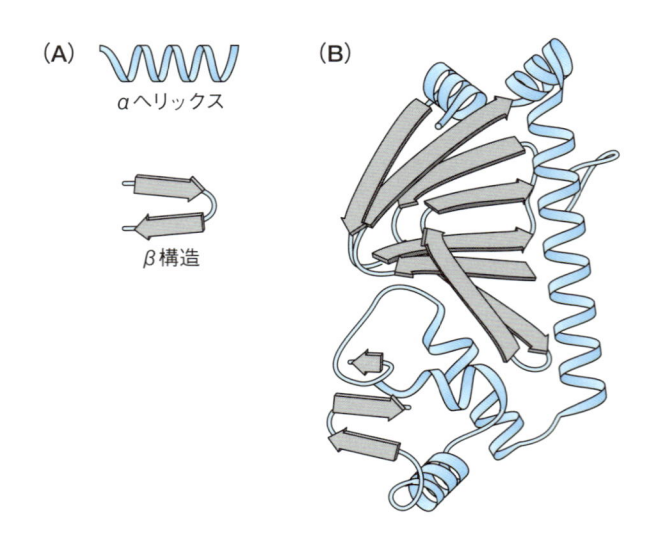

図2.25 タンパク質の二次構造と三次構造
（A）タンパク質の二次構造．（B）αヘリックスとβ構造がタンパク質の立体構造を形成する．

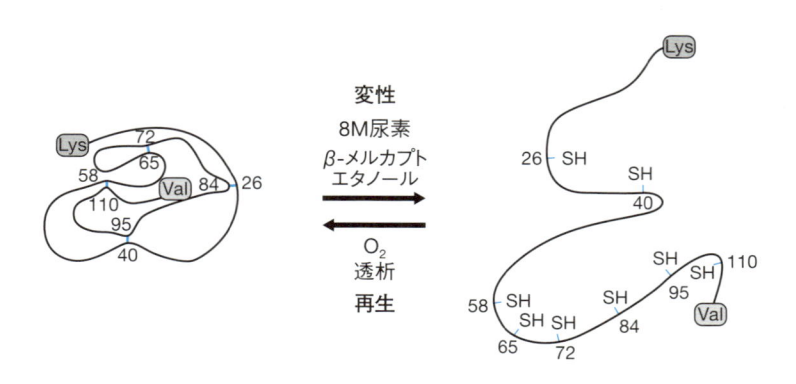

図2.26 リボヌクレアーゼAの変性と再生
番号はN末端からの各システイン残基の番号を示す．

破壊する．これらの試薬は変性剤とよばれている．尿素で完全に変性したタンパク質の溶液中から，尿素を少しずつ透析で除いていくとタンパク質は元の立体構造をとり，活性を回復する．これをタンパク質の再生という（図 2.26）．このことから，タンパク質の三次構造は一次構造によって必然的に規定されていることがわかる．

C タンパク質翻訳後のプロセシングと修飾

タンパク質はリボソームで翻訳後，タンパク質としての機能をもつためには，高次構造をとる必要である．タンパク質の高次構造形成反応の中間体に結合・解離することにより，中間体の凝集を防ぎ，正しい高次構造形成や複合体形成を助けるタンパク質を**分子シャペロン**＊という．分子シャペロンはいくつかのファミリーに分けられるが，その多くは**熱ショックタンパク質**（HSP：heat shock protein）である．熱ショックタンパク質とは，細胞や個体が平常温度より 5～10℃ 程度高い温度変化を急激に受けたとき，合成されるタンパク質群のことをいう．

タンパク質は翻訳後さまざまなプロセシング（processing，加工）や修飾を受け，成熟タンパク質となる場合がある．これを**翻訳後修飾**といい，とくに真核生物に多くみられる．これにより，タンパク質のはたらく場所を決めたり，タンパク質の構造や機能を調節したりする．次に，インスリン，トリプシン，血液凝固因子，インスリン受容体などを例に翻訳後のプロセシングと修飾について具体的に説明する．

a インスリン

インスリンは翻訳後タンパク質分解酵素による**プロセシング**を受けて，はじめて機能タンパク質となる．

インスリンは膵臓のランゲルハンス島 B 細胞が分泌するペプチドホルモンである．インスリンの化学構造は，アミノ酸残基数 21 個の A ペプチド鎖と 30 個の B ペプチド鎖とが 2 個の S–S 結合でつながれた形をとっている．本来，この 2 本のペプチド鎖は別々につくられるのではなく，B 鎖と A 鎖とは 30 個のアミノ酸残基からなる C ペプチドでつながれており，さらに B 鎖の N 末端に 24 残基からなるシグナルペプチドをもった 1 本のポリペプチド鎖（プレプロインスリン）として合成される．プレプロインスリンは，小胞体の表面に付着しているリボソームによって合成され，合成されたプレプロインスリンをこの小胞体の中に送り込んでいる．プレプロインスリンがシグナルペプチドのはたらきにより小胞体の膜を通過すると，膜の内側に存在する特別なタンパク質分解酵素のはたらきによってシグナルペプチドは切断され，プロインスリンになる．プロインスリンは折りたたまれ，A 鎖と B 鎖との間の S–S 結合が形成された後，酵素によって C ペプチドが切断され，活性のあるインスリンとなる（図 2.27）．

インスリンに限らず細胞外に分泌されるタンパク質やリソソーム，ミトコンドリアや葉

＊代表的な分子シャペロンに HSP60 や細菌の GroEL がある．それらはシャペロニンともよばれ，原核細胞，真核細胞のミトコンドリアや葉緑体に見いだされる．

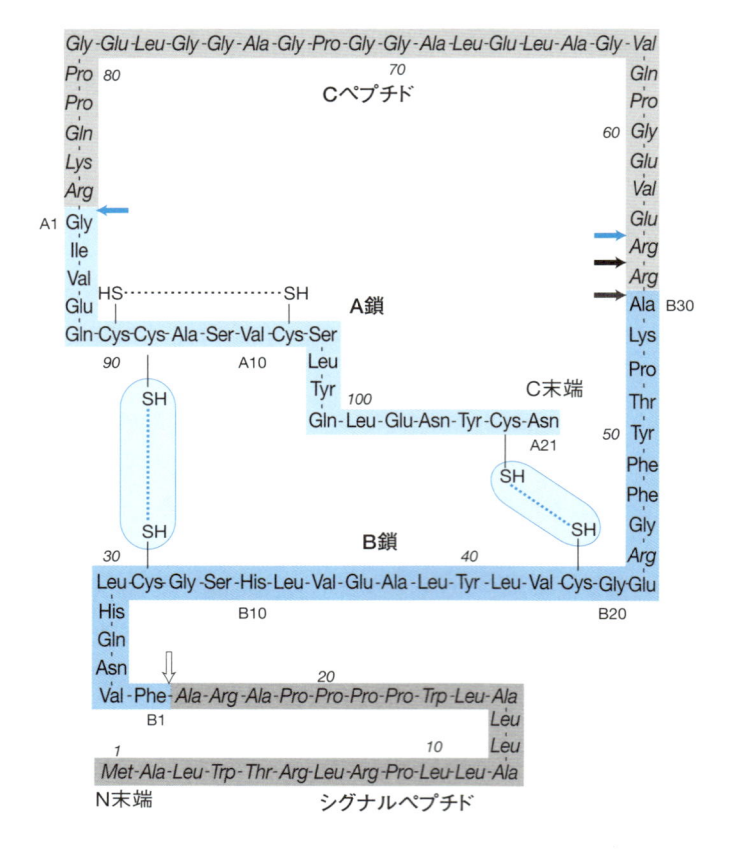

図2.27 ウシのプレプロインスリン（J. D'Agostino ら，1987）
2個のペプチド（シグナルペプチドとCペプチド）が切断されて，成熟型のインスリンになる．成熟型のインスリンはA鎖とB鎖からなっているが，それぞれのN末端からの配列番号（立体数字）の頭にA，Bをつけて区別した．斜体の数字はN末端からの配列番号を示す．

緑体などの細胞内小器官に取り込まれるタンパク質は，成熟タンパク質のN末端側に**シグナルペプチド**（プレペプチド，プロペプチドあるいはリーダーペプチドともいう）とよばれる部分が結合したものとして合成され，生体膜を通過する過程でシグナルペプチドの部分が切られ成熟タンパク質に変わる（p.55参照）．ある種のタンパク質はこのように生合成後にプロセシングを受けるので，成熟タンパク質のN末端付近のアミノ酸配列を決定しないとcDNA（mRNAに相補的なDNA）の塩基配列から推定したアミノ酸配列のどの部分が成熟タンパク質に相当するか決定できない．

b トリプシン

トリプシンは膵臓の腺細胞で合成された後で十二指腸に分泌され，小腸での食物の消化をつかさどる外分泌性のタンパク質分解酵素である．

トリプシンは，小胞体の表面に付着しているリボソームによってシグナルペプチドをつ

けた状態で合成され，小胞体の中に送り込まれる．小胞体内でシグナルペプチドを失ったトリプシンの前駆体は**トリプシノーゲン**とよばれる．トリプシノーゲンはそのままの形で十二指腸に分泌される．分泌後に，腸管壁に存在する**エンテロキナーゼ**という酵素のはたらきによって N 末端から 6 残基のペプチドが切り落とされてはじめて活性をもつトリプシンとなる．一方，切り落とされる 6 残基のペプチドは活性化ペプチドとよばれる．

　トリプシンには強力なタンパク質分解作用がある．また，トリプシノーゲンに作用してトリプシノーゲンから活性化ペプチドを切り落としてトリプシンへと転換するはたらきもある．したがってエンテロキナーゼが最初に少しだけ作用し，いったんトリプシンができれば，そのトリプシンが後から分泌されるトリプシノーゲンの活性化を行う．

　膵臓の腺細胞は，トリプシノーゲン以外にもキモトリプシンなどさまざまなタンパク質分解酵素や脂質分解酵素の前駆体を分泌している．これらの酵素活性をもたない前駆体も，みな N 末端に活性化ペプチドをもっており，その切断による活性化はトリプシンの作用に頼っている．トリプシンには，食物タンパク質の消化ばかりでなく，機能タンパク質の作製という役割もある．

c　血液凝固因子

　傷を負って出血しても，傷口が小さければ血は自然に止まる．この血液凝固は次のようにして起こる．すなわち，7 種類の凝固因子（タンパク質分解酵素前駆体）の活性化が連鎖的に引き起こされ，最後にフィブリンがつくられ，フィブリン分子が凝集して不溶性の塊（フィブリン凝固塊）を形成する．これらの凝固因子のうちで連鎖の後半に位置する 4 種は，いずれも N 末端付近に **4-カルボキシグルタミン酸**という特別なアミノ酸を約 10 個もっている．これはグルタミン酸残基の側鎖に COOH 基（カルボキシル基）をもう 1 つ結合させるという翻訳後プロセシング反応によってつくられたものである．2 個の COOH 基はカルシウムイオンと強く結合する（図 2.28）．

　傷口に血小板という細胞が集まると，それが刺激になって血小板集合の場で凝固因子の活性化が開始される．つまり，カルシウムイオンは血小板の細胞膜をつくるリン脂質とも強く結合するので，このイオンを仲立ちにして，カルボキシグルタミン酸残基をもつ凝固因子 4 種はみな血小板細胞の集合体に結びつき，効率的な活性化連鎖反応を実現する．こ

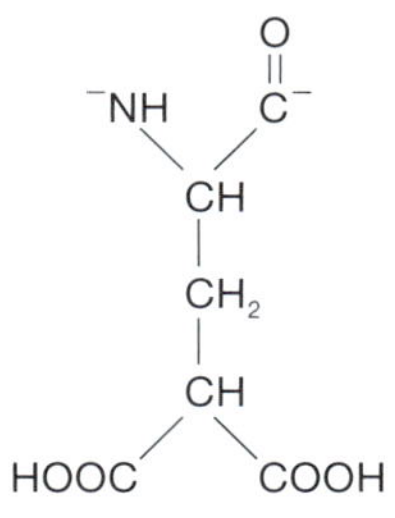

図2.28　4-カルボキシグルタミン酸残基

のようにグルタミン酸残基にカルボキシル基を付加するという修飾が，血液凝固因子に本来の機能を付与するために必須な反応である．

d　インスリン受容体タンパク質の修飾

インスリンは，血液中のブドウ糖の量を下げる重要なはたらきをしているホルモンである．ステロイドのような小分子のホルモンと違って，インスリンは標的細胞の膜を通過することができない．標的細胞の膜にはインスリンと特異的に結合できる**インスリン受容体**（インスリンレセプター）が存在する．この受容体は細胞膜を貫通して存在し，インスリン結合部は細胞表面側にあり，ここにインスリンが結合するとタンパク質の構造が微妙に変化する．

細胞の内側に突き出ているタンパク質部分はチロシンキナーゼという酵素活性を潜在的にもっている．**キナーゼ**（kinase）とはリン酸を化学結合させる酵素（リン酸化酵素）である．インスリン結合で生じた構造変化がこの部分に伝わると，それまで抑えられていた酵素活性がそのはたらきを表し，自分自身の分子上と，細胞内にある別のキナーゼ前駆体分子上とに存在する特定のチロシン残基の OH 基にリン酸を結合させる．このリン酸化がキナーゼ前駆体などを次々と活性化させる**カスケード反応**を誘発させる結果，この細胞にブドウ糖の取り込みやこれを使ったグリコーゲン合成などのはたらきを亢進させる．キナーゼによるリン酸化の標的となるのは，タンパク質の表面に位置するチロシン（Tyr）のほか，セリン（Ser）やトレオニン（Thr）がある．それぞれのキナーゼはキナーゼ活性の標的アミノ酸の違いから **Tyr キナーゼ**と **Ser/Thr キナーゼ**という．リン酸化反応の特筆すべき特徴は，細胞内に脱リン酸化酵素があって，役目が終わった後これを外し元に戻すということである．

e　糖タンパク質

糖タンパク質とは，糖を共有結合で結びつけているタンパク質の総称である．この種のタンパク質は広範にみられ，通常，複数個の単糖が連結した状態（糖鎖）で存在する．血液凝固因子や免疫グロブリンをはじめとし，血液中のタンパク質のほとんどは糖タンパク質である．多くの場合，アスパラギン残基の側鎖 $C(=O)-NH_2$ 基や，セリン，トレオニンの側鎖 OH 基に糖が結合する．細胞に存在する多くのタンパク質は，細胞表面側に糖鎖をもっている．

これらの他にもさまざまな翻訳後修飾反応があって，現在知られているだけでも 100 種類以上にのぼる．また，2 個のシステイン残基が S–S 結合でつながる反応は，水素 2 個分だけ分子量は減るが，広い意味ではこれも翻訳後修飾といえる．

まとめ

1. 核酸にはDNA（デオキシリボ核酸）とRNA（リボ核酸）の2種類がある．
2. 核酸の基本単位はヌクレオチドであり，ヌクレオチドはリン酸，五炭糖，および塩基で構成されている．
3. 核酸の基本骨格は五炭糖とリン酸基のくり返しであり，リン酸基は1つの五炭糖の$3'$位の炭素（C）と，次の五炭糖の$5'$位の炭素（C）をつないでいる．
4. DNAには，五炭糖としてデオキシリボース，塩基としてアデニン（A），グアニン（G），シトシン（C），およびチミン（T）が含まれる．
5. RNAには，五炭糖としてリボース，塩基としてアデニン（A），グアニン（G），シトシン（C），およびウラシル（U）が含まれる．
6. 核酸の遺伝情報を決めているのは塩基配列の並び方（塩基配列）である．
7. 核酸は方向性（極性）をもっており，五炭糖の$5'$位の炭素（C）の側で終わっている末端を$5'$末端，もう一方の末端を$3'$末端という．
8. DNAは，逆の方向性をもつ2本の鎖からなる二重らせん構造をとる．一方の鎖に塩基AがあるとほかにはT，一方にGがあると他方にはCがあって，それらの塩基は互いに水素結合している．このような，AとT，GとCの関係を塩基の相補性という．
9. RNAは通常一本鎖である．AとU，GとCとの間で塩基の相補性があるので，それによってRNAは部分的に二本鎖を形成することがある．
10. 核酸は波長260 nm付近の紫外線を最も吸収する．温度を上げると，二本鎖のDNAは一本鎖に解離し，それに伴って紫外線の吸光度が上昇する．DNAの融解温度（T_m）はGC塩基対が多いほど高くなる．
11. タンパク質を構成する基本単位はL型のα-アミノ酸である．タンパク質を構成するアミノ酸には20種類あり，それらがさまざまな順序でペプチド結合を形成して並んでいる．
12. 遊離のアミノ基で終わっているタンパク質の末端をN末端，遊離のカルボキシル基で終わっている末端をC末端という．
13. アミノ酸もタンパク質も両性電解質である．
14. タンパク質の構造のうち，アミノ酸配列のことを一次構造，局所的なアミノ酸配列がつくる特異的な構造（αヘリックス，β構造，βターン）のことを二次構造，空間的に折りたたまれてできる形を三次構造，2つ以上のサブユニットから構成されているタンパク質のサブユニットの会合の形を四次構造という．
15. タンパク質の高次構造形成反応の中間体に結合・解離することにより，中間体の凝集を防ぎ，正しい高次構造形成や複合体形成を助けるタンパク質を分子シャペロンという．
16. タンパク質はリボソームで翻訳後，プロセシングやさまざまな修飾を受け，成熟タンパク質となる場合がある．それにより，タンパク質のはたらく場所を決めたり，タンパク質の構造や機能を調節したりする．

17. 細胞外に分泌されるタンパク質やリソソーム，ミトコンドリアや葉緑体などの細胞内小器官に取り込まれるタンパク質は，成熟タンパク質のN末端側にシグナルペプチドとよばれる部分が結合したものとして合成され，生体膜を通過する過程でシグナルペプチドの部分が切断され成熟タンパク質に変わる．
18. 糖タンパク質とは，糖を共有結合で結びつけているタンパク質の総称である．この種のタンパク質は広範に存在し，多くの場合，アスパラギン残基の側鎖 $C(=O)-NH_2$ 基や，セリン，トレオニンの側鎖 OH 基に複数個の単糖が連結した状態（糖鎖）で結合する．

参考文献

Conn, E. E. ら著，田宮信雄・八木達彦訳，『コーン・スタンプ生化学』，東京化学同人，1994

池上正人（編）著，『バイオテクノロジー概論』，朝倉書店，2012

石井信一，『DNA とタンパク質』，裳華房，2006

石川統，『新・分子生物学』，講談社，2012

今堀和友・山川民夫監修，『生化学辞典　第 3 版』，東京化学同人，2000

Lewin, B. 著，菊池韶彦他訳，『遺伝子　第 8 版』，東京化学同人，2006

村山正實・谷口維紹（編），『医科分子生物学　改訂第 3 版』，南江堂，1997

田村隆明・山本雅（編），『改訂第 3 版　分子生物学イラストレイテッド』，羊土社，2009

第3章 ゲノム

3.1 ゲノムとは何か

　動植物などの細胞（真核細胞）では，DNAは塩基性タンパク質のヒストンなどとクロマチンとよばれる複合体をつくっている．クロマチンは核内に広がって存在しているが，細胞分裂する頃になると，凝縮して染色体になる．生物の種はそれぞれに決まった数の染色体をもっている．ヒトの体細胞の染色体数（$2n$）は46本，ショウジョウバエの体細胞の染色体数は8本，イネの体細胞の染色体数は24本である．半数染色体（n）の1組のことをゲノム（genome）といい，配偶子に含まれる遺伝子全体を示し，個々の生物が存続するのに最低限必要な遺伝子群を含む染色体の1組をいう．配偶子とは動物・植物の生殖細胞の一種で，多細胞生物では卵や精子がこれに当たる．大腸菌などの細菌（原核生物）やファージ（細菌に感染するウイルス）などの場合，1つの巨大なDNA（またはRNA）から構成されており，そのDNA（またはRNA）をゲノムという．

3.2 真核細胞のゲノムと遺伝子

A クロマチンと染色体

　真核細胞のDNAは，核の中では裸の状態ではなく，タンパク質複合体と結合した**クロマチン**（chromatin）を形成している．染色体は細胞分裂のときにだけみられるクロマチンの凝集状態である．クロマチンは，4種類の塩基性タンパク質である**ヒストン**（H2A, H2B, H3, H4）が2分子ずつからなる八量体（**ヒストンオクトマー**あるいは**コアヒストン**とよばれる）に，長さ約200 bpのDNAが約2回巻きついた**ヌクレオソーム**構造を基本単位としている（図3.1）．コアヒストンのH2A，H2B，H3，H4のアミノ酸配列および長さは進化上保存されている．これは，コアヒストンの構造がほとんど変化させることのできない重要な構造であることを示している．1つのヌクレオソームと次のヌクレオソームの間のDNAはリンカーDNAとよばれ，20 bpから60 bpの長さがある．リンカーDNAにリンカーヒストンとよばれるH1や非ヒストンタンパク質が結合している．ヌクレオソーム構造をとったDNAはさらに円状に並び，ソレノイド構造となる．ソレノイド構造は6個のヌクレオソームで1回転し，その内側にH1分子が結合している．DNAの二重らせんの直径は約0.2 nmであるが，ヌクレオソーム構造をとることによってその直径は11 nm，さらにソレノイド構造をとることによって30 nmとなる．ソレノイド構造はさらに折りたたまれてスーパーソレノイド構造（直径200 nm）をとり，クロマチンとなる．しかしクロマチンはすべてスーパーソレノイド構造をとっているわけではない．クロマチンは，細胞周期のM期にはさらに凝集し700 nm構造をとる（図2.1参照）．またクロマチンは，極小的にみれ

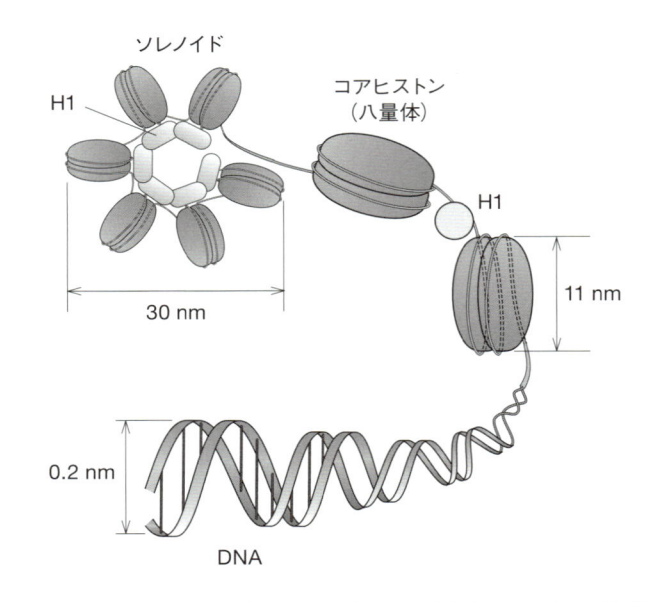

図3.1 ヌクレオソーム（11 nm）とソレノイド（30 nm）の模式図

ばスーパーソレノイド構造，ソレノイド構造，ヌクレオソーム構造，裸の DNA が混ざり合った構造をとっている．

転写活性の低い染色体領域は**ヘテロクロマチン**とよばれ，染色体構造が凝縮している．サテライト DNA（高度に反復した配列からなる DNA 領域．p.48 参照）はヘテロクロマチンのところに検出される．サテライト DNA がセントロメア*にあることから，ヘテロクロマチンは普通セントロメアにみられる．一方，転写活性の高い染色体領域は**活性クロマチン**とよばれ，染色体構造はそれほど密になっておらず，ヌクレオソーム構造をとっているものと思われる．rRNA 遺伝子を含む染色体は活性クロマチンとしてよく知られている．

B 核ゲノムの中の遺伝子の構成

タンパク質を指定する遺伝子領域の一般的な構造を図 3.2 に示す．遺伝子と，その遺伝子から転写される mRNA の塩基配列を比較すると，遺伝子の中にはあるが，mRNA の中には存在しない配列が存在する．このように遺伝情報をもたない介在配列をイントロンという．また，イントロンで隔てられた，遺伝情報をもつ領域をエキソン（エクソンともいう）という．遺伝子の大きさとその産物であるタンパク質の大きさには相関関係はない．エキソンの長さはイントロンに比べ短く，どの遺伝子でも大差はない．それに比べ，イントロンの長さはいろいろで，それが遺伝子の長さの多様性のもとになっている．

ほ乳類の多くの遺伝子の 5′ 上流域にシトシンとグアニンが並ぶ配列（CG 配列）が頻繁

用語 *セントロメア…細胞分裂期の染色体において，紡錘糸付着点すなわち動原体を含むくびれ（一次狭さく）を形成する領域のこと．

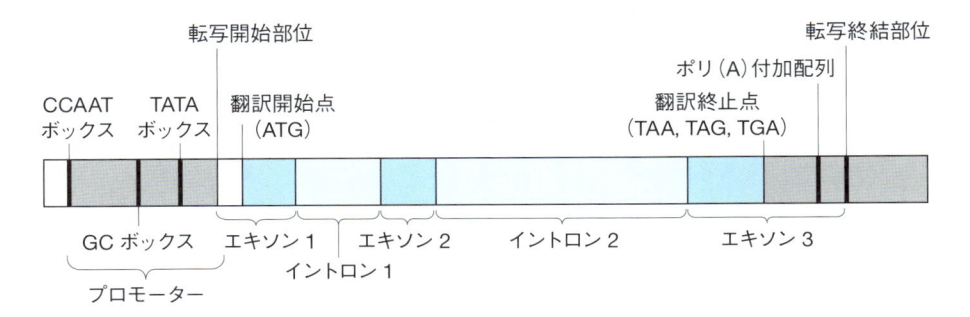

図3.2 真核細胞のタンパク質を指定する遺伝子領域の基本構造
ゲノム DNA 上のタンパク質のアミノ酸配列を指定する塩基配列は分断されて存在することが多い．プロモーター：遺伝子が転写を開始するために RNA ポリメラーゼが結合する領域．

にみられるが，とくに，組織特異的な発現を示さない遺伝子（ハウスキーピング遺伝子）に顕著である．この CG 配列の集まり（10 塩基程度のものが多い）は，**CG アイランド**（CpG アイランドともいう）とよばれている．通常は，およそ 1000〜2000 塩基対の間に，CG 配列がほかの領域の 10 倍から 20 倍の密度で存在する．ほ乳類の遺伝子には約 4 万個の CG アイランドが含まれており，遺伝子発現と関連した機能を担っている．

C rRNA 遺伝子の構造

リボソームは，RNA（リボソーム RNA，rRNA）とタンパク質（リボソームタンパク質）からなる，非常に複雑な構造をしたリボ核タンパク質複合体である．

リボソームは大小 2 つのサブユニットからなる．真核細胞の細胞質リボソームは 80S で，60S と 40S の 2 つのサブユニットからなる．60S のサブユニットには 28S，5S，および 5.8S rRNA が各 1 分子含まれ，40S のサブユニットには 1 分子の 18S rRNA が含まれる．原核細胞のリボソームは 70S で，30S と 50S の 2 つのサブユニットからなる．

rRNA 遺伝子は核ゲノムに存在するが，多くのタンパク質をコードする遺伝子と異なり，数千回，直列に反復した構造をとる．4 種類の rRNA のうち，5S RNA 遺伝子以外の rRNA（18S rRNA，5.8S rRNA，28S rRNA）遺伝子群は 1 つの転写単位（rRNA 前駆体）を形成し，間に転写されない配列（非転写スペーサー，NTS）をはさんで 1 つの反復単位がある（図 3.3）．転写が終わると，酵素のはたらきによって一定の順序で一次転写産物（rRNA 前駆体）が切断され，不要な塩基配列を除去して 3 種の rRNA 分子を互いに切り離す．5S rRNA 遺伝子も非転写スペーサーをはさんで反復している．

原核細胞の rRNA 遺伝子も複数種の rRNA 分子をコードしたオペロンである．ただし，原核細胞の場合には，転写が終わる前に分子が切り落とされるので，真核細胞にみられるような長い rRNA 前駆体は検出されない．

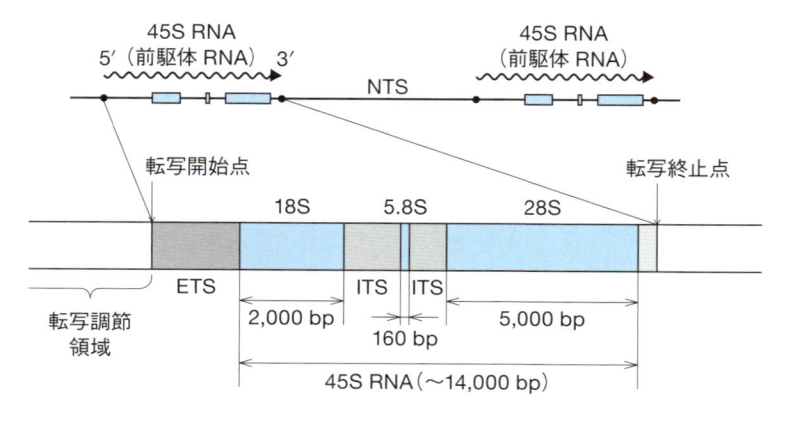

図3.3　rRNA遺伝子の構造
ETS, ITS, NTS をそれぞれ外部転写スペーサー，内部転写スペーサー，非転写スペーサーとする．

D　遺伝子ファミリー

1つの遺伝子が重複し，個々の遺伝子が進化の過程で機能分担したものを**遺伝子ファミリー**という（p.153参照）．そのメンバーは1つにまとまってクラスターを形成していることもあれば（αヘモグロビン遺伝子ファミリーなど），別の染色体上に分散していることもある．

遺伝子ファミリーには，遺伝子配列の類似性が遺伝子全体におよぶものと一部のドメインまたはモチーフにのみ認められるものがある．個々の配列には高い類似性はみられないが，機能やドメインにのみ類似性が認められるものを**スーパー遺伝子ファミリー**とよんでいる．これは共通の先祖遺伝子から広範な変異を経て生じたもので，免疫グロブリン遺伝子ファミリーとHLA遺伝子群（主要組織適合抗原遺伝子複合体）があげられる．

E　高度に反復した配列

ヒトのゲノムには高度に反復した配列（反復配列とよぶ）が約1％存在する．反復配列はゲノム上の分布や分散の機構により2つのグループに分類される（表3.1）．1つは配列単位が縦列にくり返す**縦列型反復配列**であり，そのメンバーには大型サテライトDNA（セントロメア領域やヘテロクロマチン領域）や小型のサテライトDNA（ミニサテライトDNA，マイクロサテライトDNA）がある．この縦列の反復配列DNAは，進化の過程で基本単位の短い配列の増幅と変異の蓄積のくり返しにより，生じたものと考えられる．もう1つは反復配列が染色体中に散在しているもの（**分散型反復配列**，図3.4）で，*Alu*ファミリー，*LINE-1*ファミリーがその代表例である．

サテライトDNAよりも小型のものを**ミニサテライトDNA**（2～30 kbp）とよぶ．ミニサテライトDNAよりもさらに小型のものを**マイクロサテライトDNA**（150 bp未満）という．

表3.1 ヒトの主要な縦列くり返し配列

種類	くり返し単位の大きさ (bp)	主な染色体上の位置
縦列型反復配列		
サテライトDNA (100 kbp〜数Mbp)		
サテライト2および3	5	ほとんどの染色体
サテライト1 (高AT含量)	25〜48	ほとんどの染色体のセントロメア・ヘテロクロマチン領域 その他のヘテロクロマチン領域
ミニサテライトDNA (2〜30 kbp)		
テロメアファミリー	6	全染色体
マイクロサテライトDNA (150 bp未満)	1〜4	全染色体
分散型反復配列		
*Alu*ファミリー	300 bp以下	全染色体に分散するが，大半はRバンドに集中する
LINE-1(*Kpn*)ファミリー	6.1 kbp以下 (平均長は1.4 kbp)	全染色体に分散するが，大半はGバンドに集中する

(出典：改訂第3版 分子生物学イラストレイテッド，p.96，表4-1)

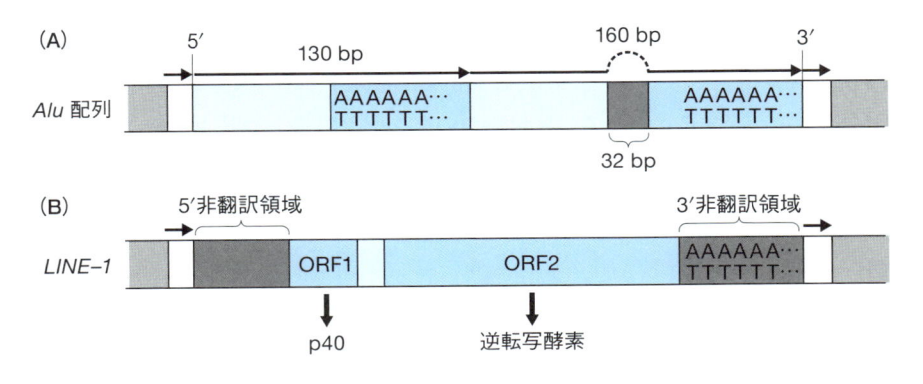

図3.4 分散型反復配列 (*Alu* 配列と *LINE-1*) の構造
(A) *Alu* 配列は約 130 bp (塩基対) と 160 bp からなる二量体で，32 bp の挿入配列が存在する．
(B) *LINE-1* 配列の全長は 6.1 kbp で，p40 と逆転写酵素の遺伝子をコードする．
ORF：オープンリーディングフレーム (読み枠ともいう)
(出典：改訂第3版 分子生物学イラストレイテッド，p.98，図4-5)

ミニサテライト DNA の特徴は超可変性にある．その結果，ミニサテライト DNA は多型を示し，ミニサテライト DNA をプローブとしたサザン法は**DNAフィンガープリント法**とよばれ，個体識別，親子鑑定に用いられる．一方，マイクロサテライト DNA の多くは通常 2〜3 個の塩基の組が 15〜40 回程度反復している．シトシンとアデニンが n 回反復する場合 (CA)n のように表記される．マイクロサテライト DNA はゲノム DNA 中に散在し，生

物種や個体間で，くり返しの回数の違いが高頻度に認められ，PCR法と電気泳動法により多型が検出されることから，遺伝子解析の有用なマーカーとして用いられる．

F　*Alu* ファミリーと *LINE-1* ファミリー

ほ乳類の染色体中に反復配列が散在している分散型反復配列は，そのくり返し単位の長さにより2種類に大別される．短い配列からなるもの（約300 bpまたはそれ以下）をSINE（short interspersed sequence：短分散型反復配列）とよび，ヒトゲノム中に存在する*Alu*ファミリーが有名である．長いもの（6.1 kbpまたはそれ以下，平均長は1.4 kbp）はLINE（long interspersed sequence，長分散型反復配列）とよばれ，ヒトゲノム中に存在する*LINE-1*（*Kpn*）ファミリーが有名である．分散型反復配列の多くはRNAを介して移動を行うトランスポゾンである（p.60参照）．

ヒトDNAを300塩基くらいにまで切断し，熱変性させ再会合させると，すばやくハイブリッドを形成する分画がある．この分画のDNAを制限酵素*Alu*で消化し，アガロースゲル電気泳動で分離すると，約半分はおおよそ160と130塩基のサイズのところにバンドを形成する．これは上記の条件でハイブリッドを形成するDNAの多くは，1つのファミリーをなしていることを示している．後にこのDNAの塩基配列が決定され，反復配列，***Alu* 配列**が同定された．コピー数は半数体*当たり約30万であり，ゲノム中に分散して存在するが，大半は染色体の遺伝子密度の高いRバンドにみられる．その反復単位は約300 bpである．*Alu*ファミリーは7SL RNA遺伝子の偽遺伝子であろうと考えられている．7SL RNA（7S RNAと記すこともある）は合成中のタンパク質をもつリボソームを膜へと運ぶシグナル認識粒子のなかに含まれるRNAである．このRNAの一部が欠損した配列から，*Alu*配列は成り立っている．

G　テロメア配列

真核生物の染色体には線状二本鎖DNAが含まれている．細胞分裂に伴って染色体DNAは両端から次第に短くなっていくのを防ぐため，染色体の両端（テロメアとよばれている）には特殊な立体構造をとり，核膜に結合しているテロメア配列が存在する．

テロメア配列は下等真核生物から高等真核生物までよく似ており，6〜8 bp（出芽酵母 TG_{1-3}，テトラヒメナ（繊毛虫の一種）TTGGGG，ヒト TTAGGG，シロイヌナズナ TTTAGGG，トマト TT(T/A)AGGG）の単純な配列が数十回縦列配列している．また，この反復配列の長さは一定ではない．テロメア配列は**ミニサテライトDNA**の1つである．染色体により，また個体によりテロメア配列の長さは異なるが，ヒトでは平均約10 kbpにもなる．このテロメア配列は細胞分裂により減少するが，その減少を補う機構として，RNAとタンパク質複合体からなる**テロメラーゼ**により，テトラヒメナでは（テロメラーゼ内の）RNA中のAACCCCの反復配列を鋳型とし，相補的なTTGGGG配列を合成して，染色体

用語　*半数体…染色体数が単数（半数）である細胞，またはそのような細胞からなる個体をいう．

の末端に付加する（p.80 参照）．

H ゲノムの解析方法

染色体地図は，ある遺伝子が染色体上のどこにあるか，あるいはある遺伝子と他の遺伝子との位置関係を教えてくれる．かつては表現型を観察するという方法でいろいろな表現型の遺伝子を染色体上に一列に並べて染色体地図が作成されたが，DNA塩基配列を容易に調べられるようになった今日では，DNA塩基配列を用いて染色体地図を作成することができるようになった．DNA塩基配列を用いた地図は，他に制限酵素地図（制限酵素でDNAを切断したときの断片のパターン）やコンティグ地図がある．

a 連鎖分析

個体差のあるDNA塩基配列を遺伝マーカーとして利用することができる．異なるDNA塩基配列が独立に分配されずに**連鎖**する場合がある．つまり，同一染色体上に座位したマーカー群の遺伝における結合のことで，独立遺伝の法則で期待されるより高い頻度で結びついて行動するとき，2つのマーカーは連鎖しているという．複数のマーカーが同時に子孫に伝達されたか否かを解析し，それらのマーカー間の距離を推定する方法を連鎖分析という．連鎖しているマーカーをその相対的な位置に応じて染色体上に一列に並べて図示したものを染色体地図という．

DNAの塩基配列に基づく遺伝マーカーには**制限断片長多型**（restriction fragment length polymorphism：**RFLP**），**縦列型反復配列数**（variable number tandem repeat：VNTR），短鎖縦列反復配列多型（short tandem repeat polymorphism：STRP）がある．

- **制限断片長多型**：遺伝マーカーとなるのは，その中に特定の配列を含む制限酵素による切断片の大きさである．制限断片長多型解析は，遺伝的に異なる生物間に存在するDNAレベルでの差異（挿入，欠失，塩基置換などによる変異）を制限酵素の切断部位の違いで認識するものである．マーカーにはクローン化されたDNA断片を使う．ゲノムDNAを適当な制限酵素で切断後，マーカーとなるDNA断片をプローブとしてサザンハイブリダイゼーションを行うと，検出されるバンドは生物間で長さや本数に差異（多型）が生じる．この多型をマーカーとして異なるマーカー間の連鎖を調べる．
- **縦列型反復配列数**：ミニサテライトDNAともいう．VNTRでは，長さ10～100 bpでさまざまな回数ずつくり返されている．ある個体では，ある反復モチーフに基づくVNTRはゲノム中に1回しか現れないかもしれないし，異なる染色体上に異なる長さで数回現れるかもしれない．マーカーとなるのは反復サイズの分布である．
- **短鎖縦列反復配列多型**：マイクロサテライトDNAともいう．STRPはわずか2～5bp程度の領域が多数回（通常連続して10～30回）くり返されている．STRPはヒトゲノム中に均等に分布しているなどの理由から，マーカーとしてVNTRよりもすぐれている．

b　コンティグ地図

　長いDNA分子（1本の染色体の全DNAなど）を切断してクローニングや塩基配列決定に適した大きさに分けるときには，断片の配列から全配列を再構成できるように，断片の順序を示す地図をつくっておく必要がある．DNAを制限酵素（DNA分子内の4個あるいは6個の塩基配列を認識してその内部を切断する酵素）で切断すると，1組の断片が得られる．これとは別の制限酵素で切断すると，重なり合う部分をもった断片を得ることができる．単独の酵素による消化や複数の酵素による消化の組み合わせによって生じる断片の大きさから，制限酵素切断部位の順序と制限酵素切断部位間の距離を示す**制限酵素地図**（**制限地図**ともいう）を作成することができる．λファージベクターやコスミドベクター，さらにはYAC（yeast artificial chromosome：酵母人工染色体）ベクターを利用したゲノムDNAライブラリー*のクローン化されたDNA断片を解析し，互いに重なる断片を同定しつなげたものを**コンティグ地図**という．整列バンクともよばれ，クローン化されたDNA断片が染色体上の順番になるようにクローンを並べる．このようなコンティグ地図ができあがると，染色体上の必要とするDNA断片を容易に手に入れることができる．

c　染色体ウォーキング

　染色体上に多くの遺伝子が相互にどのように並んでいるかを知るためには，クローニングしたDNAの塩基配列を決め，それを次々につなぎ合わせていく必要がある．実際には次のような方法で行われる．

　まず既知の遺伝子を含むと思われるクローンDNAや，（遺伝地図などで）近傍にあるクローンDNAから出発してこれと一部がオーバーラップするDNA断片をゲノムDNAライブラリーから選抜する．このような方法を何度もくり返せば，染色体上のすべての遺伝子をつなぎ合わせることが可能であり，この方法を**染色体ウォーキング**という（**染色体歩行**ともいう）．この方法で，動物のグロブリン遺伝子群，MHC（主要組織適合（性）遺伝子複合体）領域，分裂酵母のセントロメアなどが解析された．

d　発現配列タグ

　発現配列タグ（expressed sequence tag：EST）とは，転写された遺伝子の少なくとも一部と一致している配列のことをいう．対象となる生物の組織のmRNAをもとに作製されたcDNAライブラリーに含まれる大量のクローンの一部の塩基配列を決定することで，1組の発現配列タグが得られる．cDNAの最初の数百塩基を決定すれば，ジーンバンクの情報を利用し，その細胞や組織の遺伝子発現を特徴づけたり，ゲノム上の遺伝子領域の推定に使われる．また，既知の遺伝子と比較することにより，mRNAがコードする既知のタンパク質を同定することができる．

用語　*ゲノムDNAライブラリー…ある生物のゲノムDNAを断片化としてベクターにつなぎ，ゲノムDNAのすべての領域を含むようにしたもの

3③ 細胞小器官のゲノム

A 葉緑体ゲノム

a 葉緑体の遺伝子と遺伝子発現

　葉緑体ゲノムは環状二本鎖 DNA 分子からなる．通常は植物種当たり 1 種類の葉緑体 DNA のみをもつ．陸上植物の葉緑体 DNA の大きさは 120〜160 kbp で，その大部分には 10〜30 kbp の長い反復配列が逆向きに存在しており（逆位反復配列，inverted repeat, IR），その中に rRNA 遺伝子群が存在する．葉緑体の遺伝子の多くは，葉緑体の転写，翻訳装置にかかわるものと，光合成にかかわるものに大別される．葉緑体ゲノムにコードされる遺伝子の発現は葉緑体内の独自の転写，翻訳装置によって行われる．

　葉緑体遺伝子のなかにはイントロンを含むものもある．開始コドンとしては AUG コドンのほか，GUG コドンも知られている．

　葉緑体ゲノムの一次転写産物は，原核生物と同じく 5′ 末端は三リン酸化されたままで，3′ 末端にはポリ(A)鎖はない．単独で転写される遺伝子もあるが，大部分のタンパク質遺伝子は 2〜12 個が 1 個の転写単位として共転写される．葉緑体プロモーターの多くは大腸菌の RNA ポリメラーゼが認識するプロモーターである．RNA ポリメラーゼは葉緑体 DNA によってコードされている．

　原核生物の転写物は，そのままリボソームへ移行してタンパク質合成されるのが普通であるが，葉緑体の場合は一次転写産物がそのまま翻訳系へ移行することはない．葉緑体の多くの遺伝子は連続した mRNA として転写され，このような前駆体 mRNA から遺伝子単位に切り出され（RNA プロセシング），同時にイントロンをもつものはスプライシングを受ける．葉緑体 RNA のプロセシングに特徴的なステップは，RNA 編集（RNA エディティング）である．RNA 編集とは，mRNA とその鋳型である DNA の塩基配列に 1：1 の対応関係がなく，RNA へ転写された後，ヌクレオチドの挿入，置換，削除が生じる現象をいう（p.115 参照）．ミトコンドリアほど頻繁にはみられないが，RNA 中のシチジル酸残基をウリジル残基へ置換する RNA 編集（C → U 変換）が葉緑体ゲノムの開始コドンやコーディング領域にみられる（図 3.5）．ゲノムの開始点に位置する ACG は mRNA レベルでは AUG に変換している．コーディング領域内の RNA 編集はゲノムの欠陥部分を修復する機能である．

b 葉緑体タンパク質の機能構築

　陸上植物の葉緑体ゲノムは 100〜200 kbp の環状 DNA であるが，これだけの遺伝情報では葉緑体 DNA の複製・発現や葉緑体機能を完全に網羅することができず，葉緑体で機能しているタンパク質の多くは核ゲノムにコードされている．核ゲノムにコードされている遺伝情報は，一度 mRNA に転写され細胞質のリボソームで前駆体タンパク質として翻訳される．細胞質で合成されたほとんどすべての葉緑体タンパク質の前駆体は，N 末端側に通

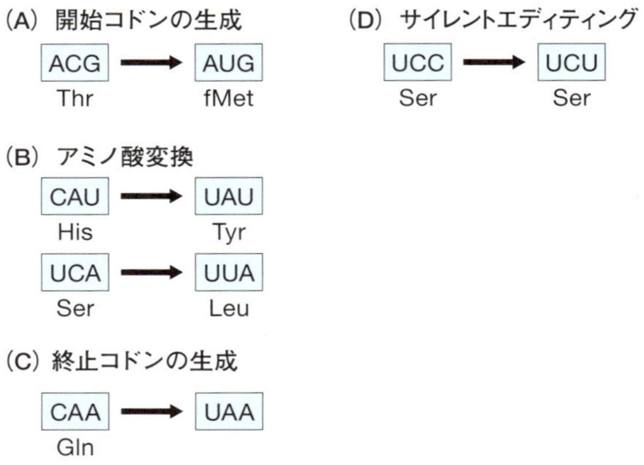

(A) 開始コドンの生成

ACG → AUG
Thr　　fMet

(B) アミノ酸変換

CAU → UAU
His　　Tyr

UCA → UUA
Ser　　Leu

(C) 終止コドンの生成

CAA → UAA
Gln

(D) サイレントエディティング

UCC → UCU
Ser　　Ser

図3.5　葉緑体におけるRNA編集
(A) コード領域の最初のACGが開始コドンAUGとなり開始コドンができる．
(B) コード領域内のコドンの1番目あるいは2番目のCがUに変化してアミノ酸置換を起こす．
(C) コード領域内のCAAが終止コドンUAAになる．
(D) コード領域内のコドンの3番目のCがUに変化したため，アミノ酸置換は起こさない（サイレントエディティング）．

常40〜80残基のアミノ酸からなる疎水性を特徴とする**シグナルペプチド**をもっている．これらのシグナルペプチドをもつ前駆体タンパク質は，シグナルペプチドのはたらきにより葉緑体の二重膜を通過して葉緑体の内部に取り込まれてシグナルペプチドの部分が切り取られ，成熟型タンパク質となる（図3.6）．核コードのチラコイド内腔タンパク質については，葉緑体の二重膜とチラコイド膜を通過しなければならないため，細胞質で合成されたチラコイド内腔タンパク質のN末端側には，二重膜通過とチラコイド膜通過に関与する2つのシグナルペプチドが並んで存在する．シグナルペプチドのはたらきによりストロマに移入するとN末端側にあるシグナルペプチドが切り取られて中間分子となり，さらにもう一方のシグナルペプチドのはたらきによりチラコイド内腔へ通過したときにそのシグナルペプチドも切り取られ，機能をもつ成熟型タンパク質となる．

c　葉緑体と核の相互作用

葉緑体機能の発現には，葉緑体で発現した遺伝子産物と輸送されてきた核内発現の遺伝子産物との会合も必要である．二酸化炭素の固定にかかわる**RuBisCO**（リブロース1,5-二リン酸カルボキシラーゼ/オキシゲナーゼ）は，大小サブユニットそれぞれ8個ずつの十六量体からなるが，その大サブユニット遺伝子（*rbcL*）は葉緑体ゲノムに，小サブユニット遺伝子（*rbcS*）は核ゲノムにコードされている．

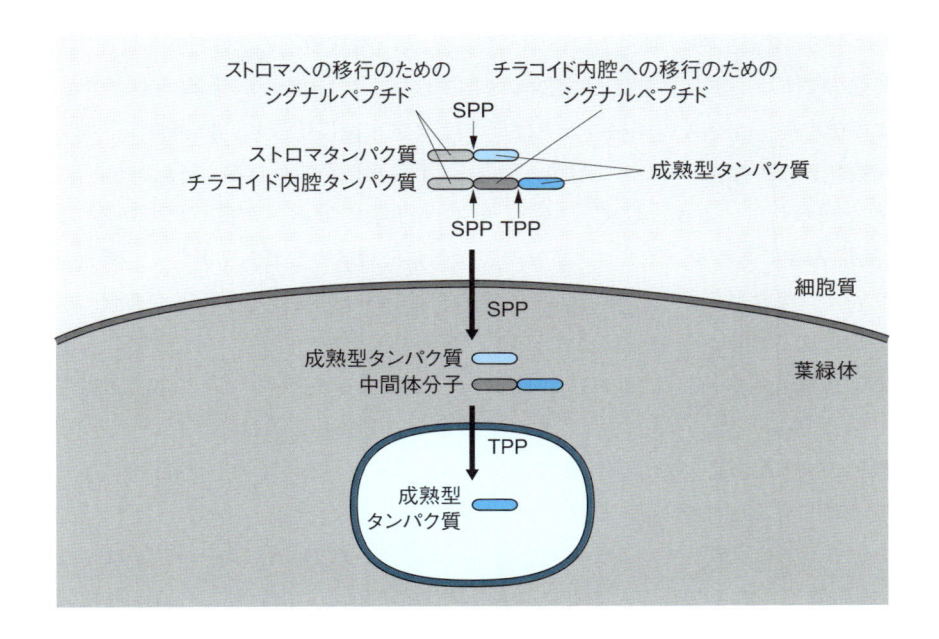

図3.6 細胞質から葉緑体へのタンパク質の輸送
核ゲノムにコードされている遺伝情報は，細胞質でシグナルペプチドをもつ前駆体タンパク質として翻訳される．この前駆体タンパク質がシグナルペプチドの働きにより葉緑体の二重膜を通過した時に，シグナルペプチドの部分が切り取られ，成熟型もしくは中間体分子となる．チラコイド内腔タンパク質の場合は，中間体分子がさらにチラコイド内腔を通過した時に残ったシグナルペプチドが除去され成熟型となる．
SPP：ストロマプロセシングペプチダーゼ，TPP：チラコイドプロセシングペプチダーゼ．

B ミトコンドリアゲノム

　ミトコンドリアゲノムは環状二本鎖DNA分子からなる．動物のミトコンドリアと植物のミトコンドリアにおいては，ゲノムサイズ，ゲノム構造，イントロンの有無，コドン使用，RNA編集などにおいて大きな違いがある．

　動物のミトコンドリアはサイズが小さく（ヒトのミトコンドリアで約15.6 kbp），単一環状構造をとるなど非常に単純で，遺伝子がすき間なく配置されたコンパクトな構造をしている．一方，植物のミトコンドリアのゲノムサイズは180～2,400 kbpと大きく，複雑である．植物のミトコンドリアDNAと動物のミトコンドリアDNAの間でコードされている遺伝子数は変わらないにもかかわらず，植物の方が動物のものよりも大きいのは，植物のミトコンドリアDNAには，動物のミトコンドリアDNAには含まれていないイントロンや非コード領域あるいは反復配列が含まれているためである．

　植物ミトコンドリアでは，転写後のRNAが，塩基の挿入・置換・変換などにより変化するRNA編集（RNAエディティング）がみられる．これらは動物ミトコンドリアではみられない．植物ミトコンドリアにおけるRNA編集は，C残基からU残基への変化がほとんどである．

rRNAは12S（原核生物の16S rRNAに相当）と16S（原核生物の23S rRNAに相当）の2種で，動物のミトコンドリアでは5S rRNAは存在しないが，植物のミトコンドリアでは5S rRNAは存在する．mRNAの開始コドンはそのほぼ5′末端に位置し，動物のミトコンドリアでは開始コドンはAUGのほかにAUA, AUU, GUGなどが使われる．終止コドンはUAAが一番多く使われているが，UAG, AGA, AGGも少数ではあるが使われている．AGA, AGGは通常Argであるが，ミトコンドリアにはそれに対応するtRNAがなく，終止コドンとなっている．また遺伝子上に終止コドンが存在していないものが半数近くあり，プロセシングの際付加されるポリ(A)によりUAAの終止コドンがつくられる．植物のミトコンドリアでは普遍暗号が使われている（p.123の表6.2参照）．ミトコンドリアゲノムにコードされているtRNA遺伝子だけでは，すべてのコドンを読むことはできない．そのため，さらに数個のtRNAが必要で，それらは核ゲノムにコードされていて，転写後ミトコンドリアに運ばれてくる可能性が高い．

ミトコンドリアを構成しているタンパク質の大部分は，核DNAにコードされていて（約95％），細胞質で合成されたのちミトコンドリアに送られる．細胞質で合成されたほとんどすべてのミトコンドリアタンパク質の前駆体は，N末端側にシグナルペプチドをもっている．

一般に，高等植物ミトコンドリアゲノムには，葉緑体DNAと非常に高い相同性をもつ配列が存在する．これは進化の過程で，葉緑体ゲノムからミトコンドリアゲノムに移ってきたものと考えられている．

3.4 大腸菌（原核生物）のゲノムと遺伝子

A 大腸菌の遺伝子の構成

大腸菌のゲノムはおおよそ464万塩基対で，長さが約1.5 mmの環状二本鎖DNAである．環状二本鎖DNAはタンパク質と結合して直径およそ1 μmほどの凝縮体となって，細胞内に核様体として存在する．大腸菌のゲノムには約4,000の遺伝子が存在する．

大腸菌の遺伝子名は，3文字に大文字のアルファベットを加えて斜体で表す．たとえば炭酸源としてラクトース（乳糖）を利用するための遺伝子は*lac*で表し，トリプトファンの生合成に関与する5つの酵素群の遺伝子は，*tryA*, *tryB*, *tryC*, *tryD*, *tryE*と表わす．大腸菌ではこれらの遺伝子は1カ所に集まって（クラスター*を形成しているという），*tryE-tryD-tryC-tryB-tryA*の順に並んでおり，*tryE*遺伝子の上流にプロモーター（promoter）がある．プロモーターとは遺伝子が転写を開始するためにRNAポリメラーゼが結合するDNA部位をいう．*tryE*から*tryA*までが1つの転写単位で，それを鋳型にしてE, D, C, B, Aの各酵素タンパク質が翻訳される．したがって5つの遺伝子は一律に発現調節を受ける．

用語 *遺伝子クラスター…隣り合って存在する，まったく同じか関連した一群の遺伝子．

トリプトファンの生合成に関与する5つの酵素群の遺伝子が構成するオペロンを**トリプトファンオペロン**（***trp* オペロン**）とよぶ（図3.7）．オペロン（operon）とは，1つのプロモーターにより支配を受けているひとつながりの遺伝子群で，1つの転写単位のことをいう．このようなmRNAは複数のポリペプチド鎖の情報を含んでおり，ポリシストロン性mRNAという．大腸菌では，他に*lacZ*, *lacY*, *lacA*から構成されるラクトースオペロン（p.88参照）や*galE*, *galT*, *galK*から構成されるガラクトースオペロンなどがある．

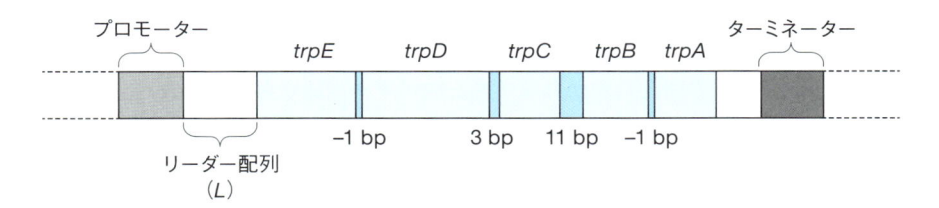

図3.7 トリプトファンオペロン

トリプトファンオペロンからはポリシストロン性mRNAが転写される．オペロンはプロモーター，リーダー配列（オペロンの翻訳のオン，オフを決定する領域）と*trpE*, *trpD*, *trpC*, *trpB*, *trpA*の5つの構造遺伝子からなっている．*trpD*の終止コドンと*trpC*の開始コドンの間は3 bpあいている．*trpC*と*trpB*の間は11 bpあいているが，*trpE*と*trpD*の間，*trpB*と*trpA*の間はどちらも終止コドンと開始コドンの1 bpがオーバーラップしている．

B プラスミド

細胞質に存在して独立に複製する遺伝要素は，染色体外因子あるいは細胞質因子とよばれる．その中で，細胞分裂に際して子孫に受け渡され安定に維持される遺伝因子を**プラスミド**（plasmid）という．多くのプラスミドは小型の環状二本鎖DNA分子である．

細胞内で安定に保持されるプラスミドの分子数を**コピー数**という．コピー数はプラスミドによって1コピーから数コピーとまちまちである．

一般に，プラスミドがその宿主細胞の生存にとって必須な機能を与えるような例はほとんどない．典型的なプラスミドの例としては，大腸菌に接合伝達機能を与える**Fプラスミド**（F因子，性決定因子，fertility factor），抗生物質などに対する耐性能を与える**Rプラスミド**（R因子，薬剤耐性因子，多剤耐性因子），コリシンとよばれる大腸菌やその類縁菌に対する抗菌タンパク質（バクテリオシンの一種）を生産する**Colプラスミド**（コリシン産生プラスミド，コリシン産生因子）などがある．ColプラスミドにはE，K，Jなどさまざまな種類があるが，ColE1が最も知られている．ColE1は多コピープラスミドで，ColE1型DNA複製開始点（複製起点）は，組換えDNA実験における基盤ベクターpBR322の多コピークローニングベクターとして利用されている．プラスミドpSC101由来のテトラサイクリン耐性遺伝子（*Tc*^{r}）やR1プラスミド由来のトランスポゾン3すなわちアンピシリン耐性遺伝子（*Amp*^{r}）もpBR322の構築に利用されている．

プラスミドの複製様式には2通りある．1つはRNAがプライマーとなって複製開始点 (*ori*) から一方向（たとえばColE1プラスミド）あるいは両方向（たとえばR6K）へ複製が進行するもので，複製の途中が θ 文字に似ているので，**シータ（θ）型複製**という（図4.3A参照）．もう1つは**ローリングサークル型複製**（図3.8）である．この複製はプラスミドのどちらか一方のDNA鎖の特異的な場所を1ヶ所切断することによって開始する．切断によって生じた遊離の3′-OH末端に，デオキシリボヌクレオチドが付加されていく．一方，切断された方のDNA鎖の5′末端は徐々に長さを増す遊離の"尾"として押し出されていく．このような複製構造をローリングサークルとよぶ．

プラスミドは複製に必要なタンパク質をすべて自身がコードしているわけではない．多くのプラスミドは複製の開始にかかわるイニシエーター（Repタンパク質）はプラスミドDNAがコードし，他の必要なタンパク質は宿主のものを利用する．

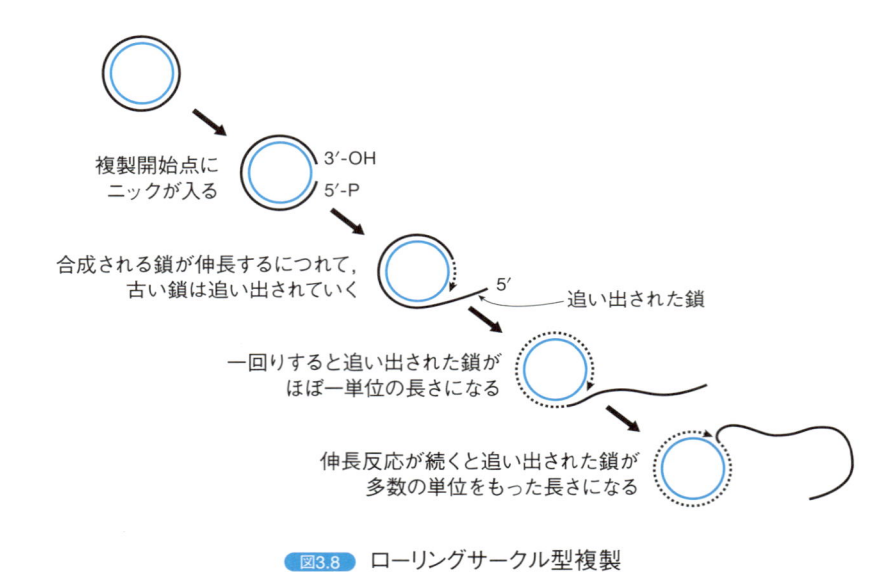

図3.8 ローリングサークル型複製

C 大腸菌の接合

レーダーバーグ（J. Lederberg）とテータム（E. L. Tatum）は，大腸菌K-12株*の接合現象を発見し，接合により組換えを起こすことを示した（1946年）．

細菌の**接合**は，2種の細菌が接し，一方の細菌（donor）のDNAが他の細菌（recipient）に伝達されることをいう．また，接合は菌類や原生動物などでは一般的な現象であるが，細菌ではごくまれである．

大腸菌K-12株の接合では，Fプラスミドが接合型を決める．Fプラスミドは，全長

用語 *大腸菌K-12株…分子遺伝学・遺伝生化学の研究材料として最も広範に用いられてきた大腸菌株

94.5 kbp（k 塩基対，bp：base pairs）ほどの環状二本鎖 DNA で，自律複製にかかわる Rep 領域（複製開始点 *ori* を含む），接合の際の DNA 伝達にかかわる Tra 領域，宿主菌ゲノムへの組み込みに必要な Tn*1000*，IS*2* や IS*3* などの **IS 因子**（insertion sequence：**挿入配列**）（p.61 参照）が集合した Tn 領域からなる（図 3.9）．F プラスミドをプラスミドの状態で保持する大腸菌を F⁺ 菌という．F プラスミドは線毛（F 線毛，F pili）を生産する遺伝子をもっている．この F 線毛を使って F プラスミドを保持していない大腸菌と接合し，F プラスミドの特定部位（*oriT*）から DNA の片鎖を F⁻ 菌に送り込む．送り込まれた一本鎖 DNA は F⁻ 菌の中で二本鎖になり，環状化して再び F プラスミドとなる（図 3.10）．

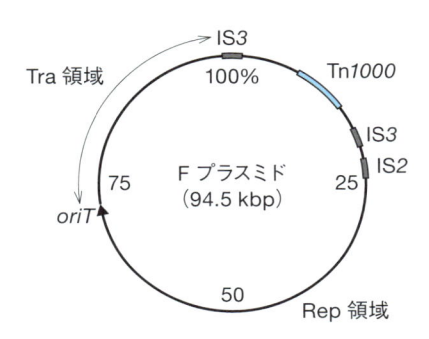

図 3.9 F プラスミドの構成
F プラスミド（全長約 94.5 kbp）は環状二本鎖 DNA で，プラスミドの自律複製にかかわる Rep 領域（複製開始点 *oriT*），接合の際の DNA 伝達にかかわる Tra 領域，宿主菌染色体への組込み（転移）などにかかわる Tn 領域からなる．Tn 領域は Tn*1000*，IS*2*，IS*3* などの挿入配列から構成されている．

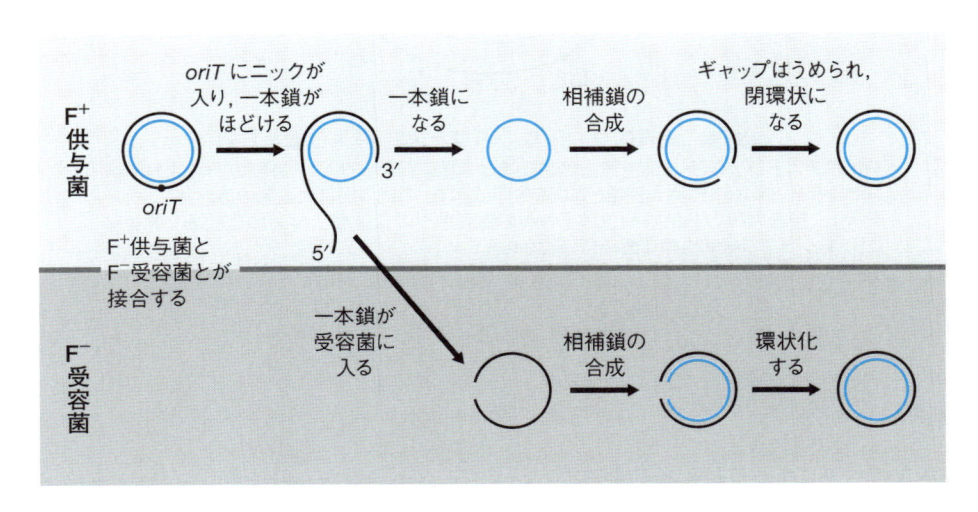

図 3.10 接合による F プラスミドの伝達の模式図
DNA の伝達は，F プラスミドの *oriT* にニックが入り，一本鎖 DNA の 5′末端が受容菌に移動し，1 単位の長さのみ伝達される．供与菌に残っている一本鎖と受容菌に移った一本鎖に対する相補鎖が合成される．

Fプラスミドの IS 因子と大腸菌ゲノムに組み込まれている IS 因子との間で，まれに相同組換えが起こり，大腸菌ゲノムに F プラスミドが組み込まれてしまうことがある．組み込まれた F プラスミドも DNA の接合伝達能をもっており，oriT から DNA を F^- 菌に送り込むが，F プラスミドと連結したゲノム DNA も受容菌に送り込む．送り込まれたゲノム DNA が受容菌内で二本鎖となって，受容菌のゲノム DNA と組み換えを起こすと，供与菌と受容菌の遺伝子が置き換わる．このような F プラスミドが組み込まれた大腸菌は F^+ 菌に比べて高い効率でゲノム DNA を受容菌へ送り込むことができるので，**Hfr**（高頻度組換え：high-frequency recombination）株とよばれる．F プラスミドが組み込まれるゲノム上の位置によってそれぞれ異なる Hfr 株が生じ，大腸菌ゲノムマーカーが受容菌のゲノムへ伝達されるパターンはそれぞれの Hfr 株に特徴的なものになっている（図 3.11）．Hfr 株のゲノム全体が受容菌に移行する時間はほぼ 100 分である．現在の大腸菌の遺伝子地図では *thr* 遺伝子を 0 分として，時計回りに全体を 100 分で表示してある．Hfr 株では F プラスミド DNA がゲノム DNA から切り出されて，環状の F プラスミドに戻ることがある．このとき，まれにゲノム DNA の一部が取り込まれることがあり，これを **F′プラスミド** とよぶ．

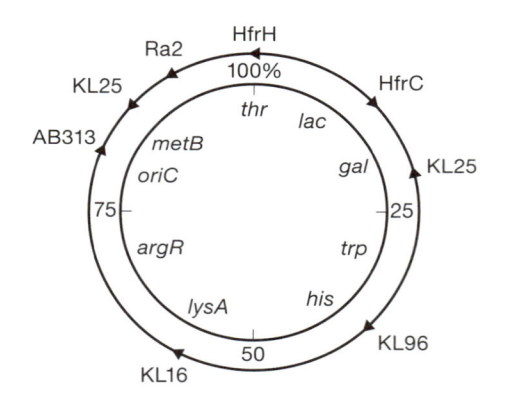

図3.11 代表的な Hfr 株の F プラスミド挿入位置と方向

Hfr 株では F プラスミドが染色体上のさまざまな領域に転移している．外側の円は各 Hfr 株における F プラスミドの挿入部位と方向を矢印で示す．内側の円は大腸菌の染色体マーカーを示す．接合の際の Hfr 株染色体 DNA の受容菌への伝達移入は矢印を先頭に順次起こり，F プラスミドそのものは最後に伝達される．

3.5 トランスポゾン

　DNA のさまざまな位置に移動することができるひとつながりの決まった DNA 単位は**トランスポゾン**とよばれる．トランスポゾンは転位可能因子，可動遺伝因子，可動 DNA ともよばれる．

　トランスポゾンは DNA のままで転位（あるいは転移）する **DNA 型トランスポゾン**と，

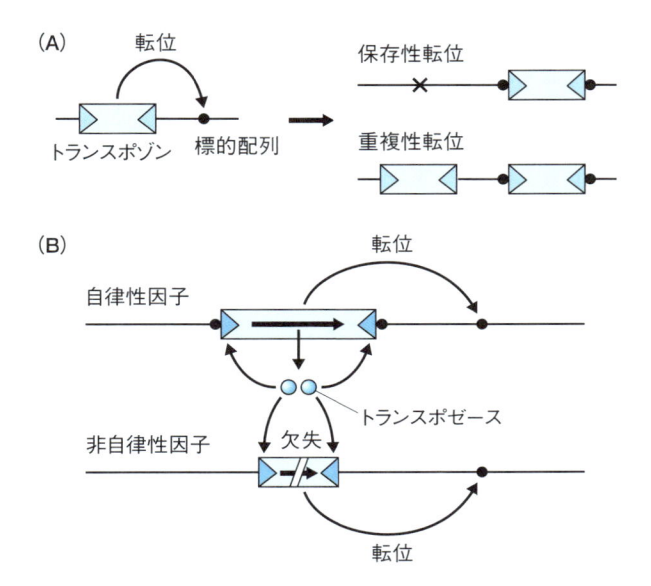

図3.12 トランスポゾンの概念図
（A）保存性転位と重複性転位：図中の●印は標的配列を示し，転位により標的重複が起こる．×印は保存性転位による因子の脱離を示す．
（B）自律性因子と非自律性因子：DNA型トランスポゾンの場合は，同じ細胞内に共存している自律性因子から活性なトランスポゼースを供給されたときにだけ転位できる．

転位の中間体として生じたRNAが逆転写酵素によりcDNAとなって転位する**レトロポゾン（レトロトランスポゾンともいう）**に大別される．

また，トランスポゾンは，その転位様式から，転位に伴ってコピー数が増加する**重複性転位**と，トランスポゾンの脱離と再挿入により転位する**保存性転位**に分けられる（図3.12）．レトロポゾンは重複性転位を行うのに対し，DNA型トランスポゾンは保存性転位を行う．トランスポゾン内にコードされている転位を触媒する酵素を**トランスポゼース**という．活性のあるトランスポゼース遺伝子をもち，自ら転位できるトランスポゾンを自律性因子とよび，一方，自律性因子の内部が欠失や置換変異を起こしてトランスポゼース遺伝子に欠損が生じ，自ら転位することができず，同じ細胞内に共存している自律性因子から活性なトランスポゼースを供給されたときにだけ転位できる因子を非自律性因子という．すなわち，非自律性因子はトランスポゼースの結合領域など転位に必要なシス領域はもっているトランスポゾンである．トランスポゾンは転位すると挿入部位の数bpを重複させるので，挿入されたトランスポゾンの両側には順向きの**標的重複**を生じる．

DNA型トランスポゾンには，大腸菌のIS因子（挿入配列）がある．これらは，遺伝子の挿入変異を引き起こす因子として発見された．IS因子は末端に短い**逆向き反復配列**をもっており，その中に転位に必要なトランスポゼースがコードされている．IS因子の宿主DNA上の標的配列（ATGCA／TACGT）は挿入が起こる過程で重複し，IS因子の両端に2

つの短い**同方向反復配列**（direct repeat）が形成される．これらの短いトランスポゾンが他の遺伝子と連結し，それらとともに転位するようになったのが**複合型トランスポゾン**である．トランスポゾンと結合した抗生物質耐性遺伝子がプラスミドに転位して細胞間を移動することが，薬剤耐性細菌の広がりの一因である．たとえば，複合型トランスポゾン Tn5 は抗生物質カナマイシン耐性をもつ *neo* 遺伝子をもっている．複合型トランスポゾンやショウジョウバエの P 因子，トウモロコシの *Ac/Ds* 系因子も DNA 型トランスポゾンである．真核生物では，ゲノムの冗長性を反映して，欠損型のトランスポゾンが多い．

　レトロポゾンは真核生物のトランスポゾンで，ウイルス型レトロポゾンと非ウイルス型レトロポゾンがある．トランスポゾンの転写産物（RNA）が DNA に逆転写され，それが標的の DNA に挿入される．レトロウイルスと進化的に関連していると考えられる一群のレトロポゾンがウイルス型レトロポゾンである．多くのウイルス型レトロポゾンの両端には，**LTR**（long terminal repeat）という配列が同方向にくり返している．この LTR が単独でゲノム中にみつかる場合も多い．非ウイルス型レトロポゾンはウイルス型レトロポゾンと同様トランスポゾンの転写産物（RNA）の挿入によって転位する一群である．分散型反復配列である **SINE**（**短分散型反復配列**）や **LINE**（**長分散型反復配列**）がその典型である（p.49 参照）．

　トランスポゾンの利用は，分子生物学の有力な研究手段の 1 つである．まず，トランスポゾンにより遺伝子を運搬しゲノムに導入することができる．また，トランスポゾンの挿入により変異を作出し，遺伝学的な解析が容易になる．

3.6 バクテリオファージ

　細菌を宿主とするウイルスをバクテリオファージという．バクテリオファージは分子生物学の黎明（れいめい）期から勃興期にかけて，遺伝的組換え，複製・増殖，遺伝子構造や機能の解析，遺伝物質の同定などの研究材料として広く使用され，分子生物学の発展に寄与した．近年では遺伝子組換えにおけるクローニングベクターとしても利用されている．増殖様式の違いによりビルレントファージとテンペレートファージがある．

- **ビルレントファージ**（毒性ファージ，溶菌ファージ）：細菌に感染すると，増殖して溶菌を引き起こし，細胞を殺すような生活環をもつファージの総称である．
- **テンペレートファージ**（溶原（性）ファージ）：細菌に感染すると，増殖して細胞を殺す場合と，溶原化してプロファージとなり，宿主菌と行動をともにする場合の 2 つの生活環をもつファージの総称である．

A　T4 ファージ

　T4 などの T 偶数系ファージ（T2，T4，T6）は大腸菌に感染するファージとしては大型であり，直鎖状二本鎖 DNA（約 170 kbp）を包み込む頭部と DNA を菌に注入するための

装置である尾部よりなる（図3.13）．頭部は頭殻（カプシド）によって二本鎖DNAを包む．頭部から伸びる尾部は，収縮性のある鞘状の構造をとり，先端部分には6本の足のようにみえる尾部繊維がついている．

T4ファージ粒子の尾部先端が宿主細胞に吸着すると，収縮性の尾部によって宿主菌にDNAのみを注入し，頭殻，尾部や尾部繊維は細胞の外に残る．ハーシーとチェイスはDNAを ^{32}P で標識したT2ファージ（T4ファージときわめて近縁）と，頭殻，尾部や尾部繊維

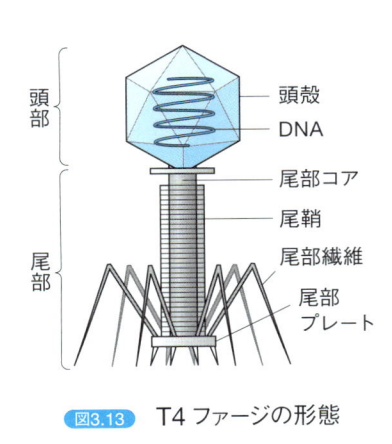

図3.13 T4ファージの形態

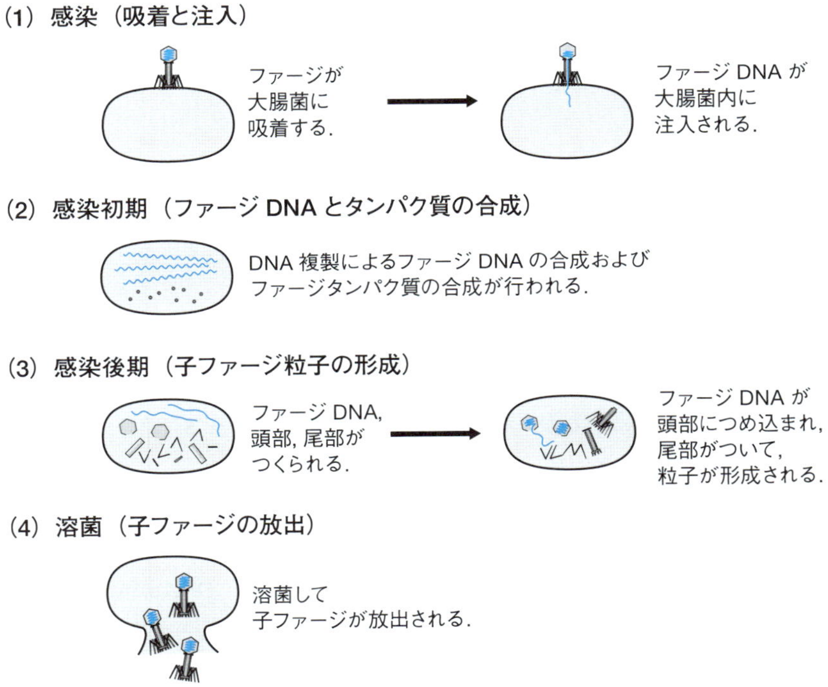

(1) 感染（吸着と注入）

ファージが大腸菌に吸着する．→ ファージDNAが大腸菌内に注入される．

(2) 感染初期（ファージDNAとタンパク質の合成）

DNA複製によるファージDNAの合成およびファージタンパク質の合成が行われる．

(3) 感染後期（子ファージ粒子の形成）

ファージDNA，頭部，尾部がつくられる．→ ファージDNAが頭部につめ込まれ，尾部がついて，粒子が形成される．

(4) 溶菌（子ファージの放出）

溶菌して子ファージが放出される．

図3.14 ビルレントファージの生活環

を構成するタンパク質を^{35}Sで標識したT2ファージの2種類を用いて，遺伝子の本体がDNAであることを証明した（p.19参照）．

ファージの中で，宿主細胞を殺す力が強いファージをビルレントファージといい，T4ファージはその代表例である．ビルレントファージは宿主細胞に感染して，細胞内で増殖した子ファージが宿主を**溶菌**して放出される．溶菌サイクルは次のような過程を経て進行する（図3.14）．

1) T4ファージの宿主細胞への吸着とファージDNAの注入（感染）：ファージ尾部が宿主細胞表面上のレセプターに吸着し，尾鞘部が収縮して突出した尾部コアが宿主細胞膜を貫通し，それを通して頭部内に存在するDNAが注入される．
2) ファージDNAとタンパク質の合成（感染初期）：注入されたファージDNAの遺伝子をただちに発現して宿主の代謝系を停止させ，ファージDNAとタンパク質の合成を誘導する．
3) 子ファージ粒子の形成（感染後期）：宿主細胞内で合成されたファージDNAとタンパク質が自己集合してファージ粒子が産生される．
4) 溶菌による子ファージの放出（溶菌）：産生されたファージ粒子は，ファージによって合成された溶菌酵素によって宿主細胞を破壊して外部に放出される．

B λファージ

λファージは大腸菌から分離されたウイルスで，これを実験材料とした分子遺伝的研究により，生物学上重要な法則が数多く得られたことはよく知られている．とくに複製系やファージ粒子の形態形成，溶原化やファージの誘発を伴う遺伝子の発現制御について詳細に研究がなされ，これらの研究成果をもとに組換えDNA実験におけるクローニングベクターが構築されている．

λファージは，直鎖状二本鎖DNA（48 kbp）を包み込む頭部とDNAを菌に注入するための装置である尾部よりなる．頭部は頭殻（カプシド）とその中に包み込まれている二本鎖DNAからなる．頭部から伸びる尾部は，収縮性のある鞘状の構造をとる．T4ファージがもっている6本の足のようにみえる尾部繊維はない．

λファージはテンペレートファージである．λファージが細菌細胞に感染すると，外的条件により増殖して細胞を殺すか（溶菌サイクル）あるいは溶原化してプロファージとなり，宿主菌と行動をともにするか（溶原化サイクル）が決定される（図3.15）．

a 増殖サイクル

λファージが宿主細胞に吸着し，ファージDNAが菌内に注入されて感染が成立する．λファージ粒子に含まれるDNAは線状の二本鎖DNAであるが，DNAが菌体に入るとすぐに環状化する．λDNAの両端には12塩基の長さの互いに相補的な一本鎖があり，**付着末端**（cohesive end）とよばれる．環状化はこの部分が水素結合により結合することによってはじまり，両端がDNAリガーゼによって結合することによって完成する．結合した付着末

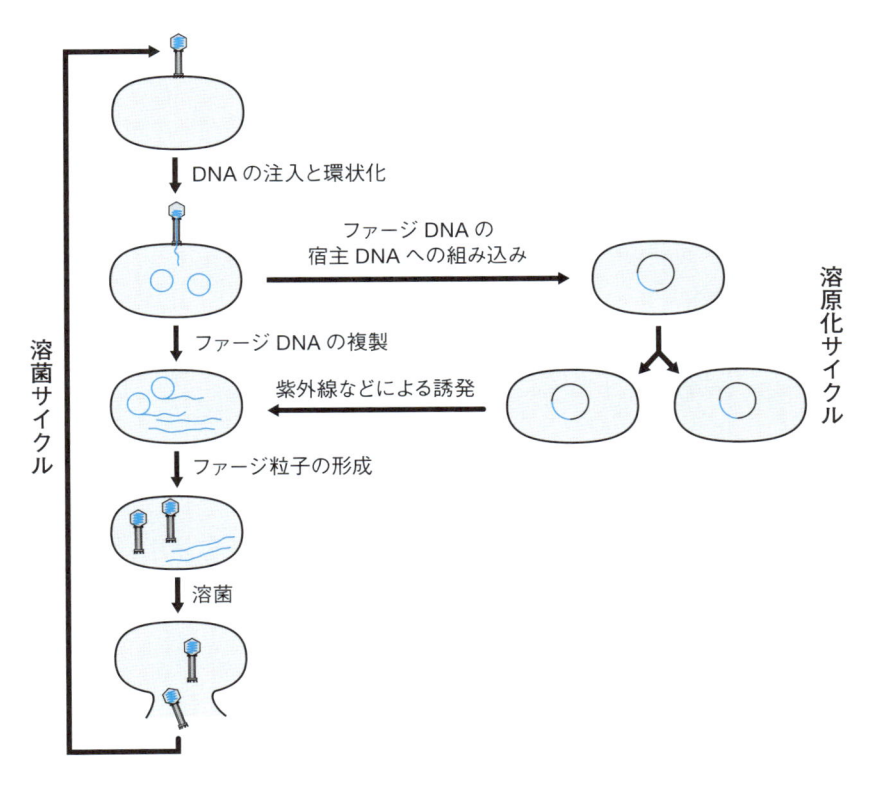

図3.15 λファージの溶菌サイクルと溶原化サイクル

端の部分は *cos*（cohesive end site，付着末端位置）とよばれる．

　λファージの DNA の複製は 2 つの様式で行われる．複製初期には，環状のゲノムがシータ（θ）型複製をする．複製起点から両方向へと進み，両方の複製フォークが出会ったところで 2 つの環状 DNA が形成され，複製が完了する．複製の後半になると，ローリングサークル型複製が起こり，ゲノム 1 単位をなす DNA が連鎖状に連なった集合体であるコンカテマーが形成される（図 3.16）．

　DNA の複製と並行して，コートタンパク質，コアタンパク質などが産生され，宿主タンパク質 GroEL や GroES（分子シャペロン，p.39 参照）にも助けられて，頭部の前駆体が形成される．次いで DNA のパッケージが行われるが，DNA のパッケージは，直鎖状のコンカテマーが *cos* で単位長さに切断されて頭部に組み込まれる．次いで尾部が結合し粒子が完成する．

　λファージのパッケージは，*in vitro* でも行うことができるので，遺伝子のクローニングの際の中間段階である組換え DNA をλファージ粒子として回収する方法としてよく利用される．

　λファージの溶菌には少なくとも 2 つの遺伝子，エンドリシンとホスホリパーゼの遺伝子が関与している．溶菌過程は，まずホスホリパーゼ活性によって細胞膜を破壊し，次い

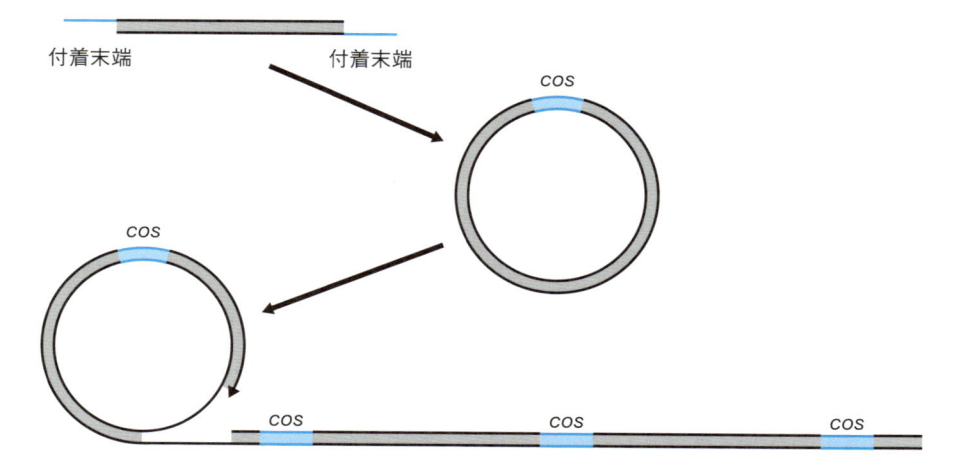

図3.16 コンカテマーの形成
λファージ DNA は感染後付着末端（12 塩基）の対合により環状になる．対合でできた 12 塩基配列を cos とよぶ．環状 DNA で複製した後，感染後期にローリングサークル型複製に変換し，コンカテマーが形成される．

でエンドリシン活性によって細胞壁を破壊させて溶菌させ，形成された子ファージを菌体外に放出する．

b 溶原化サイクル

　λファージが細胞に感染すると，λファージ DNA は環状化し，ファージの attP（POP′ とも記される）と菌染色体の attB（BOB′）の間で組換えが部位特異的かつ相互的に起こり（p.149 参照），菌染色体に組み込まれる（**挿入**）．組換えはコア（あるいは O）とよばれる 15 塩基対のホモロジーのある部分で起こり，その結果，attL（BOP′）と菌染色体の attR（POB′）が生成される（図 3.17）．λ 溶原菌に紫外線照射などを行うとファージの**誘発**が起こって，溶菌サイクルに入り，子ファージの放出が起こる．その際にプロファージが染色体から切り出されファージの増殖が起こる．プロファージの切り出しは，ファージの組み込みの逆反応であり，それにより再び環状の λDNA が生成される．

c M13 ファージ

　M13 ファージは，宿主菌の F 線毛に吸着して感染するので，F^+ 菌や Hfr 株などのような雄株にのみ感染するファージである．通常のファージとは異なり，宿主菌の増殖の停止や溶菌を起こすことなく，子ファージの複製増殖と放出を続けるいわゆる持続感染を行う．M13 ファージ粒子は直径 9 nm，長さ 900 nm の繊維状で，ファージ DNA は約 6,400 塩基の環状一本鎖である．ファージ粒子の長さはゲノムサイズの長短によって伸縮が可能である．そのため，組換え DNA 実験におけるクローニングベクターとして利用されている．

　M13 ファージは，詰め込まれる DNA の長さには原則的には制限がない．またファージ

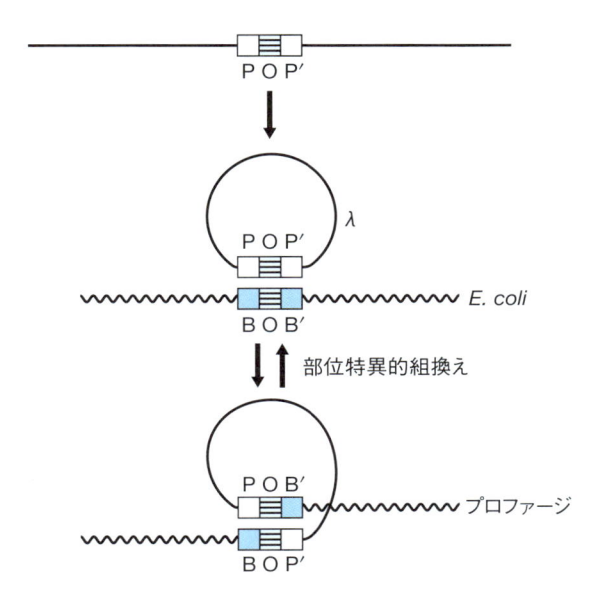

図3.17 λファージ DNA の組み込みと離脱
λファージ DNA が細菌内に入ると環状二本鎖 DNA となる．λ DNA 上の attP 部位（POP'）と大腸菌染色体上の attB 部位（BOB'）との間の部位特異的組換えによって組み込みが行われる．またプロファージ誘発の際には，プロファージ上の att 部位（アタッチメント部位，attL と attR）によって組換えが起き，環状 DNA が切り出される．

の環状一本鎖 DNA と複製中間体である環状二本鎖 DNA を容易に調製することができる．このような利点から，M13 ファージを基とするクローニングベクターである M13mp シリーズは，ジデオキシ法による塩基配列決定のためのベクターとして利用される．

まとめ

1. ゲノムとは半数染色体（n）の1組のことをいい，個々の生物が存続するのに最低限必要な遺伝子群を含む染色体の1組をいう．大腸菌などの細菌（原核生物）やファージ（細菌に感染するウイルス）などの場合，1つの巨大なDNA（またはRNA）から構成されており，そのDNA（またはRNA）をゲノムという．

2. 真核細胞の核内のDNAは裸の状態ではなく，ヒストンなどのタンパク質とともにクロマチンを形成している．クロマチンは，ヌクレオソーム構造を基本単位とする高次構造体である．核内遺伝子は，遺伝情報をもたない塩基配列（イントロン）によって，いくつかのエキソンに分断化されている．1つの遺伝子が重複し，個々の遺伝子が進化の過程で機能分担していった遺伝子群を遺伝子ファミリーという．

3. ヒトゲノムには配列単位が縦列にくり返す縦列型反復配列（セントロメア領域，ヘテロクロマチン領域，ミニサテライトとマイクロサテライト）と反復配列が染色体中に散在している分散型反復配列（SINEとLINE）が存在する．

4. 染色体の両端には特殊な立体構造をとるテロメア配列が存在する．テロメア配列はミニサテライトDNAの1つである．テロメア配列は細胞分裂により減少するが，RNAとタンパク質複合体からなるテロメラーゼによりその減少を補う機構がある．

5. 葉緑体ゲノムは環状の二本鎖DNA分子からなる．遺伝子の発現は葉緑体内の独自の転写，翻訳装置によって行われる．遺伝子にはイントロンを含むものもある．ゲノムの一次転写産物の5′末端は三リン酸化されたままで，3′末端にはポリ(A)鎖はない．大部分の複数個の遺伝子は1個の転写単位として共転写される．プロモーターの多くは大腸菌型である．葉緑体DNAコードのRNAポリメラーゼが存在する．転写後のRNAが塩基の変換などにより変化するRNA編集がみられる．

6. ミトコンドリアは環状の二本鎖DNAゲノムをもっており，遺伝子の発現はミトコンドリア内の独自の転写，翻訳装置によって行われる．動物のミトコンドリアと植物のミトコンドリアにおいては，ゲノムサイズ，ゲノム構造，イントロンの有無，コドン使用，RNA編集などにおいて大きな違いがある．

7. 細胞質からミトコンドリアや葉緑体へ輸送されるタンパク質は，成熟タンパク質のN末端側にシグナルペプチドとよばれる部分が結合したものとして合成され，生体膜を通過する過程でシグナルペプチドの部分が切断され成熟タンパク質に変わる．

8. 大腸菌のゲノムは環状二本鎖DNAである．ひとつながりのRNAとして転写される転写単位をオペロンという．大腸菌のオペロンには，ラクトースオペロンなど一連の代謝に関与する複数の酵素の遺伝子がコードされている場合が多い．

9. プラスミドは多くの場合，小型の環状二本鎖DNA分子である．宿主細胞の生存にとって必須ではない．大腸菌の接合型を決めているのはFプラスミドである．
10. トランスポゾンは，DNAのままで転位する「DNA型トランスポゾン」と，転位の中間体として生じたRNAが逆転写酵素によりcDNAとなって転位する「レトロポゾン」に大別される．
11. 大腸菌に感染するファージにはT4ファージ，M13ファージ，λファージなどがある．T4ファージはビルレントファージで，細胞内で増殖すると，宿主を溶菌する．λファージはテンペレートファージで，細菌細胞に感染したとき，溶菌サイクルと溶原化サイクルの2つのサイクルをとる．M13ファージ粒子は繊維状で，ファージDNAは環状一本鎖で，持続感染を行う．

参考文献

畑中正一（編），『ウイルス学』，朝倉書店，1997

村山正實・谷口維紹（編），『医科分子生物学　改訂第3版』，南江堂，1997

高橋秀夫著，『分子遺伝学概論』，コロナ社，1997

山田康之（編），『植物分子生物学』，朝倉書店，1997

横田明穂（編），『植物分子生理学入門』，学会出版センター，1999

田村隆明・山本雅（編），『改訂第3版　分子生物学イラストレイテッド』，羊土社，2009

第4章 DNAの複製

遺伝の過程では，DNA，RNA，タンパク質が中心的役割を演じている．これらの分子を介した遺伝情報の流れを図4.1に要約した．1つの世代から次の世代へと遺伝情報が連続的に受け継がれるためには，DNAが再生され細胞周期を通して新たな細胞へ伝達される必要がある．

DNA複製は，親のDNA分子が子に伝えられる前に複写される過程である．この複製過程は，誤った情報を伝えることを避けるため，高い精度で行われている．DNAのもつ情報の流れのもう1つは，遺伝子の情報がmRNAにコピーされ（**転写**），次いでタンパク質に移るものである（**翻訳**）．細胞が行う代謝は，すべてこの情報の流れによって進められている．つまり，DNAの情報なしには代謝ははたらかない．

このように，DNAは細胞の代謝と遺伝の中心的役割を演じる．基本的に，遺伝情報はDNAからRNAを経てタンパク質へと一方向に流れるが，RNAがんウイルスのなかには，レトロウイルスのように逆転写酵素によってRNAを鋳型にしてDNAの合成を行ったり（**逆転写**），RNAウイルスのようにRNAを鋳型としてRNA合成して複製するものもある．

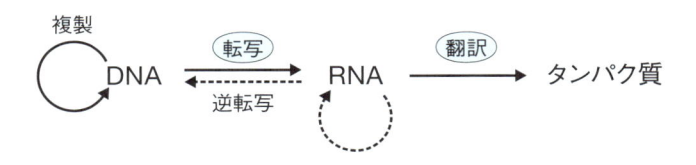

図4.1 遺伝情報の流れに関するセントラルドグマ
破線部はウイルスにみられる．

4-1 DNAの半保存的複製

DNAの遺伝情報が正確に複製されることは重要である．ワトソンとクリックが二重らせん構造をとることを提唱した時，すでにDNAがどのように複製するかを示唆していた．すなわち，DNAの2本の鎖の塩基対の水素結合が切れると，一本鎖化したそれぞれの鎖を鋳型にして相補鎖を合成すると考え，このような複製を**半保存的複製**とよんだ．細胞での実際のDNAの複製が，ワトソンとクリックが考えたような半保存的複製であることが，メセルソン（M. Meselson）とスタール（F. Stahl）によって見事に証明された（1958年）（図4.2）．

窒素原子には通常の^{14}Nのほかに，重同位元素（非放射性）である^{15}Nが存在する．いま^{15}Nからなる硫酸アンモニウム〔$(^{15}NH_4)_2SO_4$〕を窒素源とする培養液で大腸菌を培養する

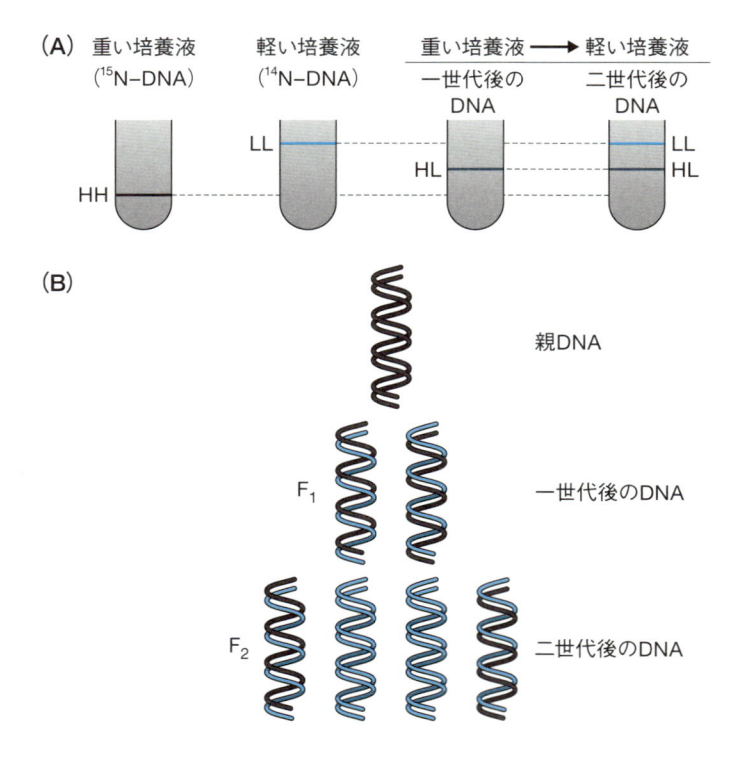

図4.2 半保存的複製の証明

(A) メセルソン・スタールの実験
　重い培養液(^{15}N)中と軽い培養液(^{14}N)中で生育した大腸菌のDNAを塩化セシウム平衡密度勾配遠心するとHHおよびLLの位置に分布する．一方，重い培養液で数世代を培養後軽い培養液に移して一世代経った菌から得たDNAは両者の中間HLの位置に，また軽い培養液に移して二世代培養後の菌から得たDNAはLLとHLの位置に1：1の割合で分布する．
(B) 半保存的複製した時に，F_1およびF_2にみられる親DNAの分布．

と，^{15}Nが大腸菌DNAに取り込まれ，重同位元素を含まない通常の培養液で育った大腸菌に比べて，重い密度の^{15}N-DNAをもった大腸菌が増殖する．大腸菌から抽出したDNAを塩化セシウム平衡密度勾配遠心すると，重い密度の^{15}N-DNAと軽い密度の^{14}N-DNAとを分離することができる．もし，半保存的複製が正しいならば，次のことが予想される．$(^{15}NH_4)_2SO_4$を含む培養液で培養して，重い密度の二本鎖DNA（^{15}N-DNA）をもっている大腸菌を$(^{14}NH_4)_2SO_4$を含む培養液に移し，1回細胞分裂させたならば，新しく合成されたDNAの二本鎖のうち一方の鎖の密度は重く，他方の鎖の密度は軽い．つまり中間の密度をもったDNA（^{14}N・^{15}N-DNA）ができるはずである．次に，この大腸菌をもう1回細胞分裂させたならば，ある大腸菌はDNAの二本鎖の両方とも^{14}Nからなる軽い密度のDNAをもち，他方の大腸菌DNAは依然として^{14}N・^{15}N-DNAをもつはずである．すなわち，2回分裂させると，軽い密度のDNAと中間の密度のDNAの2種類が合成されるはずである．メセルソンとスタールはこのような予想と同じ結果を得，半保存的複製機構を支持した．

4.2 複製開始点と複製の方向性

原核生物や真核生物のDNAの複製は，1つの複製開始点から両方向に進む（図4.3）．複製が進んでいく先端の部分を複製フォークという．DNAの複製は複製フォークの進行に沿って両方の鎖の複製が行われる．

ジャコブ（F. Jacob）らは自律的に複製を行いうる最小の機能的単位をレプリコンとよんだ（1963年）．ジャコブらの定義によれば，レプリコンはレプリコンのもつ遺伝子によってコードされたイニシエイター（複製開始タンパク質）が複製開始点（複製起点）すなわちレプリケーターという特定の配列に結合することにより複製が開始するというものであり，現在では，基本的にこのモデルは正しいとされている．

大腸菌や枯草菌などの原核細胞の染色体DNAと原核細胞に感染するファージやプラスミドDNA，および真核細胞に感染するウイルスDNAはいずれも単一のレプリコンであり，基本的にはそれぞれ1個の複製開始点をもち，その開始点を認識する固有の複製開始タンパク質が存在する．一方，真核染色体DNAには多数のレプリコンが存在し，レプリコンは平均20個集まって複製単位を形成する．ヒトのゲノム全体は10,000〜100,000のレプリコンからなると考えられる．1つの複製単位内にあるレプリコンではほぼ同時に複製が開始され，両方向に進行する．隣り合ったレプリコンで開始した複製が出会うことにより，複製単位の複製は完了する．

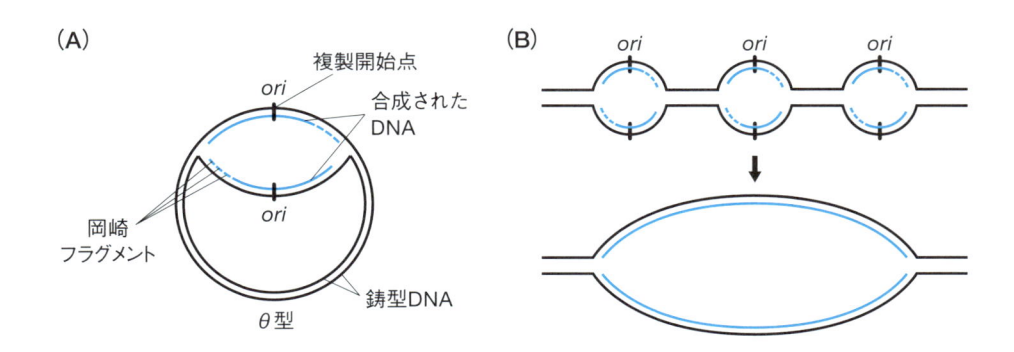

図4.3 原核細胞（A）と真核細胞（B）のDNA複製
DNA複製はDNA上の特定の複製開始点（*ori*）から開始し，両方向に進行する．

4.3 DNAポリメラーゼ

DNA複製に関与する酵素をDNAポリメラーゼという．DNAポリメラーゼは，4種のデオキシリボヌクレオシド 5′-三リン酸を基質として鋳型DNAと相補的になる新しいDNA鎖を合成する酵素で，Mg^{2+}は必須因子である．デオキシリボヌクレオシド 5′-三リン酸は

1つずつ付加されていくが，三リン酸化合物がそのまま付加されるのではない．外側の2個のリン酸基はピロリン酸（PPi）としてはずれるので，実際に付加されるのはデオキシリボヌクレオシド 5′-一リン酸である．

また，DNA 合成にはプライマーとよばれる短鎖の核酸が必要である．プライマーが鋳型と相補的に結合すると，そのプライマーの 3′ 末端にデオキシリボヌクレオチドを付加することで，新しい鎖が 3′ 側に伸びていく（図 4.4）．多くの場合，プライマーは数個から 10 個程度のヌクレオチドからなる RNA で，この RNA を RNA プライマーという．細胞の DNA 複製では RNA プライマーを必要とするが，ウイルス DNA の複製では DNA をプライマーとして利用する例や，タンパク質にヌクレオチドを結合して DNA 合成を開始する例が知られている．

大腸菌には 3 種類の DNA ポリメラーゼがある．**DNA ポリメラーゼ I** は，DNA 障害の修復を主とし，半保存的複製では補助的に使われている．DNA ポリメラーゼ II も修復に関与している．**DNA ポリメラーゼ III ホロ酵素**は 10 種類のサブユニットからなる巨大タンパク質で，DNA 鎖の伸長過程に直接関与している．他の原核生物でも大腸菌と同様 3 種類の DNA ポリメラーゼが分離されている．

大腸菌の DNA ポリメラーゼはすべて **3′→5′ エキソヌクレアーゼ活性**をもっている．その反応は DNA 合成とは逆の方向に進み，合成後の校正機能に関与する．分子量 103,000 の 1 本のポリペプチドからなる DNA ポリメラーゼ I はプロテアーゼで 2 つの領域に切断することができる．大きい断片（分子量 68,000）は**クレノウ断片**（Klenow fragment）とよばれ，*in vitro* 合成反応に利用されている．この断片はポリメラーゼ活性と 3′→5′ エキソヌクレアーゼ活性を示し，この断片の C 末端側 2/3 にはポリメラーゼの活性部位があり，N 末端

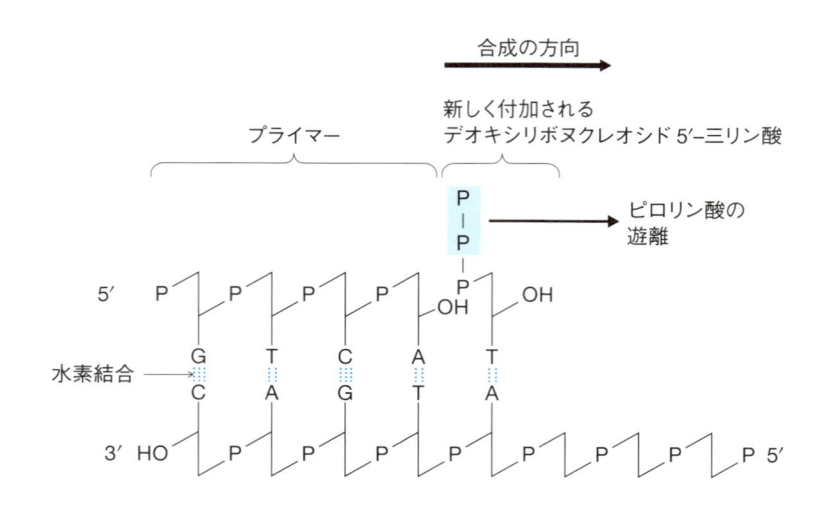

図4.4　DNA ポリメラーゼによる DNA 合成
DNA ポリメラーゼは，鋳型の塩基と塩基対を形成するデオキシリボヌクレオシド 5′-三リン酸を基質にして，プライマー鎖の 3′-OH 基にデオキシリボヌクレオシド 5′-一リン酸を結合させる．このときピロリン酸が遊離する．P はリン酸基を示す．

側1/3には校正機能を行うエキソヌクレアーゼ活性がある．

DNAポリメラーゼIは *in vitro* でDNAのニックから鎖の複製をはじめることができ，二本鎖DNAのホスホジエステル結合が切れた位置から3'-OH末端を伸ばしていく．一方，新しく鎖がつくられるにつれて二本鎖の中の既存の相同な鎖は追い出されていく（図4.5）．この反応をニックトランスレーションとよび，アイソトープでラベルしたヌクレオチドを *in vitro* でDNA中に取り込ませる方法として利用することができる．しかし，より高い比放射能で標識できるランダムプライマー法が開発され，最近ではあまり使われなくなった．

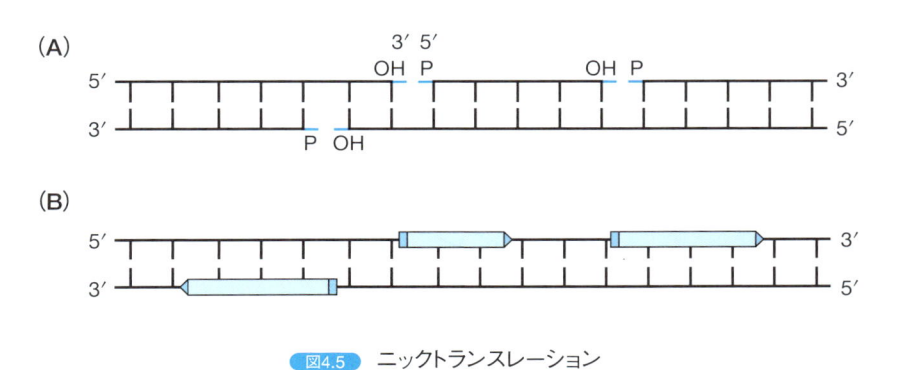

図4.5 ニックトランスレーション
（A）ニックによってDNAに3'-OHと5'-Pが生じる．（B）DNAポリメラーゼIによってニック部位の3'末端側が伸長し，既存の相同な鎖は追い出されていく．

4-4 DNAの半不連続複製

DNAを構成する2本の鎖はその向きが互いに逆向き（逆平行）になっており，またDNAの合成は5'→3'の方向にしか起こらない．したがって，複製フォークの後の領域では，親の二本鎖がほどけるにつれて一方の鎖では，5'→3'方向に連続的に新しいDNA鎖が合成される．この鎖をリーディング鎖とよぶ．他方の鎖では親のDNA鎖がある程度一本鎖となって露出され，複製フォークの方向に対して逆方向に新しいDNA鎖の断片が合成される．これをラギング鎖とよぶ．このようなDNA鎖の断片が5'→3'の方向に次々に合成され，次いでお互いに結合してラギング鎖が完成する．このようなラギング鎖の合成様式を**不連続複製**とよぶ．

岡崎らは，大腸菌にごく短時間放射性同位体である ^{3}H-チミンを与えることによって複製直後のDNAが7～11S程度の沈降係数をもつ小さなものであることを示した．この短鎖は発見者の名前にちなんで岡崎フラグメントとよばれる．この短鎖はおよそ1,000～2,000塩基の長さであり，真核生物では短鎖の長さは原核生物の長さの約10分の1である．複製しているDNAならば，岡崎フラグメントは原核生物でも真核生物でもみられ，^{3}H-チミンの存在下で引き続き長い間培養すると，放射活性は長いDNAへと移行する．この変化は岡

崎フラグメントが共有結合により連結して長くなったことを示している.

このように，ラギング鎖は不連続に合成され，リーディング鎖は連続的に合成される．このような合成様式を**半不連続複製**とよぶ（図 4.6）．

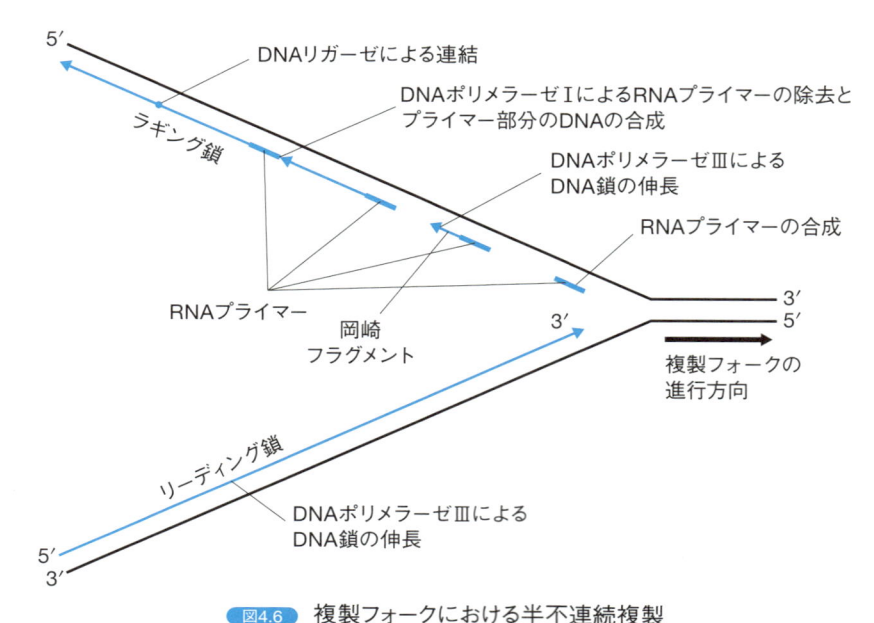

図4.6 複製フォークにおける半不連続複製
ラギング鎖では，5′→3′方向に岡崎フラグメントとよばれる短い DNA 鎖が合成された後，この短い DNA 鎖は連結される．リーディング鎖は 5′→3′ 方向に連続的に合成される．

4.5 複製開始機構

大腸菌の DNA 複製の開始起点は，*oriC* とよばれる 245 bp からなる領域である．この領域のなかには，A–T 塩基対に富むよく似た 13 bp の 3 回のくり返し配列と，4 つの DnaA ボックスとよばれる配列〔TT(A/T)T(A/C)CA(A/C)A〕がある．大腸菌の DNA 複製開始タンパク質（DnaA）は，この 4 つの DnaA ボックスを認識して結合する．DNA 複製開始タンパク質同士が結合した約 30 個の DNA 複製開始タンパク質集合体を *oriC* が包みこんだ複合体が形成される．このような複合体は，3 つのくり返し配列の部分を一本鎖化し，この一本鎖部分に DNA ヘリカーゼ（DnaB，二本鎖 DNA を巻き戻す酵素）が結合して一本鎖の部分を拡張する（図 4.7）．この DNA ヘリカーゼを中心にプライマーを合成するプライモソームとよばれるタンパク質複合体が形成され，さらに DNA ポリメラーゼ III ホロ酵素が加わって DNA 複製が開始される.

酵母は，真核生物で唯一 DNA 複製開始部位の構造と複合開始複合体がわかっている生物である．酵母細胞 DNA には**自律複製配列**（**ARS**）とよばれる配列があり，DNA 複製開

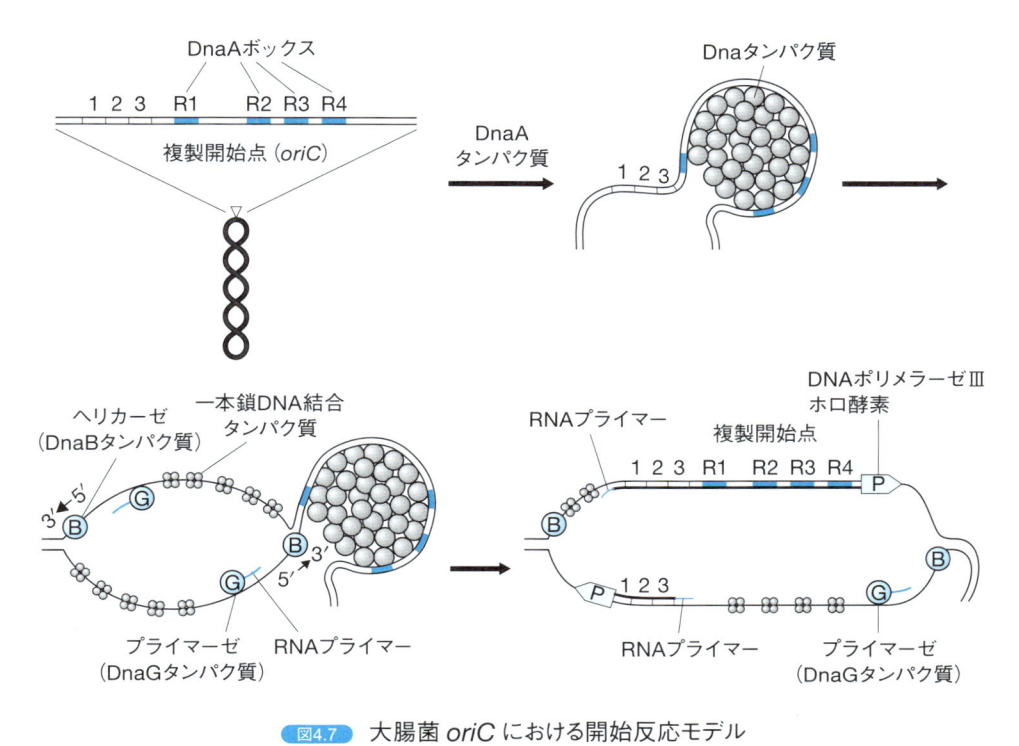

図4.7 大腸菌 *oriC* における開始反応モデル
■ R1，R2，R3，R4：DnaA ボックス，□ 1，2，3：A/T に富む 13 塩基対配列
(田村隆明：真核細胞の基本転写機構, 医科分子生物学改訂第 3 版, p.39, 図 4-6, 1997, 南江堂より許諾を得て改変し転載)

始配列として機能している．ARS には 5′-(T/A)TTTA(C/T)(A/G)TTT(T/A)-3′（A/T 塩基対に富む 11 bp の必須の塩基配列）というすべての ARS に共通の配列が存在する．さらにこの配列の近傍に，一本鎖になりやすい配列（DUE という）が存在する．ARS の共通配列に**複製開始点認識複合体**（ORC）が結合することにより複製が開始する．

4.6 DNA 鎖伸長反応の分子機構

二本鎖 DNA の複製は，いろいろな酵素活性を含む集合体が関与する複雑な反応である．複製の開始反応は，プライモソームにより行われる．続く伸長反応はプライモソームとは別のタンパク質複合体により行われ，これを**レプリソーム**とよぶ．

大腸菌における DNA 鎖伸長反応には，以下のような物質が関与する．
・DNA ヘリカーゼ（二本鎖 DNA を巻き戻す酵素）
・一本鎖 DNA 結合タンパク質（SSB）
・DNA プライマーゼ（RNA プライマーを合成する酵素）
・DNA ポリメラーゼ III ホロ酵素，DNA ポリメラーゼ I（RNA プライマーを除去し，除

いた隙間のDNA合成を行う酵素）
- DNAリガーゼ（短鎖DNAをつなげる酵素）
- DNAトポイソメラーゼ（複製過程で生じるDNAの高次構造のゆがみを解消し，複製したDNA鎖を分離する酵素）などが関与する．

　DNAポリメラーゼIIIホロ酵素は10種類のサブユニットからなるタンパク質で，DNA鎖の伸長過程に直接関与している．

　DNAポリメラーゼIIIホロ酵素のコア酵素は，サブユニットα，ε，θからなる二量体である．αがDNAポリメラーゼ活性を担っている（図4.8）．εは$3'\to5'$エキソヌクレアーゼ活性をもっている．この活性はDNAポリメラーゼが間違ったヌクレオチドを重合したときに，そのヌクレオチドを取り除いて校正する役割を担っている．DNAポリメラーゼIIIホロ酵素はコア酵素，γ複合体とβサブユニットからなる．βサブユニットはコア酵素をDNAにつなぎとめ，DNAの合成を可能にする．γ複合体はβサブユニットをDNAにのせる機能をもつ．二量体を形成するホロ酵素はリーディング鎖とラギング鎖の両方を合成する．

　複製フォークではまず親二重鎖DNAをDNAヘリカーゼがほどいていく．DNAヘリカーゼはDNA依存ATPaseで，ATPのエネルギーを用いて一本鎖鋳型上を移動し，二本鎖DNA領域に達すると二本鎖をほどきながら移動する．一本鎖化した鋳型領域には一本鎖DNA結合タンパク質（SSB）が結合し，一本鎖領域に二次構造ができるのを防ぐ．またヘリカーゼ前方に生じるよじれはDNAトポイソメラーゼが解消する．DNAポリメラーゼIIIホロ酵素によりリーディング鎖とラギング鎖のDNA合成がほぼ同時に進行する．

　ラギング鎖を合成しているDNAポリメラーゼIIIホロ酵素は，岡崎フラグメントの合成が完了するとβサブユニットから解離し，DNAプライマーゼにより新たに合成されたRNA

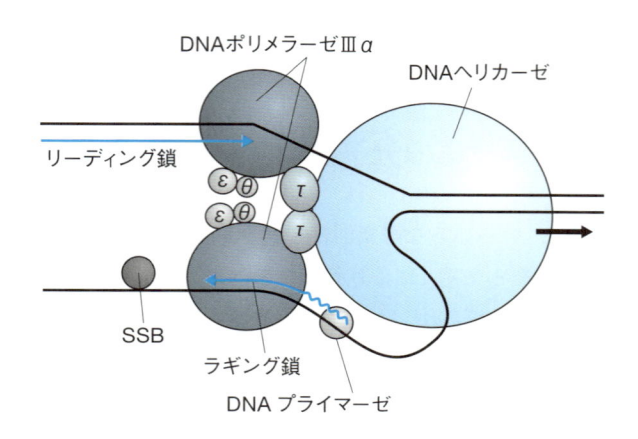

図4.8　**DNA複製フォークではたらくレプリソーム**
DNAポリメラーゼIIIの触媒作用を行うコア酵素が娘鎖を合成する．リーディング鎖とラギング鎖の合成は協調して起こる．DNAヘリカーゼは複製フォークを前進させる．τサブユニットは二量体構造を維持する．SSB：一本鎖DNA結合タンパク質

プライマーの末端に結合した短鎖 DNA の合成を開始する．RNA プライマーは DNA ポリメラーゼ I の 3′→5′ エキソヌクレアーゼ活性により除かれ，隙間が DNA ポリメラーゼ I により埋められ，切れ目は DNA リガーゼによりつながれる（図 4.6）．

複製フォークにおいて性質の異なる両娘鎖がほぼ同時に合成されるために，それぞれの鎖の合成を分担する DNA ポリメラーゼ III ホロ酵素が複製フォークで二量体を形成し，リーディング鎖とラギング鎖の合成は協調して起こる（図 4.8）．

真核細胞には多数の DNA ポリメラーゼが存在する．これらの DNA ポリメラーゼは，大きく分けて半保存的複製を担うものと障害を受けた DNA の修復を担うものとに分類できる．DNA ポリメラーゼ α, δ, ε は核の DNA の複製を行い，**DNA ポリメラーゼ γ** がミトコンドリア DNA 複製を行う．他のすべての酵素は，障害を受けた DNA 領域を新しくつくり直す修復に関与する酵素である．

真核細胞では DNA 複製開始と DNA 鎖の伸長が別種の DNA ポリメラーゼによって行われる．**DNA ポリメラーゼ α・プライマーゼ複合体**は両鎖の複製開始反応を行う．DNA ポリメラーゼ δ 複合体はリーディング鎖の伸長反応を行い，もう 1 個の **DNA ポリメラーゼ δ 複合体**あるいは **DNA ポリメラーゼ ε 複合体**がラギング鎖の伸長反応を行う．DNA ポリメラーゼ δ を鋳型 DNA につなぎとめる金具の役割をするのが PCNA である．PCNA は発見の歴史的経緯から増殖細胞特異的核抗原とよばれている．大腸菌の DNA ポリメラーゼ III の β サブユニットに相当する．

4-7 複製の完結

直鎖状 DNA 分子の 3′ 末端鋳型領域は，不連続複製機構によっては完全に複製することができないので，染色体は複製のたびごとに次第に短くなるという問題が生じる（環状ゲノム構造をとる原核細胞ではこのような問題は生じない）．直鎖状 DNA 分子からなる真核生物のゲノムでは，単純なくり返し配列からなるテロメア（telomere）を末端領域にもつことで次第に短くなるという問題を解決している．

テロメア配列は真核生物間でよく似ており，テロメアの 3′ 末端鎖に GT に富むくり返し配列（G 鎖）が，5′ 末端鎖にそれと相補的な CA に富むくり返し配列（C 鎖）があり，G 鎖には普通 14〜16 塩基からなる GT に富む一本鎖の DNA 鎖が突き出ている（図 4.9）．テロメアの配列の長さは，酵母で数百塩基対，ほ乳動物では数千塩基対におよぶ．テロメアの G 鎖はテロメラーゼとよばれる酵素により，酵素内に存在する RNA を鋳型にして逆転写の機構で合成される（図 4.10）．C 鎖は DNA ポリメラーゼ α・プライマーゼ複合体により G 鎖を鋳型にして合成される．

```
3′ ………… CCCCAACCCCAACCCCAA 5′                                                    C鎖
5′ ………… GGGGTTGGGGTTGGGGTTGGGGTTGGGGTTGGGGTT 3′   G鎖
```

図4.9 テロメアに共通してみられるくり返し配列

テロメアには単純なくり返し配列があり，GT に富む鎖（G 鎖）が CA に富む鎖（C 鎖）より突き出ている．この G 鎖の 3′ 末端鎖は 14〜16 塩基の一本鎖である．

(1) テロメア上の突き出た一本鎖DNAプライマー

```
5′ TTGGGGTTGGGGTTG  3′
3′ AACCCCAACCCCAACCCCAACCCCAAC
                                    5′
```
鋳型RNA

(2) 鋳型領域の末端まで合成される

```
TTGGGGTTGGGGTTGGGGTTG
AACCCCAACCCCAACCCCAAC
                                    5′
```

(3)

```
TTGGGGTTGGGGTTG GGGTTG
AACCCC          AACCCCAACCCCAAC …
                                       5′
```
テロメラーゼは新しい3′末端まで移動（トランスロケーション）

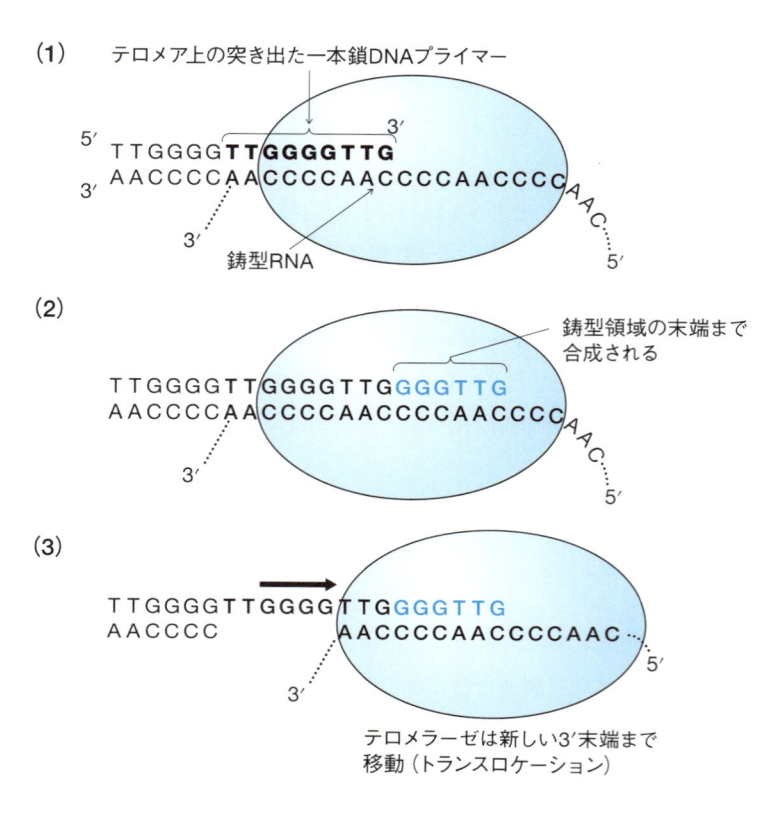

図4.10 テロメアの複製
(1) テロメラーゼに含まれる鋳型 RNA とテロメア上の突き出た一本鎖 DNA プライマーとの間で塩基対を形成する．
(2) テロメラーゼは鋳型に合わせて DNA プライマーに G あるいは T が付加される．
(3) 酵素は新しい 3′ 末端まで移動する（トランスロケーション）．

4.8 複製過程におけるエラーの修復

DNA ポリメラーゼによる *in vitro* での DNA 合成の精度は塩基対当たり 10^{-4} であるのに対して，自然突然変異の頻度は 1 回の DNA 複製に際して塩基対当たり 10^{-10}〜10^{-9} という非常に低い値である．このような低い値が達成できるのは複製のエラーを何段階かのステップで修正しているからである．大腸菌では複製に関与する DNA ポリメラーゼ III ホロ酵素

は10種類のサブユニットからなるが，その中の ε サブユニットが 3′→5′ エキソヌクレアーゼ活性をもっており，それによって間違って対合した塩基を重合直後に取り除く．それでも複製が終了した直後にエラーが残ることがある．これは**ミスマッチ修復**の機構によって直される．ミスマッチ塩基対の修復には *mut* 遺伝子群によって翻訳されたタンパク質が関与している．ミスマッチ塩基は mutS，mutL タンパク質によってみつけられ，mutH タンパク質によってその近くに一本鎖切断が入れられる．合成直後の DNA 鎖では GATC 配列中の A がメチル化されていないので，それによって鋳型鎖と新生鎖は区別される（A のメチル化は Dam メチラーゼによって行われる）．鎖切断の後に DNA ポリメラーゼ III ホロ酵素や DNA リガーゼがはたらいて DNA 鎖は完全に修復される（図 4.11）．

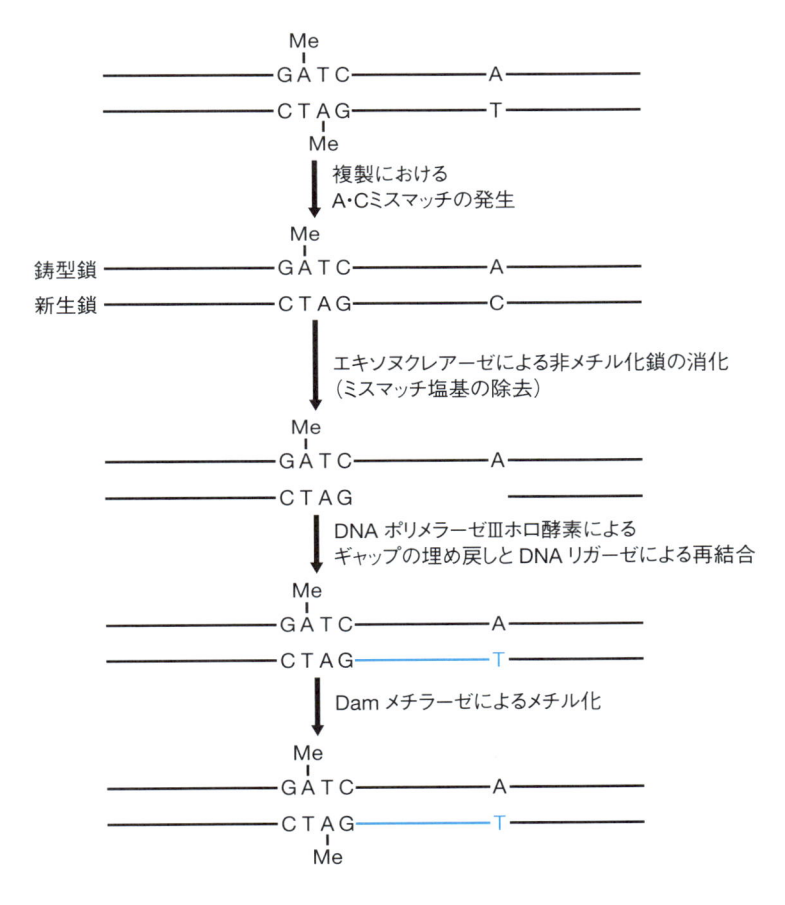

図4.11 ミスマッチ修復

複製後，GATC の A に，Dam メチラーゼが作用する．複製直後の GATC はメチル化されていないので，それによって鋳型鎖と新生鎖は区別され，新生鎖のミスマッチ塩基対の修復が行われる．

まとめ

1. DNAの複製は，二本鎖のそれぞれを鋳型として，新しい鎖を相補的に合成する．いわゆる半保存的複製機構によって行われる．
2. DNA合成の基質はデオキシリボヌクレオシド5′-三リン酸であり，これからリン酸基が2個はずれることで，DNAの鎖は順次 $5′→3′$ の方向に伸びていく．
3. 複製フォークでは親二本鎖DNAをDNAヘリカーゼがほどいていく．一本鎖化した鋳型領域には一本鎖結合タンパク質（SSB）が結合し，一本鎖領域に二次構造ができるのを防ぐ．ヘリカーゼ前方に生じるよじれ（正の超らせん）はDNAトポイソメラーゼが解消する．
4. 大腸菌のDNA複製におけるリーディング鎖の合成は，DNAポリメラーゼ III ホロ酵素によって連続的に行われるが，ラギング鎖は岡崎フラグメントを合成し，それをDNAポリメラーゼ I とリガーゼのはたらきでつなぎ合わせるという不連続な形で合成される．リーディング鎖および各岡崎フラグメントのプライマーは短鎖のRNAである．DNAポリメラーゼ III ホロ酵素はその中に $3′→5′$ エキソヌクレアーゼ活性をもっており，それによって間違って対合した塩基を重合直後に取り除く．
5. 真核細胞ではDNA複製開始とDNA鎖の伸長が別種のDNAポリメラーゼによって行われる．DNAポリメラーゼ α・プライマーゼ複合体は両鎖の複製開始反応を行う．DNAポリメラーゼ δ 複合体はリーディング鎖の伸長反応を行い，もう1個のDNAポリメラーゼ δ 複合体あるいはDNAポリメラーゼ ε 複合体がラギング鎖の伸長反応を行う．DNAポリメラーゼ γ がミトコンドリアDNA複製を行う．
6. 真核生物のゲノムでは，単純なくり返し配列からなるテロメアを末端領域にもつことで複製のたびに短くなることを防いでいる．
7. 複製が終了した直後のエラーはミスマッチ修復の機構によって直される．合成直後のDNA鎖ではGATC配列中のAがメチル化されていないので，それによって鋳型鎖と新生鎖は区別されて，ミスマッチ塩基の近くに一本鎖切断が生じる．鎖切断の後にDNAポリメラーゼ III ホロ酵素やDNAリガーゼがはたらいてDNA鎖は完全に修復される．
8. 紫外線照射によって誘導されるピリミジン二量体のような損傷がDNAの複製の鋳型鎖にあった場合，複製後修復とよばれる機構により修復される．

参考文献

今堀和友・山川民夫監修，『生化学辞典　第3版』，東京化学同人，1998
Lewin, B., 菊池韶彦他訳，『遺伝子　第8版』，東京化学同人，2006
村松正實・谷口維紹（編），『医科分子生物学　改訂第3版』，南江堂，1997
田村隆明・山本雅（編），『改訂第3版　分子生物学イラストレイテッド』，羊土社，2009

第5章 転写と転写後プロセシング

5.1 転写

A 転写反応

　転写はDNAを鋳型にしてその塩基配列に相補的に行われるが，鋳型になるのはDNAの二本鎖の一方であり，転写物のRNAも一本鎖である．RNAの合成は5′→3′の方向へ進むが，鋳型となるDNAの鎖と合成された鎖の向きは逆方向にある（図5.1）．5′-リボヌクレオシド三リン酸（5′-NTP）が基質となり，それが1つずつつながれるときには，リン酸基2個がピロリン酸としてはずされる．リボヌクレオチドの付加を触媒するのは**RNAポリメラーゼ**で，Mg^{2+}は必須因子である．DNA合成反応と異なり，RNA合成反応にはプライマーを必要としない．したがって，RNAの5′末端は三リン酸の形になっている．RNAポリメラーゼは，**転写酵素**あるいは**DNA依存RNAポリメラーゼ**ともよばれている．

　二本鎖DNAのうちで，鋳型となる方の鎖を**鋳型鎖**（**非コード鎖**）という．ただし，これは長いDNA鎖の全長にわたって，一方が常に鋳型鎖であるという意味ではない．ある遺伝子については一方の鎖が鋳型鎖であり，別の遺伝子では他方の鎖が鋳型鎖になることがしばしばある．このような場合には，当然，転写の方向は2つの間で逆になる．また，転写されてできるRNAと同じ塩基配列をもつ方の鎖を**センス鎖**，それと相補的な鎖を**アンチセンス鎖**ともいう．

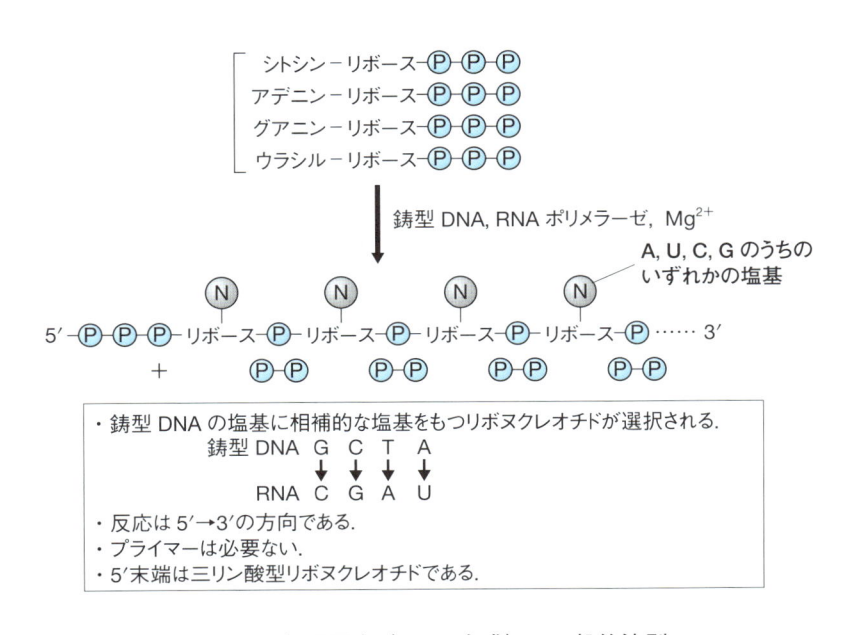

図5.1 転写反応（RNA合成）の一般的法則

B 原核生物の転写と転写調節

a RNAポリメラーゼ

転写はRNAポリメラーゼがプロモーターを認識し，そして結合することから開始する．プロモーターは転写される領域とは異なっている．大腸菌のRNAポリメラーゼは1種類しかみつかっておらず，それは4種類，5個のサブユニット（α_2, β, β', σ）で構成される．このうち**σ（シグマ）因子**がプロモーターを認識する．σ因子は**開始因子**ともよばれる．σ因子を含むRNAポリメラーゼを**ホロ酵素**，σ因子が解離した酵素を**コア酵素**という．

ホロ酵素のσ因子がプロモーターを認識することで転写が開始するが，σ因子は酵素分子のDNA結合に特異性を与える．大腸菌では通常σ因子として分子量約70,000のσ^{70}が機能するが，熱ショックを受けるとσ^{32}が出現する．原核生物および真核生物を問わず多くの生物で温度の上昇に伴って熱ショック応答がみられる．温度の上昇に伴い，それまでつくられていたタンパク質の合成は止まるかあるいは減少し，熱ショックから細胞を保護するために，一群の新しいタンパク質の合成がはじまる．これらの新しいタンパク質は熱ショック遺伝子の産物である．大腸菌では17種類の熱ショックタンパク質の合成が転写レベルで引き起こされる．*rpoH*遺伝子は熱ショック応答の開始に必須の調節遺伝子であり，その産物であるσ^{32}は熱ショック遺伝子の転写を引き起こすσ因子として機能している．

もう1つ別の例として，窒素飢餓状態になるとσ^{54}が出現する．培地のアンモニウムが欠乏すると，他の窒素源を利用するための一連の遺伝子発現が引き起こされる．このようにσ因子の使い分けによりRNAポリメラーゼのホロ酵素が特定のプロモーターに結合し，転写される遺伝子が選択される．

b プロモーター

転写は**転写開始点**からはじまり，**ターミネーター**（転写終結配列）で終わる．1回の反応で転写されるDNA領域を**転写単位**という．真核生物の場合は転写単位には1つの遺伝子*しか含まれない（**シストロニック転写**）が，原核生物では複数の遺伝子がまとめて一度に転写される**ポリシストロニック転写**である．転写の開始に関わるDNA部位を**プロモーター**，転写の終結に関わる部位をターミネーターという．転写開始点よりもさらに前方にある領域を**上流**，後方にある領域を**下流**という．

DNAの塩基配列を記すときには，通常二本鎖のうちRNAと同じ塩基配列の鎖だけを記す．塩基の位置は転写開始点から両側に向かって数える．転写開始点を+1とし，下流に向かって数値が増すように記し，上流に向かっては転写開始点の1つ前を−1とし，そこから負の数値が増すように記す．

大腸菌について100種以上のプロモーターの塩基配列を比較してみると，転写開始点から約10塩基上流に，TATAATという**コンセンサス配列**（共通配列）が存在する（図5.2）．

---

*あるいはシストロンという．シストロンは遺伝子と同義で用いられることが多い

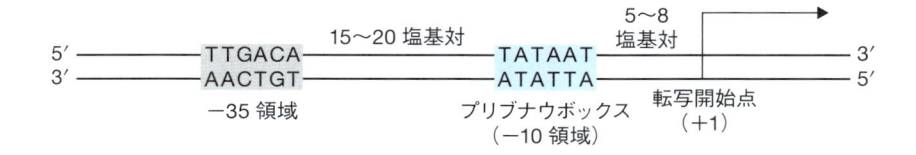

図5.2 原核細胞のプロモーターの構造

この配列は発見者の名をとり**プリブナウボックス**（Pribnow box）という．また，プリブナウボックスの中心は転写開始点の上流10塩基付近にあるため，−10塩基配列ともよばれる．プリブナウボックスの他にも，転写開始点から約35塩基上流に，TTGACA というコンセンサス配列が存在する．この配列は −35塩基配列ともよばれる．RNA ポリメラーゼホロ酵素の σ 因子が −10塩基配列および −35塩基配列の両コンセンサス配列と直接結合する．

c ターミネーター

RNA ポリメラーゼは転写をいったん開始するとターミネーターに出会うまで RNA を合成しながら鋳型の上を移動し続ける．ターミネーターにおいて RNA ポリメラーゼは伸長している RNA 鎖へのヌクレオチドの付加を停止し，完結した mRNA を遊離して鋳型 DNA から離れる．転写終結には RNA・DNA ハイブリッドを保っている水素結合が切れることが必要で，その後で DNA は二本鎖に巻き直される．

大腸菌では，RNA ポリメラーゼが転写終結するのに ρ（ロー）因子とよばれる終結因子を必要とするか否かによって区別されている．ρ 因子を必要とせずコア酵素のみで転写終結が起こる場合，このようなターミネーターを **ρ 因子非依存性ターミネーター**とよび，ρ 因子のはたらきを必要とするターミネーターを **ρ 因子依存性ターミネーター**とよぶ．ρ 因子非依存性ターミネーターの方が一般的で，多くのオペロンにみられる．

RNA 転写産物の ρ 因子非依存性ターミネーターには構造上 2 つの特徴がある．1 つはステム・ループ構造（ヘアピン構造ともいう）であり，もう 1 つは塩基配列の末尾に約 6 個の U 塩基の並びがあることである（図 5.3）．ステム・ループ構造の長さはさまざまであるが，ステムの根元近くに G・C に富んだ領域がある．おそらく RNA 転写産物内に形成されるステム・ループ構造が RNA ポリメラーゼによる転写の進行を妨げると考えられる．

しかしながら，転写はステム・ループ構造に遭遇しただけでは終結しない．この後で合成される一連の U 塩基と鋳型鎖の A 塩基との塩基対は，G・C を多く含む塩基対に比べて不安定である．したがって，ステム・ループ構造で一時停止している RNA ポリメラーゼは連続している U 塩基配列のところで鋳型から遊離すると考えられている．

ρ 因子非依存性ターミネーターには，7 塩基対から 20 塩基対にわたる長さのステム・ループ構造をつくるパリンドローム領域が存在する．**パリンドローム**（回文）は，二本鎖 DNA

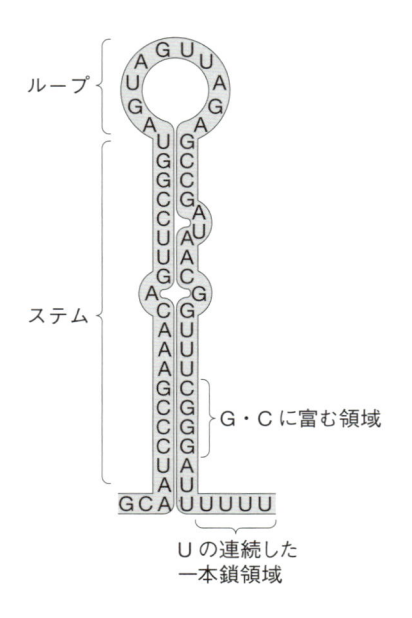

図5.3 ρ因子非依存性ターミネーターの構造

ρ因子非依存性ターミネーターには，7塩基対から20塩基対にわたる長さのヘアピン構造をつくるパリンドローム領域が存在する．ヘアピン構造にはG・Cに富む領域があり，その後にはUの連続した一本鎖領域が続く．

の塩基配列で，どちらの鎖もある方向に読むとまったく同じ塩基配列になるもの（**逆方向くり返し配列**）と定義される．たとえば以下の例では，どちらの鎖も5′から3′の方向に読むと，AAGCTTという塩基配列になる．

$$5′\ \text{AAGCTT}\ 3′$$
$$3′\ \text{TTCGAA}\ 5′$$

パリンドロームは**2回転対称部位**ともよばれ，その対称軸は逆方向くり返し配列を分ける中心となる．

$$5′\ \text{AAG}\ |\ \text{CTT}\ 3′$$
$$3′\ \text{TTC}\ |\ \text{GAA}\ 5′$$

なお，逆方向くり返し配列は必ずしも隣接している必要はない．

$$5′\ \text{AAGNN}\ \ \ \ \text{NNCTT}\ 3′$$
$$3′\ \text{TTCNN}\ \ \ \ \text{NNGAA}\ 5′ \quad (\text{Nは任意の塩基})$$

この場合も，同じ3つの塩基配列が逆方向くり返しになっている．ただし，対称軸は新しく加わった4塩基対の中心に移っている．パリンドローム構造はDNA中で十字形をとるが，逆方向くり返し配列のいずれか一方の鎖と同じ配列をもった一本鎖RNAはステム・ループ構造をとる（図5.4）．

λファージや大腸菌のもつ比較的少数のオペロン（p.56参照）では，上に述べた機構と

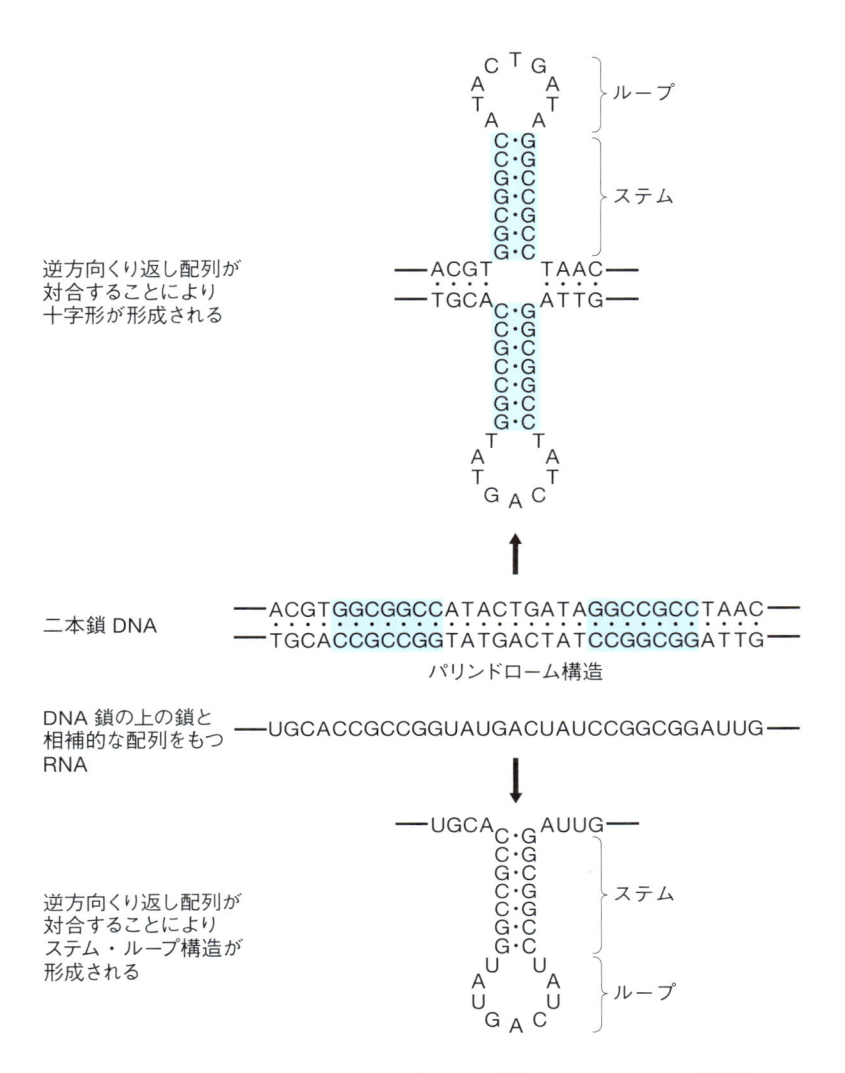

```
                    C T
                  A   G
                  T   A
                  A   T
                  C·G
                  G·C
                  G·C
                  G·C
                  G·C
                  G·C
         ―ACGT         TAAC―
         ―TGCA         ATTG―
                  C·G
                  G·C
                  G·C
                  G·C
                  G·C
                  G·C
                  A   T
                  T   A
                  T   A
                    G C
```

図の左側ラベル: 逆方向くり返し配列が対合することにより十字形が形成される / ループ / ステム / ステム

```
二本鎖DNA   ―ACGTGGCGGCCATACTGATAGGCCGCCTAAC―
           ―TGCACCGCCGGTATGACTATCCGGCGGATTG―
                      パリンドローム構造
```

DNA鎖の上の鎖と相補的な配列をもつRNA
```
―UGCACCGCCGGUAUGACUAUCCGGCGGAUUG―
```

```
           ―UGCA     AUUG―
                C·G
                C·G
                G·C
                C·G
                G·C
                G·C
                G·C
                A   U
                U   A
                U   A
                  G C
```

逆方向くり返し配列が対合することによりステム・ループ構造が形成される / ステム / ループ

図5.4 パリンドローム構造とステム・ループ構造

は別にρ因子を必要とする転写終結がある（ρ因子依存性ターミネーター）．ρ因子の作用モデルは次のようである（図5.5の1〜4）．(1) ρ因子が合成されつつあるRNA鎖のターミネーター上流のある部分に結合し，結合後RNAに沿って進んでいく．(2) ρ因子はターミネーターで停止しているRNAポリメラーゼをとらえ，(3) 転写によりDNAがほどけている部分のRNA・DNAハイブリッドに直接入り込み，DNAをほどいて転写は終結する．

ρ因子依存性ターミネーターにはC塩基に富みG塩基が少ない配列が存在し，この配列を欠失させると読み過ごしが起こるので，この配列はρ因子による転写終結にとって重要である．

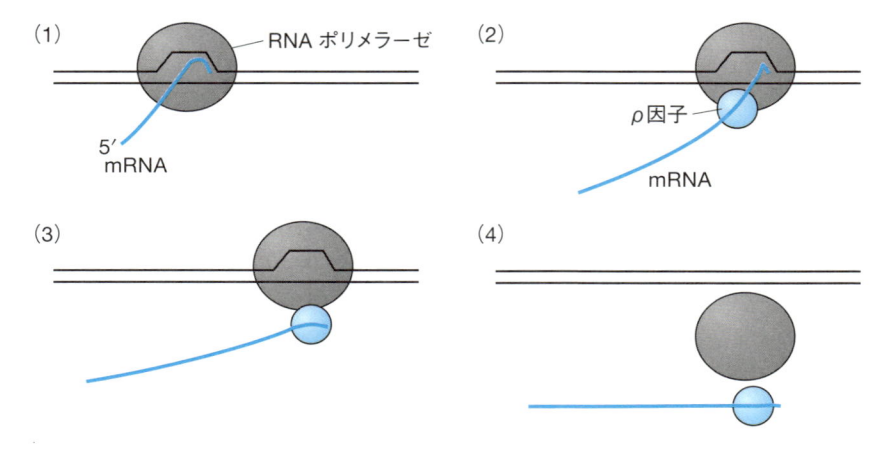

図5.5 ρ因子による転写終結

(1) ρ因子は mRNA に結合しながら mRNA の合成方向に移動し，(2) ρ因子依存性ターミネーターで停止している RNA ポリメラーゼをとらえ，(3) 転写により DNA がほどけている部分の RNA・DNA ハイブリッドに入り込み，DNA をほどく．(4) RNA ポリメラーゼ，ρ因子，mRNA の解離．

d 転写の制御

1961 年，ジャコブとモノー（J. L. Monod）は，"酵素適応（ある種の微生物の酵素は培地に基質がある場合にだけつくられるという現象）"の1つであるラクトース（乳糖）代謝系酵素の生化学的解析を基に**オペロン説**を提唱した．オペロンとは一種のプロモーターに連なる遺伝子群をいう．

ラクトースのような β-ガラクトシド基を含む物質の存在しない条件で野生型の大腸菌株を培養した場合には，菌体あたりわずかな β-ガラクトシダーゼ活性しか認められないが，β-ガラクトシド基を含む誘導物質の存在下で培養した菌体では，少なくとも 1000 倍の β-ガラクトシダーゼ活性が検出される．

ラクトース分解酵素系の誘導現象を説明するラクトースオペロン説は，次のようなものである（図 5.6）．

1) ラクトース分解系酵素は，lacZ（β-ガラクトシダーゼ遺伝子），lacY（ガラクトシドパーミアーゼ遺伝子），lacA（アセチルトランスフェラーゼ遺伝子）の3つの構造遺伝子が1つの転写単位であるオペロンとして，共通の調節領域（シス領域），オペレーターとそこに作用して発現を抑制する因子，リプレッサー（阻害因子）によって発現調節を受ける．リプレッサーは近傍する lacI 遺伝子によってつくられ，通常（ラクトースのような β-ガラクトシド基を含む物質の存在しない条件），プロモーター直下のオペレーターといわれる部分に結合して RNA ポリメラーゼの働きを阻害している．

2) ラクトースのような β-ガラクトシド基を含む誘導物質（**インデューサー**）の存在

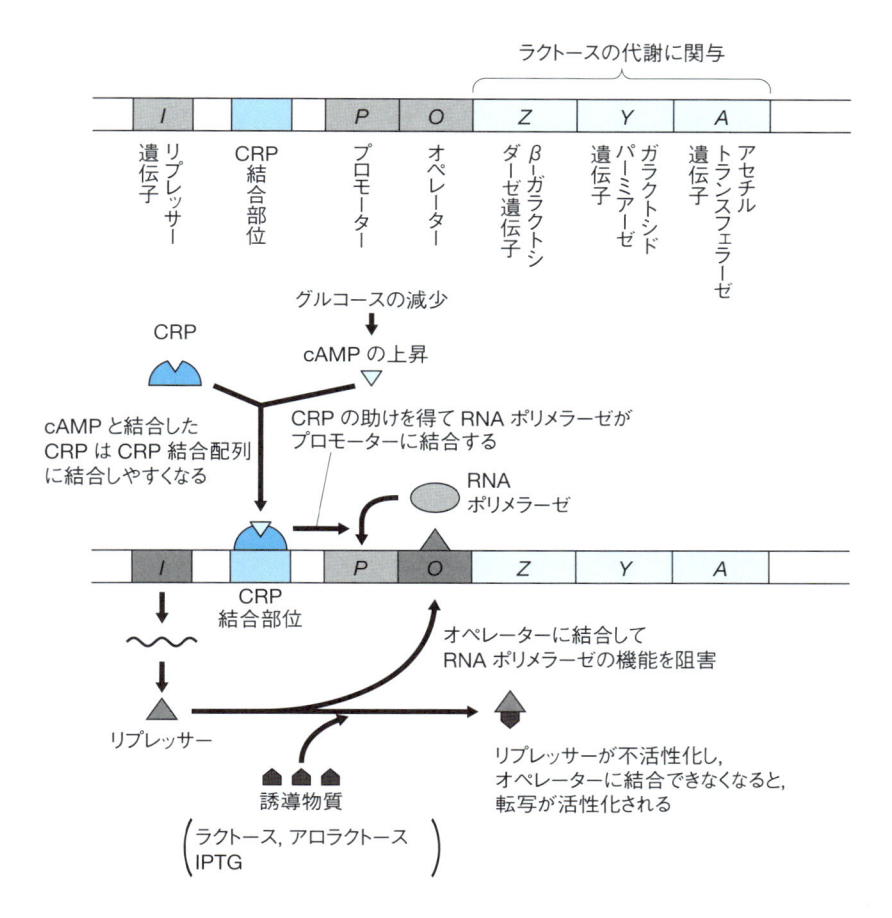

図5.6　ラクトースオペロンにみられる遺伝子発現制御機構
ラクトースオペロンには関連する3つの遺伝子が存在する．オペロン上流のオペレーターにはリプレッサーが結合し，転写が抑制される．誘導物質がリプレッサーを不活性化し，またグルコースが低下して活性化因子 CRP の機能が上昇すると，転写活性化が誘導される．
（出典：改訂第3版　分子生物学イラストレイテッド，p.47, 図2-13）

下でリプレッサーによるオペレーターへの親和性が低下し，ラクトースオペロンの発現が誘導される．

3）リプレッサー / オペレーターシステムは，ラクトースオペロンの発現をコントロールしている．

培地に複数の炭素源が共存する場合には，細菌は糖に対するはっきりした選り好みを示す．グルコースがあれば，他の糖に先だってグルコースをエネルギー源として利用する．これは，グルコースが存在すると他の糖などの代謝に関係する酵素群をコードするオペロンの発現を抑制するためである．このような現象は**グルコース抑制**または**カタボライト抑制**とよばれている．

ここまでは，プロモーターを RNA ポリメラーゼが結合して転写を開始する DNA 配列と

してみてきた．しかし，補助的なタンパク質の助けを借りないと RNA ポリメラーゼが転写できないプロモーターもある．このような補助的なタンパク質は転写単位のスイッチを入れるのに必須で，正の調節因子としてはたらき，**アクチベーター**（活性化因子）とよばれる．

大腸菌のオペレーターを活性化するアクチベーターに **CRP**（**cAMP 受容タンパク質**）がある*．CRP は CRP 依存性プロモーターからの転写に必要であり，典型的な低分子インデューサーである cAMP（サイクリック AMP）の存在下でのみ活性を示す．

細胞内の cAMP のレベルはグルコースのレベルに反比例する．培地にグルコースを加えると，たとえラクトースがあってもより利用効率の高いグルコースを利用するようになる．大腸菌内にグルコースが輸送され濃度が高くなると cAMP 濃度が低下するので，CRP の機能が低下し，ラクトースオペロンの転写は起こらない．ラクトースオペロンの上流には **CRP 結合部位**（CRP 部位）があり，ここに cAMP-CRP 複合体（活性型）が結合すると RNA ポリメラーゼによる転写が促進される（図 5.6）．

e 転写減衰（アテニュエーション）

大腸菌の遺伝子発現系には，転写が開始された直後にもう一度転写を続行すべきかどうかをチェックする機構がある．これによって転写が中断することを**転写減衰**（**アテニュエーション**）という．転写減衰には特別な因子は関与しないが，それはタンパク質合成（翻訳）をも巻き込んだきわめて巧妙な転写調節機構である．

転写減衰では，転写単位の先端にある**アテニュエーター**を RNA ポリメラーゼが読み過ごせるかどうかによっている．転写減衰に共通にみられる特徴は，ある外的要因が ρ 因子非依存性ターミネーターに必要なヘアピン構造の形成を制御している点である．もしヘアピンが形成されれば，転写終結により構造遺伝子の転写が阻止される．ヘアピンが形成されなければ，RNA ポリメラーゼはターミネーターを読み過ごして遺伝子の発現が起こる．

トリプトファン生合成系遺伝子群（*trpEDCBA*）の転写減衰は次のようなものである．

trpE 遺伝子とそのプロモーター間に 14 アミノ酸からなるポリペプチド（**リーダーペプチド**）をコードする**リーダー配列**（*trpL*，先導部位）がある．さらに，このリーダー配列には，構造遺伝子内への転写を妨げるアテニュエーターが存在し（図 5.7），RNA ポリメラーゼはここで転写を終結して 140 塩基からなる転写産物を生じる．アテニュエーターで転写終結が起こるかどうかは，トリプトファン濃度に依存する．トリプトファン濃度が十分量あるときには，リーダー配列からリーダーペプチドの合成が起こる．アテニュエーターでは転写終結のヘアピン構造をとり，そのために転写は終結する（転写の減衰）．しかし，トリプトファンが十分量ないときには，リーダー配列の翻訳は進行せず，アテニュエーターで転写終結のヘアピン構造をとることなく，RNA ポリメラーゼは構造遺伝子内に進むことができる．

*CRP は CAP〔カタボライト（遺伝子）活性化タンパク質〕ともいう．

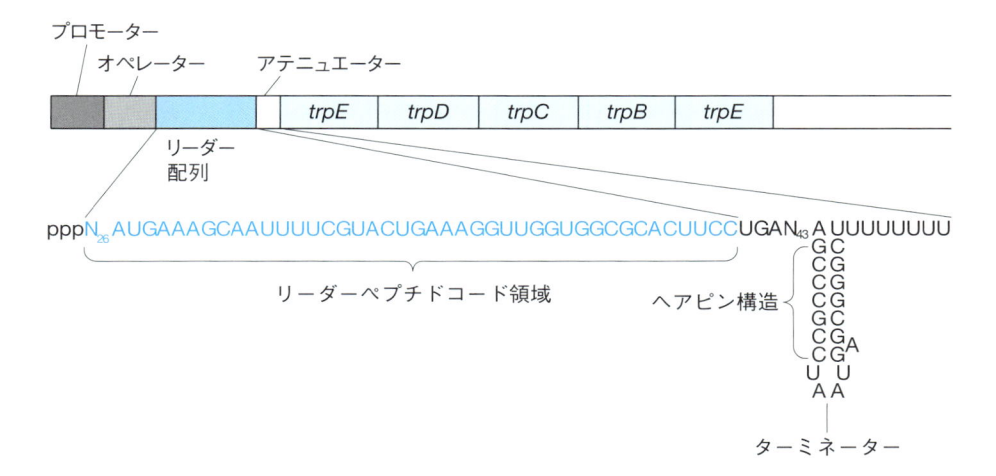

図5.7 トリプトファンオペロンのアテニュエーターによる転写調節

トリプトファンオペロンは連続した5つの構造遺伝子からなり，その前にはプロモーター，オペレーター，リーダーペプチドコード領域，アテニュエーターからなる調節領域が存在する．アテニュエーターはRNAポリメラーゼが trp 遺伝子内にまで進行するのを調節する．RNAポリメラーゼはプロモーターから転写を開始した後，アテニュエーターの手前でいったん停止する．トリプトファンがない時には，RNAポリメラーゼは構造遺伝子内にまで転写を継続する．トリプトファンがある時には，RNAポリメラーゼはアテニュエーターまでくると転写を終結して，リーダーRNAを遊離する．

f 抗転写終結因子による転写調節

大腸菌の転写終結因子（ρ因子）の作用による mRNA 合成の停止を解除して RNA 合成を下流に伸長させる因子を**抗転写終結因子**という．λファージのNタンパク質とQタンパク質が有名である．

λファージ感染過程において，抗転写終結因子が RNA ポリメラーゼと相互作用することにより，ターミネーターを通り越して下流にある遺伝子まで転写が及ぶことがある．たとえばλファージの初期遺伝子産物であるNタンパク質は，抗転写終結因子として2つの初期プロモーター（P_L, P_R）からの転写ターミネーター（t_{L1}, t_{L2}, t_{L3}）における転写終結を妨げて，転写を続行させて溶原化や複製に必須の遺伝子群の発現を行う．

λファージの殻となる成分をコードする後期遺伝子の発現には，さらにもう1つ別の制御が必要である．この切り換えは Q 遺伝子によって調節されている．Q 遺伝子の産物である Q タンパク質は第2の抗転写終結因子で，後期プロモーター $P_{R'}$ と後期遺伝子の間にあるターミネーターを読み過ごす．

g sRNAによる転写後調節

タンパク質の調節因子同様，RNA も調節因子として機能する．その機能として，調節 RNA は標的となる mRNA と相補性によって二本鎖を形成することにより，mRNA の機能を妨げたり（図 5.8A），標的 mRNA の一部が二本鎖を形成すると他の領域の構造が変わり

(A)

標的RNA
sRNA

sRNAが存在するために，タンパク質は標的RNAに結合できない

(B)

標的RNA
sRNA

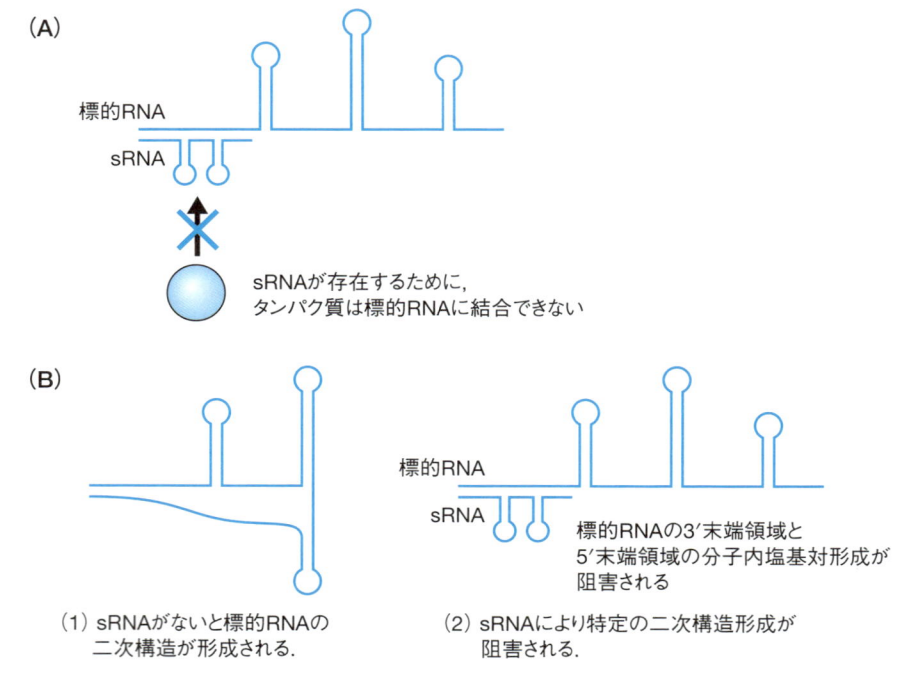

標的RNAの3′末端領域と5′末端領域の分子内塩基対形成が阻害される

(1) sRNAがないと標的RNAの二次構造が形成される．

(2) sRNAにより特定の二次構造形成が阻害される．

図5.8 （A）タンパク質の RNA 結合を阻害する sRNA，（B）sRNA による標的 RNA の二次構造形成阻害

（図 5.8B），間接的に機能に影響を及ぼしたりすることが考えられる．細菌の調節 RNA をまとめて **sRNA**（低分子 RNA）とよぶ．

大腸菌には少なくとも 17 種類の sRNA がみつかっている．sRNA が調節因子として使われている例に，酸化ストレス応答がある．細菌は活性酸素分子にさらされると抗酸化防御遺伝子を誘導する．誘導される遺伝子の 1 つに *oxyS* があり，この遺伝子は sRNA をコードしているがタンパク質はコードしていない．OxyS sRNA（109 塩基）は調節因子として転写後の段階で 10 個以上の遺伝子発現を制御している．

C 真核細胞の転写

a RNA ポリメラーゼ

真核細胞においても，プロモーターに RNA ポリメラーゼが結合することにより転写が開始される点は原核細胞と共通である．しかし真核細胞では，原核細胞と違って，核の中に 3 種類の RNA ポリメラーゼ（RNA ポリメラーゼ I, II, III）が存在し，それぞれに異なる遺伝子群の転写に関与している．RNA ポリメラーゼはどれも大きなタンパク質で，分子量は 500,000 あるいはそれ以上である．いずれの RNA ポリメラーゼも，10～15 個に及ぶ多数のサブユニットから構成される．

1 RNA ポリメラーゼ I (pol I)

核小体に局在し，rRNA をコードする遺伝子の転写に関与している．転写された前駆体 rRNA（45S）は，プロセシングされて 28S，18S，および 5.8S rRNA になり（p.47 参照），5S rRNA とともにリボソームの材料となる．この酵素は細胞内で占める酵素活性の割合が最も高い．

2 RNA ポリメラーゼ II (pol II)

核質（核小体を除いた核内の部分）に存在し，mRNA の前駆体となる**ヘテロ核 RNA**（**hnRNA**，p.107 参照）と一部の **snRNA**（核内低分子 RNA，small nuclear RNA）の合成を担っている．hnRNA はスプライシングによりイントロンが切り取られた後に細胞質に運搬される．成熟した mRNA は 5′ 末端にキャップ，3′ 末端にポリ（A）（50〜200 個アデニル酸）という構造をもつ．この酵素の一番大きなサブユニットには **CTD**（**C 末端ドメイン***）があり，Tyr-Ser-Pro-Thr-Ser-Pro-Ser というコンセンサス配列が，酵母では 26〜27 回，ほ乳類では約 50 回くり返されている．CTD のリン酸化が pol II の進行を促し，転写を開始させるのに必要である．また CTD は 5′ 末端キャッピング酵素やスプライシング因子，3′ 末端プロセシング複合体などの一連の mRNA 前駆体の加工にはたらくタンパク質群の結合部位となって機能している．

3 RNA ポリメラーゼ III (pol III)

核質に存在し，sn RNA，tRNA，5S rRNA，ヒトのくり返し配列 *Alu*，アデノウイルス RNA など多種類の低分子 RNA の合成を行っている．細胞内における酵素活性の割合は 3 つの酵素の中で最も低い．

転写阻害剤である α アマニチンに対する感受性の違いにより，これらの酵素を区別することができる．pol II は低濃度の α アマニチンによって即座に阻害される．一方，pol I は阻害されない．pol III は細胞によりまちまちで，動物細胞では高濃度で阻害されるが，酵母や昆虫では阻害されない．

b プロモーター構造，転写因子と転写開始複合体

RNA ポリメラーゼ I 系，RNA ポリメラーゼ II 系，RNA ポリメラーゼ III 系遺伝子の特異的転写には，各系に特異的な複数の転写因子が必要である．**転写因子**とは転写開始に関与する RNA ポリメラーゼ以外のタンパク質をいう（広義には，転写反応全般において RNA ポリメラーゼ以外に必要とされるタンパク質をいう）．転写因子はプロモーターに結合して RNA ポリメラーゼを取り込み，巨大な**転写開始複合体**を形成する．転写開始複合体形成については，RNA ポリメラーゼ II 系遺伝子について最も詳しく解析されている．転写因子

用語 *ドメイン…ドメインとは分子量の大きな球状タンパク質の構成単位で，機能の面でまとまった領域をいう．

は，そのはたらきから3種類に分類することができる．

1) それぞれの特異的 RNA ポリメラーゼを取り込むために必要な因子で，転写開始複合体形成の初期過程にはたらく必須因子である．DNA 結合能をもつものともたないものがある．pol II 系のプロモーター認識と TATA ボックスへの結合能をもつ TFIID が相当する．
2) (1) のタンパク質の取り込みを促進するもので，同じく DNA 結合能をもつものともたないものがある．pol II 系の TFIID のプロモーターへの結合を促進する TFIIA が相当する．
3) 形成された複合体の活性化にはたらくもので，pol II 系の TFIIE，TFIIH が相当する．

1 RNA ポリメラーゼ II 系遺伝子

pol II の転写開始点付近の構造はあまり保存された特徴的な構造はないが，mRNA のはじまりは A で，その両端はピリミジン塩基であることが多い．これは細菌の転写開始点が A でその両端は C と T である CAT 配列にも当てはまる．この領域は転写を規定しており，**イニシエーター**（Inr）とよばれる．一般には Py_2CAPy_5 と書かれることもある．Inr は $-3\sim+5$ bp に含まれる．

タンパク質をコードする pol II 系遺伝子の典型的なプロモーターでは，TATAAA を共通配列（コンセンサス配列ともいう）とする **TATA ボックス**が転写開始点の上流 25〜30 塩基（$-25\sim-30$）付近に存在し，その上流には GGGCGG を共通配列とする **GC ボックス**（$-30\sim-50$）や，CCAAT を共通配列とする **CCAAT ボックス**（$-60\sim-100$）が存在する（図5.9）．TATA ボックスは転写開始部位の決定と一定レベルの転写に必須であり，GC ボックスや CCAAT ボックスは転写効率を高めるためにはたらく．

TATA ボックスをもたないプロモーターは TATA-レスプロモーターとよばれ，プロモーター全体の半分かそれ以上を占める．TATA-レスプロモーターの場合，TATA

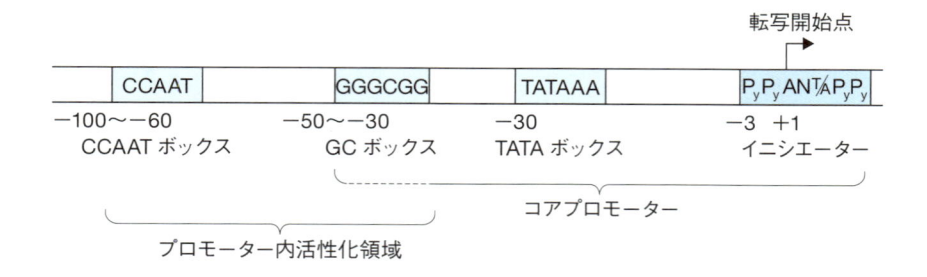

図5.9 典型的な pol II 系プロモーターの構造
Py：ピリミジン塩基，N：A, T, C, G のうちいずれかの塩基を示す．

ボックスの代わりに，下流プロモーター配列（DPE）が +28〜+32 の位置に存在する．DPE は AGAC という共通配列をもっている．コアプロモーターは TATA ボックスと Inr，もしくは Inr と DPE のどちらかで構成される．

pol II 系プロモーターの転写複合体形成反応を以下に示す（図 5.10）．

ステップ 1 TATA ボックスを含むプロモーターでの複合体の形成は，まず TATA ボックスから上流に広がる領域への **TFIID**（TBP と関連因子からなる）の結合からはじまる．TATA ボックスの認識は，TFIID の成分の内の **TATA ボックス結合タンパク質（TBP）**による．

ステップ 2 TFIID が TFIIA の補助で TATA ボックスに結合し，TFIIB がそれに結合して

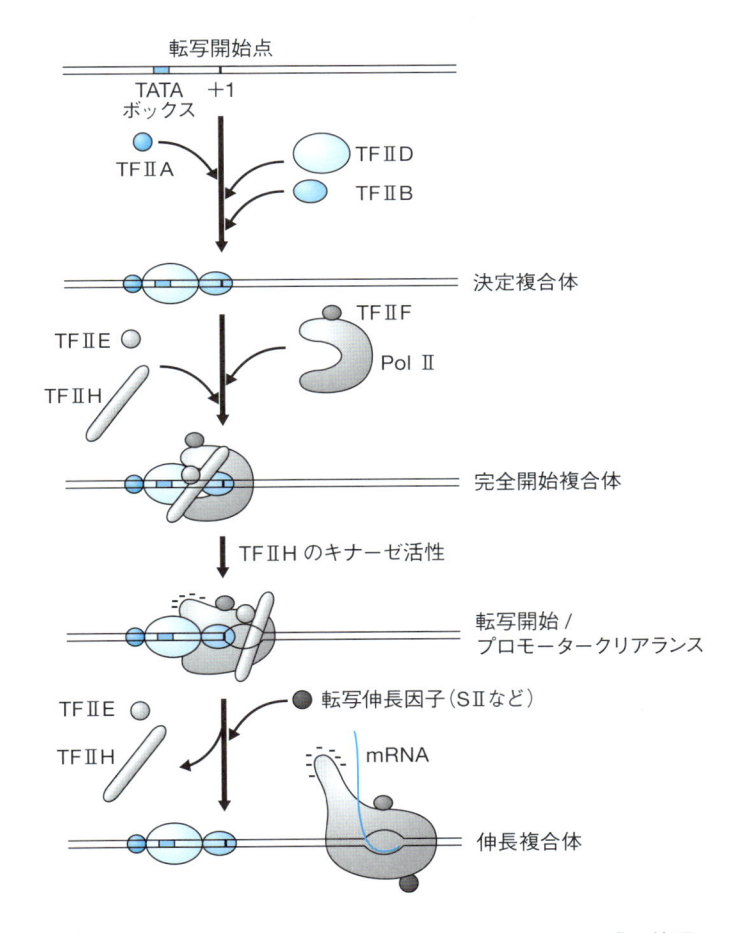

図5.10 pol II 系の TATA ボックスをもつプロモーターの転写複合体形成と伸長に至る過程
pol II の CTD は TFIID 中の TBP に結合するが，pol II の CTD が TFIIH のキナーゼ活性によってリン酸化されることにより，pol II が TBP より離れ，pol II による転写が開始される．
（岡崎恒子：DNA の複製，医科分子生物学改訂第 3 版，p.72，図 6.6，1997，南江堂）

転写する遺伝子を決定する（**決定複合体**）．

ステップ3 TFⅡFとともにpolⅡが**TFⅡD**に結合する（TFⅡFはpolⅡに強い親和力をもち，polⅡの複合体への取り込みに必要である）．

ステップ4 複合体の活性化のためにTFⅡEとTFⅡHが結合し，TFⅡHのもつ酵素活性（ATPase，DNAヘリカーゼ，プロテインキナーゼ）により複合体が活性化する．TFⅡEとTFⅡHはDNA二本鎖をほどくのに必要である．

ステップ5 polⅡのCTD（C末端ドメイン）がリン酸化されることにより，polⅡがTBPより離れる（**プロモータークリアランス**という）．

ステップ6 TFⅡFのみをもったpolⅡ（**伸長複合体**）がmRNAを転写する．伸長中のpolⅡに結合している因子は，TFⅡFのみである．鋳型DNAには，伸長中のpolⅡの動きを弱める構造が非特異的に存在するので，転写伸長因子（SⅡなど）がpolⅡに結合して，停滞を解除するようにはたらく．

polⅡのCTDはpolⅡにより合成された後のRNAプロセシング*にも関与している．mRNAの5′末端にG塩基を付加するキャッピング酵素（グアニリルトランスフェラーゼ）はリン酸化したCTDに結合し，5′末端が合成されるとすぐに機能する．スプライシング（p.108参照）に関与する因子もリン酸化したCTDに結合する．転写RNAの切断・ポリ(A)付加装置もCTDと結合し，転写とスプライシングが協調する手段となる．

2 RNAポリメラーゼⅢ系遺伝子

代表的なpolⅢ系遺伝子，すなわちtRNA遺伝子や5S RNA遺伝子のプロモーターは次のような構造である．

- **tRNA遺伝子のプロモーター**（図5.11）：TATAボックスをもたず遺伝子内部にプロモーターをもつ．tRNA遺伝子の他に，ヒトのくり返し配列 *Alu*，およびアデノウイルスRNAのプロモーターもこれに当たる．プロモーターは転写開始点より下流に存在し，転写開始点から約20塩基下流にボックスA，さらにその下流にボックスBをもつ．遺伝子によってこれら2つの距離は異なり，31〜93塩基である．polⅢによる遺伝子の転写には，転写因子TFⅢBとTFⅢCだけが必要である．TFⅢCがボックスAとボックスBの両方に結合した後，TFⅢBが転写開始点から−10から−40塩基の位置にあるATに富んだ領域に結合する．TFⅢBが結合するとTFⅢCが転写開始複合体から遊離し，polⅢがTFⅢB-DNA複合体を認識して結合し，転写が開始される．

- **5S RNA遺伝子のプロモーター**（図5.12）：TATAボックスがなく，遺伝子内部にプロモーターをもつことはtRNA遺伝子のプロモーターと同じであるが，5S RNA遺伝子のプロモーターの方が複雑な構造をしている．プロモーターは転写開始点の下流に存在する．このタイプのプロモーターは，5S RNA遺伝子しかみ

用語 *RNAプロセシング…RNAの機能発現において，前駆体分子が酵素的分解などを受けて成熟体に変換される過程．

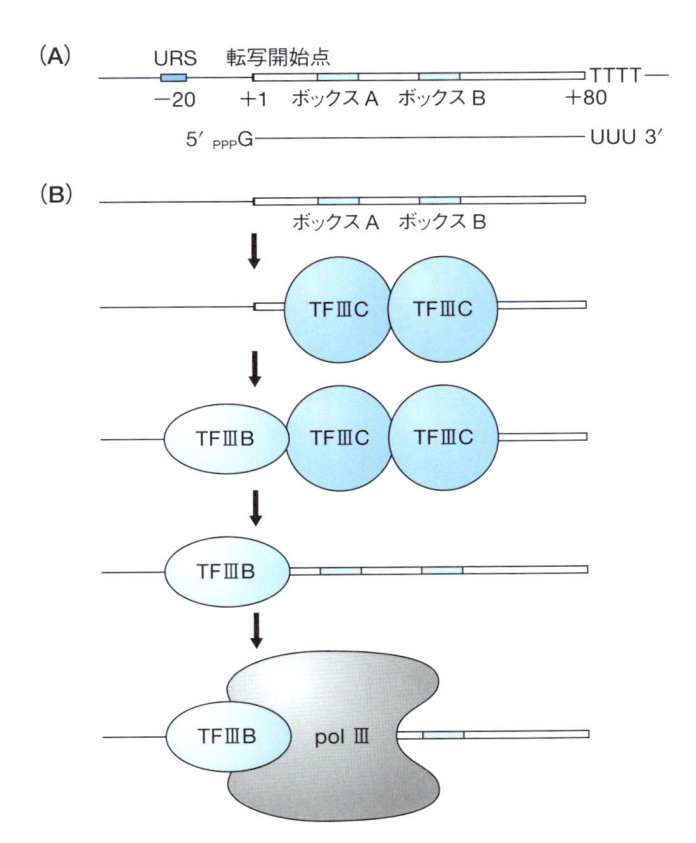

図5.11 pol III系遺伝子（tRNA遺伝子）のプロモーターの構造と転写複合体形成反応
(A) tRNA遺伝子のプロモーターには，転写開始点より下流に2つに分かれた配列（ボックスAとボックスB）が存在する．URS；上流調節配列．
(B) tRNA遺伝子の内部プロモーターではTFIIICがボックスAとボックスBに結合する．これにより，TFIIIBが転写開始点から−10〜−40塩基の位置に結合しやすくなる．TFIIIBが結合するとTFIIICが転写開始複合体から遊離し，pol IIIがTFIIIB-DNA複合体を認識して結合し，転写が開始される．

つかっていない．5S RNA遺伝子構造の内部にプロモーターとしてボックスA，ボックスCが存在する．この遺伝子の転写には，tRNA遺伝子のプロモーターとの共通転写因子TFIIIBとTFIIICの他に，この遺伝子特異的な転写因子TFIIIAを必要とする．TFIIICがボックスCに結合するためには，転写因子TFIIIAがボックスAに結合しなければならない．TFIIICがいったん結合すると，転写開始点にTFIIIBが結合し，次いで，pol IIIが複合体に結合し，転写が開始される．TFIIIAとTFIIICの役割は，TFIIIBが正しい位置に結合することを助けることである．TFIIIBがpol IIIにとって真の転写開始に必要な因子である．

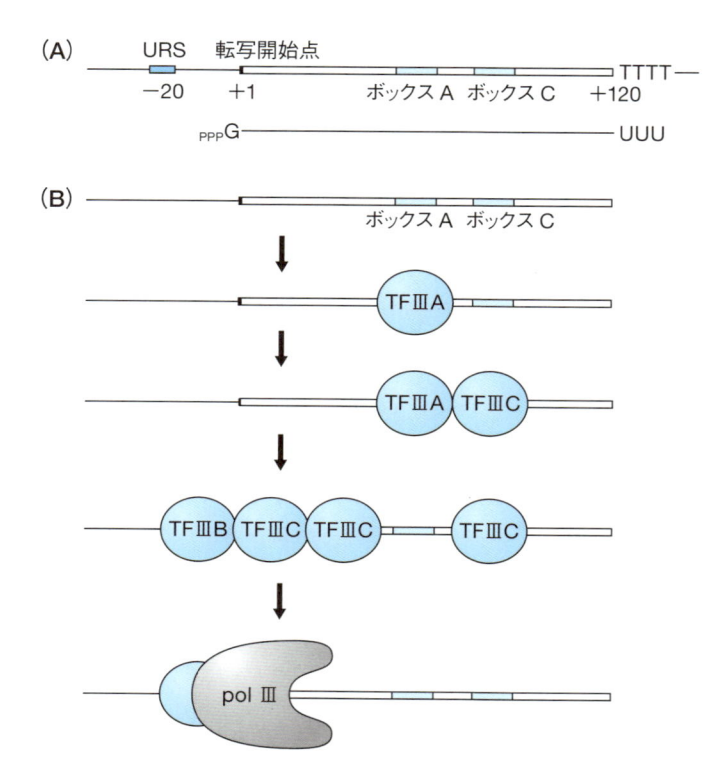

図5.12 pol Ⅲ系遺伝子（5S RNA 遺伝子）のプロモーターの構造と転写複合体形成反応
（A）5S RNA 遺伝子のプロモーターには，転写開始点より下流に 2 つに分かれた配列が存在する．
（B）転写因子 TFⅢA がボックス A に結合し，TFⅢC がボックス C に結合すると，転写開始点に TFⅢB が結合する．次いで pol Ⅲ が複合体に結合し，転写が開始される．

3 RNA ポリメラーゼ I系遺伝子

pol I系遺伝子である rRNA 遺伝子のプロモーターは，コアプロモーターと −180 〜−107 に位置し GC に富む上流プロモーター配列（UPE）からなる（図 5.13）．コアプロモーターは，転写開始点の周辺 −45〜+20 に位置し，Inr（イニシエーター）とよばれる短い AT に富む保存領域と GC に富む配列からなる．転写開始にはコアプロモーターだけで十分であるが，転写効率は UPE によって大きく増加する．
高頻度の転写開始には UBP（上流結合タンパク質）という因子が必要である（図 5.13）．これは UPE 中の GC に富む配列に結合する単一のポリペプチドである．UBP の存在下で，コア結合因子 SL1 はコアプロモーターにより結合しやすくなる．次いで SL1 の存在下で pol I が転写開始点に結合する．SL1 は，pol I系における転写開始複合体形成で pol Ⅱ 系の TFⅡD の代わりをする必須因子である．

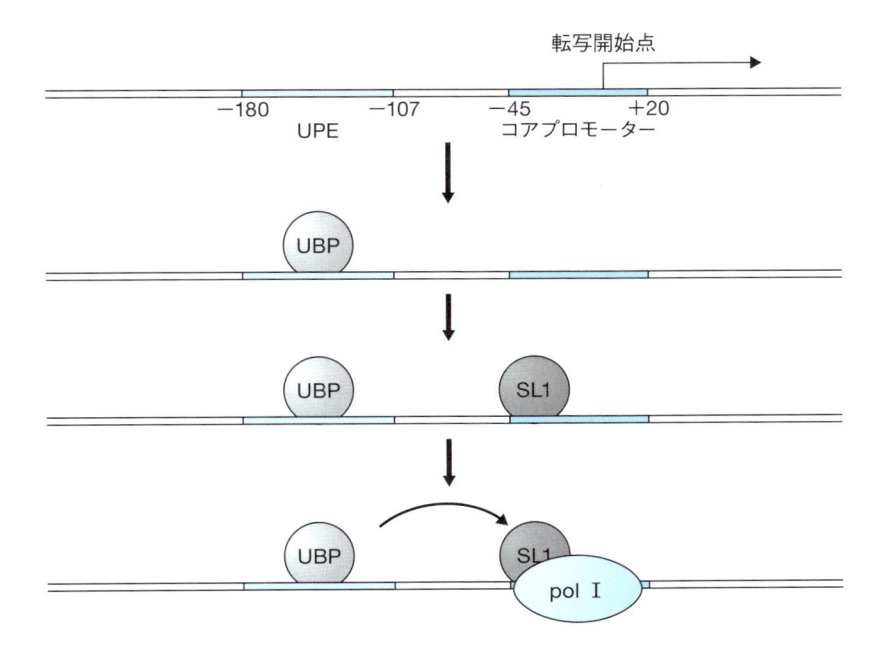

図5.13 pol I系プロモーターの構造とpol I系プロモーターの転写開始複合体
コアプロモーターの上流に上流プロモーター配列（UPE）が存在し，UBP（上流結合タンパク質）がUPEに結合するとコア結合因子（SL1）がコアプロモーターに結合し，pol Iを取り込む．UBPはSL1のDNA結合を促進するように機能する．

c　エンハンサーによる転写の制御

エンハンサーは，プロモーターからの転写開始活性を促進するようなシス配列*につけられた名称である．転写抑制にはたらく場合はサイレンサーといい，真核生物に特有である．エンハンサーは最も近いプロモーターを活性化する．また，プロモーターの上流にあっても下流にあっても，またどのくらい離れているかに関わらずプロモーターを活性化する．さらにエンハンサーは活性化のタイミングやそれがはたらく細胞種を規定するといった，プロモーターにはない機能をもつ．

ある特定の刺激に応答して遺伝子発現する場合，その刺激に応答する配列を**応答配列**という．この応答配列はエンハンサー内にある．たとえば，グルココルチコイド応答配列，熱ショック応答配列，血清応答配列などがある．

典型的なエンハンサー配列としては，SV40ウイルス（アカゲザル腎細胞から分離されたがんウイルス．SV40ウイルスはがんウイルスとして盛んに研究された）のものが有名である．SV40のエンハンサーは，2つの72 bpからなるくり返し配列からなり，その配列内には，通常のプロモーターと共通するシス配列が含まれている．したがって，プロモーター

用語　*シス配列…同一DNA分子上にある配列のことをいう．ここではプロモーター領域と同一DNA分子上にある配列を指す．

と結合して転写開始に関わる転写（調節）因子もエンハンサー機能の発揮に関与する．また，エンハンサーの方がプロモーターよりも調節配列が多い．酵母ではエンハンサーに似た配列として **UAS（上流活性化配列）** がある．これはどちら向きであっても，またプロモーターの上流のさまざまな位置でも機能するが，下流に位置していると機能しない．

エンハンサー，サイレンサーなどの活性化作用や不活化作用を妨げる塩基配列を**インスレーター**という．インスレーターは活性化した遺伝子とヘテロクロマチンの間にあるとき，ヘテロクロマチンから広がってくる不活化の作用から遺伝子を防御している．

d 転写因子のDNA結合ドメイン

転写因子は，DNA結合領域，制御領域をもち，因子によっては外来因子に結合する領域（ドメイン，p.93参照）をもっている．転写因子が染色体DNA上の特異的なシス配列に結合する際には，ヘリックス・ターン・ヘリックスモチーフ，ジンクフィンガーモチーフ，ロイシンジッパーモチーフ，ヘリックス・ループ・ヘリックスモチーフという特徴的なモチーフ構造（DNA結合モチーフ）からなるDNA結合ドメインが関与している．今までに知られているDNA結合モチーフの特徴について以下に述べる．もし機能未知のタンパク質内に，これらのうちのどれかのモチーフ構造があると，それはDNA結合タンパク質であると推定できる．

1 ヘリックス・ターン・ヘリックスモチーフ

ヘリックス・ターン・ヘリックスモチーフ（HTHモチーフ）は，2つのαヘリックスがβターンにより連結されており，2番目のヘリックスが二本鎖DNAの主溝にはまりこむ形でDNAと結合している（図5.14A）．もともとファージのリプレッサーのDNA結合ドメインに見いだされた．λファージのリプレッサーや大腸菌のCRP（cAMP受容タンパク質，p.92参照）は，HTHモチーフによってオペレーターやアクチベーターに結合し，転写開始の調節を行う．**ホメオドメイン**はショウジョウバエの発生過程の制御にはたらく転写調節因子であるホメオタンパク質中の保存性の高い配列として発見された．このドメインは高次構造をとることのできる60アミノ酸残基からなるポリペプチド領域であり，その中にはHTHモチーフと部分的に保存性の認められる配列が含まれる．

2 ジンクフィンガーモチーフ

2個のシステイン（Cys）と2個のヒスチジン（His）に二価亜鉛（Zinc）イオンが結合して生じるループによりDNAと結合する（図5.14B）．高次構造の解析から，このモチーフはあたかも指でDNAをはさんでいるように見えることから**ジンクフィンガーモチーフ**とよばれる．典型的なジンクフィンガータンパク質は図に示すようにジンクフィンガーを複数個，連続してもっている．1つのフィンガーの共

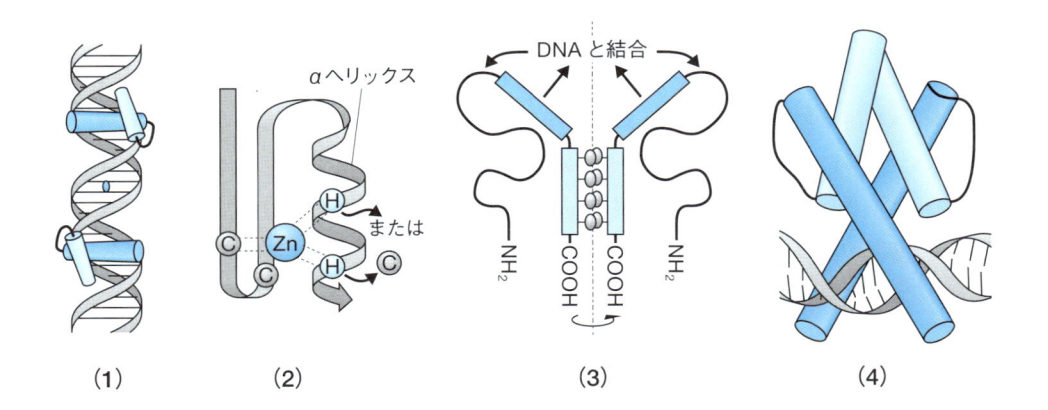

図5.14 転写因子の構造モチーフ
(1) ヘリックス・ターン・ヘリックスモチーフ．2つのαヘリックスがβターンにより連結されており，αヘリックスの領域が DNA と結合する．
(2) ジンクフィンガーモチーフ．βシート上の2つのシステイン（C）とαヘリックス上の2つのヒスチジン（H）あるいはシステイン（C）に二価の亜鉛イオンが配位するモチーフである．αヘリックスの部分が DNA と結合する．
(3) ロイシンジッパーモチーフ．7個のアミノ酸ごとにロイシンが存在し，この領域はαヘリックス（図の淡青色）を形成している．2本のαヘリックス上のロイシン残基（楕円）どうしがジッパー状に結合し，二量体を形成する．これにより，塩基性のアミノ酸に富む領域（濃青色）で DNA に結合できるような配置になる．
(4) ヘリックス・ループ・ヘリックスモチーフ．ループに隔てられた2つのαヘリックス（円筒）を介して二量体を形成し，塩基性アミノ酸に富む領域で DNA と結合する．

通配列は次のようである．

$$\text{Cys-X}_{2\sim4}\text{-Cys-X}_3\text{-Phe-X}_5\text{-Leu-X}_2\text{-His-X}_3\text{-His}$$

フィンガー自体は約23個のアミノ酸からなり，フィンガー間の連結部は通常7〜8アミノ酸である．

ジンクフィンガーモチーフは，最初アフリカツメガエル（*Xenopus lavis*）の RNA ポリメラーゼⅢが 5S RNA 遺伝子を転写するのに必要な基本転写因子 TFⅢA（p.97参照）に見いだされた DNA 結合モチーフである．その他，分化や成長シグナルにより誘導されるタンパク質，発生過程の遺伝子発現を制御するタンパク質，あるいは通常の転写調節因子などのタンパク質にみられる．たとえば，酵母のガラクトース代謝の転写調節因子 GAL4 や GC ボックスエレメントに結合する転写因子 Sp1 がある．上述した $\text{Cys}_2\text{-His}_2$ タイプのほか，2個の Cys や2個の Cys に二価亜鉛イオンが結合しているジンクフィンガーもある．このタイプのモチーフは，核内受容体タンパク質（グルココルチコイドレセプター，甲状腺ホルモンレセプターやレチノイン酸レセプターなどのステロイドレセプター）にみられる．

3 ロイシンジッパーモチーフ

ロイシンジッパーモチーフは，真核細胞の転写因子のいくつかに共通して見いだされるロイシン（Leu）に富んだ保存性の高い配列としてみつかった．このモチーフは，C末端近くに7アミノ酸残基ごとにロイシンがくり返して現れるコイルドコイル構造（αヘリックスを形成しているポリペプチドにおいて，疎水性アミノ酸間の疎水－疎水相互作用により形成されるゆるやかな二重らせん構造）をとる．全体として30〜40アミノ酸残基の領域を指すが，隣接するアルギニン（Arg）やリシン（Lys）に富む塩基性領域とセットでドメイン構造を形成している（図5.14C）．

1つのポリペプチドのロイシンジッパーは，別のポリペプチドのロイシンジッパーとお互いのコイルドコイル構造部分で二量体を形成し，塩基性部分でDNAと結合する．この構造は**ベイシックロイシンジッパーモチーフ**として知られている．実際，2つのロイシンジッパーはジッパーをステムとしてY字形の構造を形成し，この塩基性領域は対照的に枝分かれしたアームを形成してDNAと結合する．ロイシンジッパーの名前は，ホモあるいはヘテロの二量体タンパク質として，ジッパーあるいはハサミのようにY字型になってDNAと接触することに由来する．

ロイシンジッパーモチーフをもつタンパク質としては，RNAポリメラーゼIIで転写される遺伝子の上流にあるCCAATボックスに結合するタンパク質，cAMPによる転写活性化に関与する調節因子（cAMP応答配列結合タンパク質）などがある．

4 ヘリックス・ループ・ヘリックスモチーフ

ヘリックス・ループ・ヘリックス（HLH）は二量体を形成するモチーフで，ループに隔てられた2つのαヘリックスを介して二量体を形成し，これと隣接した塩基性領域がDNAと結合する（図5.14D）．12あるいは13アミノ酸残基からなるαヘリックスは各々一方の面は疎水性アミノ酸が分布し他方は親水性アミノ酸が分布する両親媒性構造をとり，この2つのαヘリックスはループ構造をはさんで疎水性側鎖の相互作用で相手側のタンパク質因子と会合して二量体を形成する．このαヘリックスのN末端側に塩基性アミノ酸に富む配列があり，これがDNAの塩基配列を認識して結合する．

D アンチセンスRNA

原核，真核生物を問わず，一本鎖RNAが相補的なmRNAと塩基対を形成してその発現を抑制する例が多くある（たとえばp.92, sRNA）．このような効果の最初の事例は，真核細胞にアンチセンス遺伝子を導入するという手法により示された．

DNAは二重らせん構造をとり，遺伝子に対する暗号は，そのうちの必ずどちらか一方の鎖に記されている．遺伝子が発現するときには，その遺伝子に対応する塩基配列をもつmRNA（これを**センスRNA**という）が合成される．この時，二重らせんの逆側の塩基配列

に対する RNA を人為的に細胞の中につくらせると，センス RNA と相補的な配列をもち，センス RNA と結合して二本鎖 RNA を形成する．二本鎖 RNA を形成したセンス RNA はタンパク質を合成することができなくなる．この逆側の塩基配列に対する RNA をアンチセンス RNA とよぶ（図 5.15）．もともと大腸菌のコリシン E1 プラスミドの複製を制御する RNA としてみつかった．最近は人為的に遺伝子の翻訳過程を阻害する手法として用いられている．

ある特定の遺伝子の mRNA の cDNA の一部または全部をプロモーターの下流へ逆向きに連結したものを，細胞の染色体 DNA に組み込んでアンチセンス RNA を転写させ，細胞内で特定 RNA と雑種形成させることにより，タンパク質合成を抑えることができる．

このアンチセンス RNA を用いたポリガラクチュロナーゼという酵素の翻訳制御により「Flavr Savr（フレーバーセーバー）」という日もちのよい遺伝子組換えトマトがつくられた．これは組換え作物の第 1 号である．ポリガラクチュロナーゼは，トマト果実の軟黄化に重要なはたらきを果たしており，果実が成熟するときに合成される酵素である．

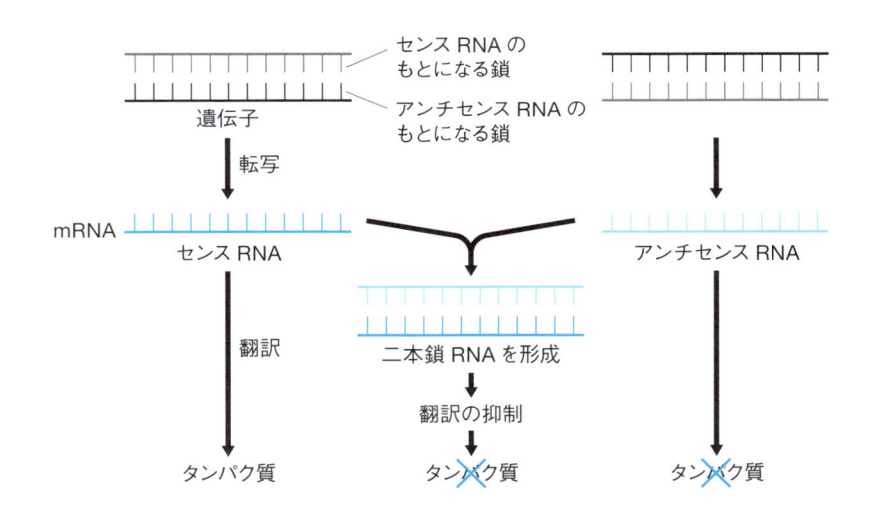

図5.15 アンチセンス RNA による翻訳の抑制
アンチセンス RNA を転写する遺伝子は，野生型遺伝子をプロモーターに対して反対方向に組み込むことでつくることができる．アンチセンス RNA は野生型遺伝子から転写されたRNA（センス RNA）と対合して二本鎖 RNA を形成し，タンパク質の翻訳を抑制する．

E RNA サイレンシング

高等植物においては，今日までに 50 種以上にものぼる植物種で形質転換系の確立が報告されている．これらの形質転換植物を作出する研究が進むにつれ，予期せぬ遺伝子発現の抑制が報告されるようになった．

ペチュニア由来のアントシアニン合成経路の酵素であるカルコン合成酵素遺伝子 *chs* を，

*chs*遺伝子が正常に発現している紫の花色をもつペチュニアに導入したところ，花弁の紫色が濃くなるとの予想に反して，花弁が白色の植物体が出現した．このような白花では*chs*遺伝子の発現が低下していることから，この現象は**コサプレッション**とよばれたが，その後この発現抑制は，*chs* mRNA が転写後に特異的に分解されることがわかり，**転写後型ジーンサイレンシング**（post-transcriptional gene silencing：PTGS）とよばれるようになった．

PTGS は，植物が生来もっているウイルスから身を守る防御反応の1つである．すなわち，植物にウイルスが感染すると PTGS が誘導され，感染ウイルス由来の RNA を特異的に分解することによりウイルスの増殖を抑制しようとする．一方，ウイルスは PTGS を抑制するタンパク質（**サプレッサー**）をコードしており，それにより感染を成立させようとする．ウイルスに感染した植物では，このように PTGS とウイルスのサプレッサーとの戦いがくり広げられている．最近，動物，線虫，ショウジョウバエにおいても PTGS がウイルス抵抗性の1つとして機能していることが報告されている．

PTGS は植物に特有の現象ではなく，広く高等真核生物に保存されていることが明らかになった．1998 年にアメリカ・スタンフォード大学教授のファイアー（A. Fire）らは，線虫体内に二本鎖 RNA を導入すると，二本鎖 RNA に相同な配列を有する遺伝子の発現が抑制されることを発見し，この現象を **RNAi**（**RNA 干渉**：RNA interference）と名づけた．

ファイアー教授とアメリカ・マサチューセッツ大学教授のメロー（C. Mello）はこの RNAi の研究で 2006 年度ノーベル賞（医学生理学賞）を受賞した．植物の PTGS や線虫の RNAi は転写後型遺伝子抑制現象として別々に発見されたが，これらは次第に生物間で共通の現象として認識されるようになり，総称して **RNA サイレンシング**とよばれる．

ⓐ RNA サイレンシングの分子機構

RNA サイレンシングは，細胞に短い二本鎖 RNA（約 20 bp）を導入すると，どちらかの鎖に対して相補的な mRNA が分解され，翻訳を阻害するという現象である．遺伝子機能を推定するための遺伝子ノックダウンに利用されている．

RNA サイレンシング経路のモデルを図 5.16 に示す．RNA サイレンシングは二本鎖 RNA の生成によって開始される．二本鎖 RNA はセンス鎖 RNA とアンチセンス鎖 RNA の両方が同時に転写したり，長い逆位配列をもつ RNA が転写されたりすると生じる．また，一本鎖 RNA が過剰に生成されると，**RNA 依存 RNA ポリメラーゼ**（RdRp）のはたらきによって二本鎖 RNA が合成される．ショウジョウバエやヒトでは，合成された二本鎖 RNA は**ダイサー**とよばれる酵素によって，21 塩基の短い断片（**siRNA**：small interfering RNA）に分断される．植物では，ダイサーは**ダイサーホモログ**とよばれている．siRNA は **RNA 誘導サイレンシング複合体**（**RISC**：RNA-induced silencing complex）に取り込まれる．二本鎖 RNA の一方の鎖は RISC の RNase 活性によって切断され，標的 RNA と相補結合する方の RNA（ガイド RNA）のみが RISC に維持される．この機構はショウジョウバエで初めて報告されたが，植物においてもこの可能性が示唆されている．

RISC は siRNA と相補的な配列をもつ RNA と結合して切断する．標的 RNA が多いほど

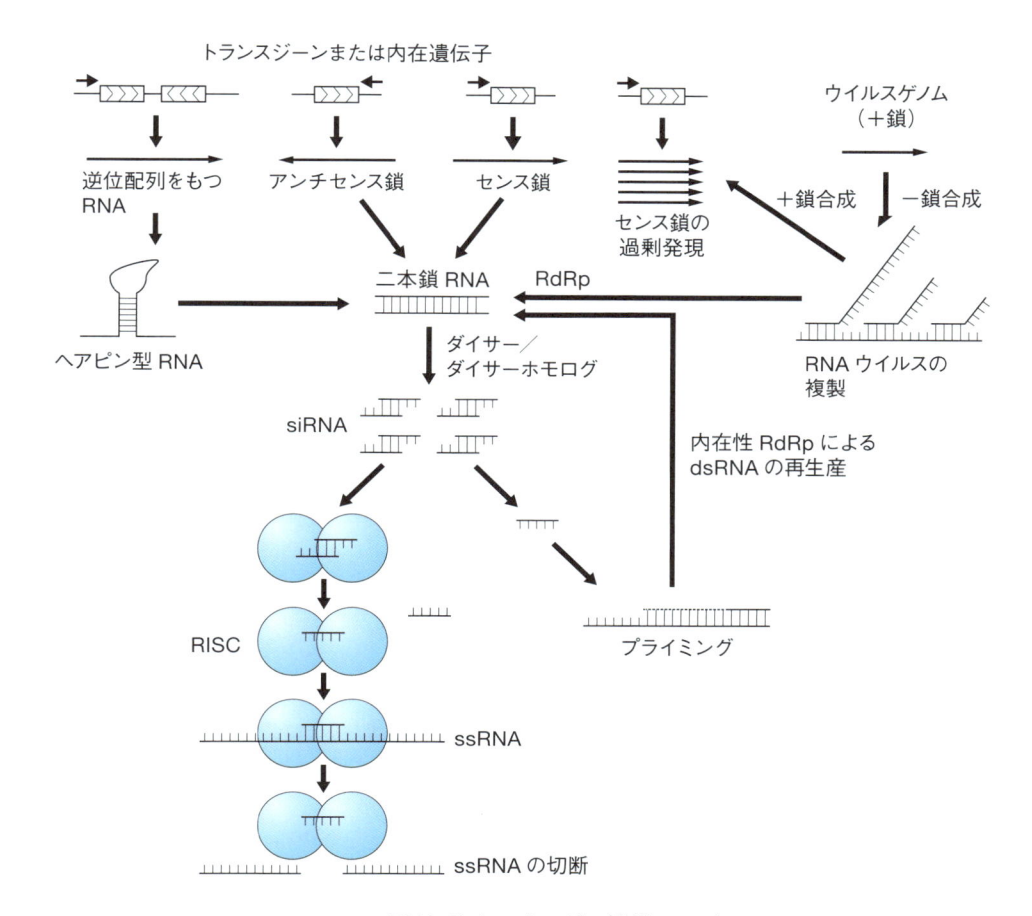

図5.16 RNAサイレンシングの機構のモデル
RNAサイレンシングは二本鎖RNAの合成によって開始される．合成された二本鎖RNAは，ダイサーによって21塩基の短い断片（siRNA）に分断される．siRNAはRNA誘導サイレンシング複合体（RISC）に取り込まれる．二本鎖RNAの一方の鎖はダイサーのRNase活性によって切断され，標的RNAと相補結合する方のRNA（ガイドRNA）のみがRISCに維持される．RISCはsiRNAと相補的な配列をもつRNAと結合して切断する．

RISCによる分解活性は上昇し，標的RNAのレベルは低くなる．siRNAの存在が，細胞でPTGSが起こっているかどうかの指標となっている．

b ウイルスがコードするRNAサイレンシングサプレッサー

RNAサイレンシングは，はじめは植物におけるウイルス抵抗性機構として見いだされた．植物，動物，ショウジョウバエでは，ウイルス感染に伴ってRNAサイレンシングが誘導され，ウイルス由来の小さなRNA（virus-derived small interfering RNA, vsiRNA）が蓄積する．RNAをゲノムとするウイルスは，その複製過程で生じる二本鎖RNAおよびゲノム内に生じるヘアピン構造などがPTGSを誘導する．ウイルスの外被タンパク質，RNA複製酵素成分タンパク質など多種のウイルスタンパク質がサプレッサー活性を有している．

サプレッサーの多くは二本鎖RNA結合タンパク質である．siRNAに結合しRISC複合体形成を阻害するもの，二本鎖に結合しDCLによる二本鎖RNA切断を阻害するものなどがある．

c マイクロRNA（miRNA）

多くの真核生物において，きわめて短いRNAが遺伝子発現調節因子としてはたらいている．これは**マイクロRNA**（microRNA，**miRNA**）とよばれる．マイクロRNAは，ゲノムから転写されたヘアピン構造をもつRNAから，ダイサーあるいはダイサーホモログによって切り出される21塩基〜24塩基の短い一本鎖RNAである（図5.17）．線虫の遺伝子発現がマイクロRNAによって調節されていることが最初に報告された．これは線虫の遺伝子のmRNAとマイクロRNAが塩基対を形成してmRNAの分解を引き起こすからである．植物の場合，マイクロRNAは葉や花芽の発生，花期制御，オーキシンやストレスに対する応答などさまざまな生理過程を制御している．

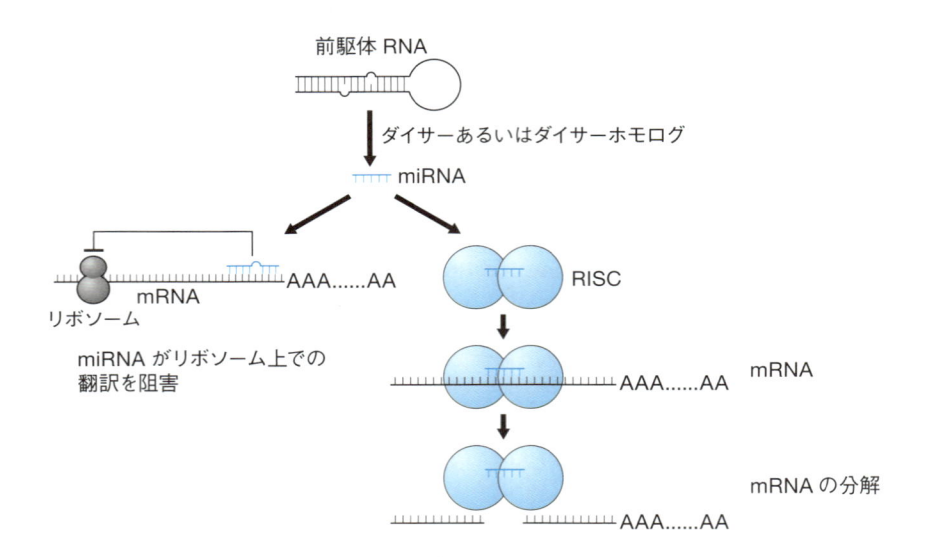

図5.17 miRNA経路
miRNAは相補的な配列をもつmRNAと結合してmRNAの翻訳を阻害する．また，完全に相補的な配列をもつmRNAに対しては，miRNAはRISCによる切断に使われる．

5.2 転写産物のプロセシング

原核生物では遺伝子から転写されたmRNAはそのままリボソームによって翻訳される．一方，真核生物では核内で合成された一次転写産物であるmRNA前駆体は，キャッピング，ポリアデニル化（ポリ(A)付加），スプライシング，RNA編集（RNAエディティング），

塩基修飾などのさまざまな加工を受けて成熟し，核外に輸送されて細胞質で翻訳される（図5.18）．mRNA 前駆体におけるこのような加工を**プロセシング**という．

核内におけるさまざまな mRNA のプロセシングは，RNA ポリメラーゼによる転写と共役して進行する．細胞質における mRNA は，翻訳過程と共役して巧みに安定性が調節されている．真核生物の rRNA や tRNA も，rRNA 遺伝子や tRNA 遺伝子から転写された rRNA 前駆体や tRNA 前駆体からプロセシングされて生じる（p.47, p.114 参照）．核質に存在し，rRNA や tRNA 配列を含まない不均一なサイズの RNA 集団を**ヘテロ核 RNA**（heterogeneous nuclear RNA, **hnRNA**）という．hnRNA はそのほとんどが mRNA 前駆体，あるいはその転写後プロセシングの途中のものと考えられる．

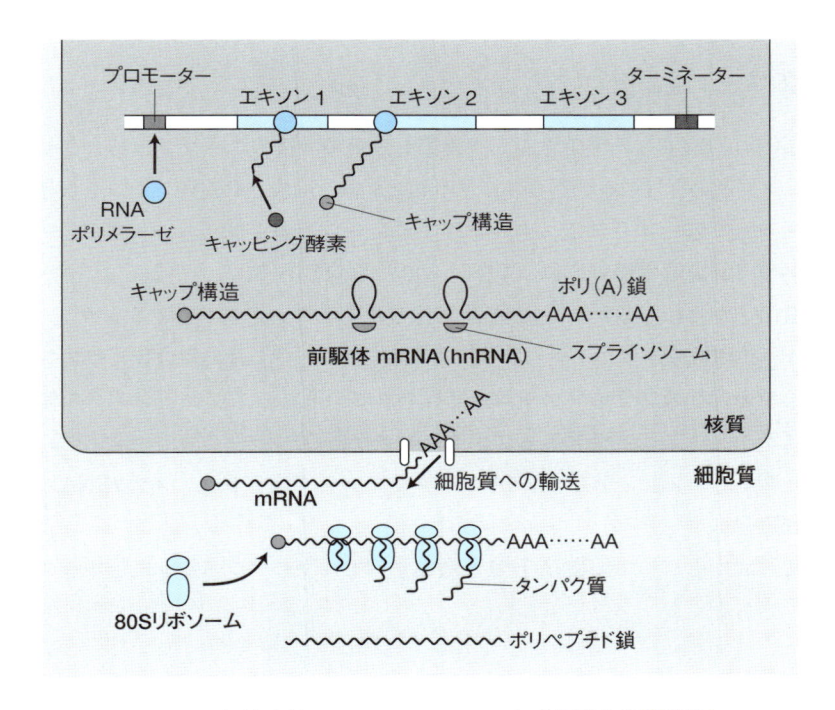

図5.18　真核生物における mRNA の合成経路と翻訳過程

A　5′キャップ構造とポリ（A）構造

真核生物の mRNA は 5′ 末端にメチル化された G が付加されており，これを**キャップ構造**（m⁷GpppN，N は A，T，G，C のいずれかを表す）とよび，この付加反応を**キャッピング**という（p.29 参照）．生物種や遺伝子の種類によっては，mRNA の 5′ 末端から 2 番目あるいは 3 番目のヌクレオシドのリボースの 2′ 位の酸素原子にもう 1 つメチル基が付加されているものもある．キャップ構造は mRNA の安定性，翻訳，ならびにスプライシングの効率に影響を及ぼす．3′ 末端には，数十個から 200 個ほどのアデニル酸がついている．この

部分を**ポリ(A)鎖**という．

ポリ(A)鎖はmRNAの安定性に重要なはたらきをしている．この付加反応は，転写がmRNAのポリ(A)鎖が結合する位置に対応する塩基よりもさらに下流まで進んだ後に，ポリ(A)付加シグナルとよばれるAAUAAAA配列の約20塩基下流で切断され，ただちにポリ(A)が付加される．ポリ(A)付加反応には，核内の**ポリ(A)ポリメラーゼ**が触媒する．ポリ(A)付加反応とキャッピングは，RNAポリメラーゼⅡによる転写と共役して同時進行する．ポリ(A)の長さは，生物種や遺伝子の種類によって50～250塩基の違いがある．RNAポリメラーゼⅡの一番大きなサブユニットにはC末端ドメイン（CTD）がある（p.93参照）．転写の開始に伴い，CTDのリン酸化が進み，このリン酸化されたCTD部分は，前駆体mRNAのスプライシング，キャッピング，ポリアデニル化（ポリ(A)付加），分解などの一連の加工にはたらくタンパク質群の結合部位となって機能している．

B スプライシング

RNA前駆体中に存在するイントロンを除去し，その前後のエキソンを結合させる反応をスプライシングという（図5.19）．スプライシングは，除去されるイントロンの種類によって4つのグループに分類される．グループⅠイントロンおよびグループⅡイントロンは，イントロンの内部構造の違いによって分けられたものである．

①核内遺伝子から転写されたmRNA前駆体のイントロンのスプライシング
snRNP（核内低分子リボタンパク質：snRNAとタンパク質の複合体）やスプライシング因子類を含む**スプライソソーム**内で行われる．通常のスプライシングの他に，選択的スプライシングとトランススプライシングがある．

②グループⅠイントロンをもつRNAのスプライシング（テトラヒメナrRNA，細胞内小器官mRNA）
この反応は，イントロンRNA自身が触媒するセルフスプライシング（自己スプライシング）である．

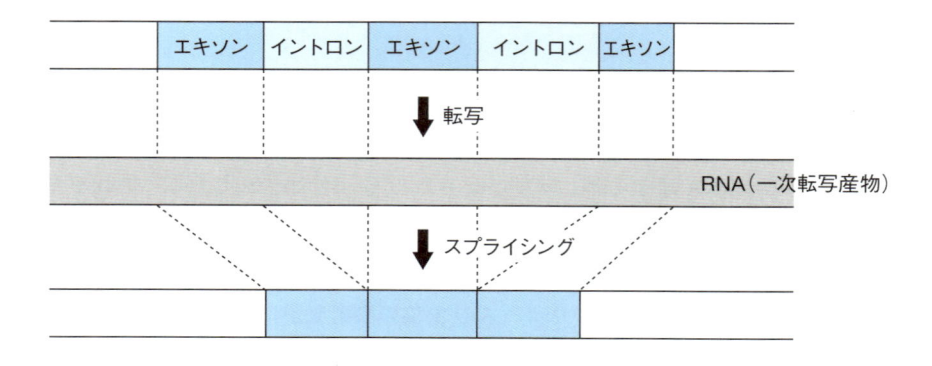

図5.19 スプライシングの模式図

③ グループ II イントロンをもつ RNA のスプライシング（細胞内小器官 mRNA など）．
　この反応機構はイントロン RNA 自身が触媒するセルフスプライシングであるが，②とは反応機構が違う．
④ tRNA 前駆体のスプライシング
　ヌクレアーゼとリガーゼが関与する．

a 核内 mRNA 前駆体のスプライシング

遺伝子を鋳型として RNA ポリメラーゼ II によって転写された直後の mRNA は，遺伝子と完全に対応した配列をもつ mRNA 前駆体として合成される．この mRNA 前駆体は，タンパク質のアミノ酸配列に対応する遺伝子中のエキソン（タンパク質のアミノ酸配列を規定している領域）部分のほか，**介在配列**であるイントロンを含んでいる．mRNA 前駆体からイントロン部分が取り除かれて，成熟 mRNA となる．

スプライシングは mRNA 前駆体からのイントロンの除去とその前後のエキソンの結合過程からなり，スプライソソーム内で行われる．スプライソソームはスプライシングに必要な snRNP と 7〜13 種類のタンパク質から構成される複合体である（p.111 参照）．

1 スプライシングのシグナル配列

核の遺伝子から転写された mRNA 前駆体のエキソンとイントロンが識別されるためには，その目印となるシグナル配列が必要である．次のような 3 つのシグナル配列があり，種々の mRNA 前駆体の間で比較的よく保存されている共通配列である（図 5.20）．

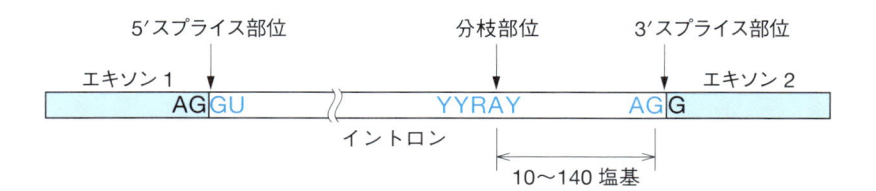

図5.20　核内 mRNA 前駆体のスプライシングのシグナル配列
R はプリン塩基，Y はピリミジン塩基．

i）エキソンとイントロン間の切断部位を**スプライス部位**とよぶ．真核生物のほとんどすべての遺伝子のイントロンの 5′ 末端と 3′ 末端には，GU と AG という共通配列が存在する．これを **GU-AG ルール**という．この共通配列はミトコンド

リアや葉緑体の mRNA 前駆体，あるいは酵母の tRNA 前駆体のイントロンには当てはまらない．

ii) 3′スプライス部位の上流には，**分枝部位**（枝分かれ部位，ブランチ部位）とよばれる，それぞれの位置にプリンあるいはピリミジンが優位に存在する配列（YYRAY，Y はピリミジン塩基，R はプリン塩基）がある．出芽酵母の場合，分枝部位は UACUAA という配列で高度に保存されている．

iii) ほ乳動物の場合，3′スプライス部位にほぼ接近するポリピリミジントラクト（ピリミジンリッチ配列）とよばれるピリミジンが 10 数個連続して出現する領域がある．出芽酵母の場合は，ポリピリミジントラクトがみられないことがほとんどである．a

2 スプライシング反応経路

スプライシングは図 5.21 に示す経路で進行する．

1) snRNP やスプライシング因子類が mRNA 前駆体のスプライシングシグナル配

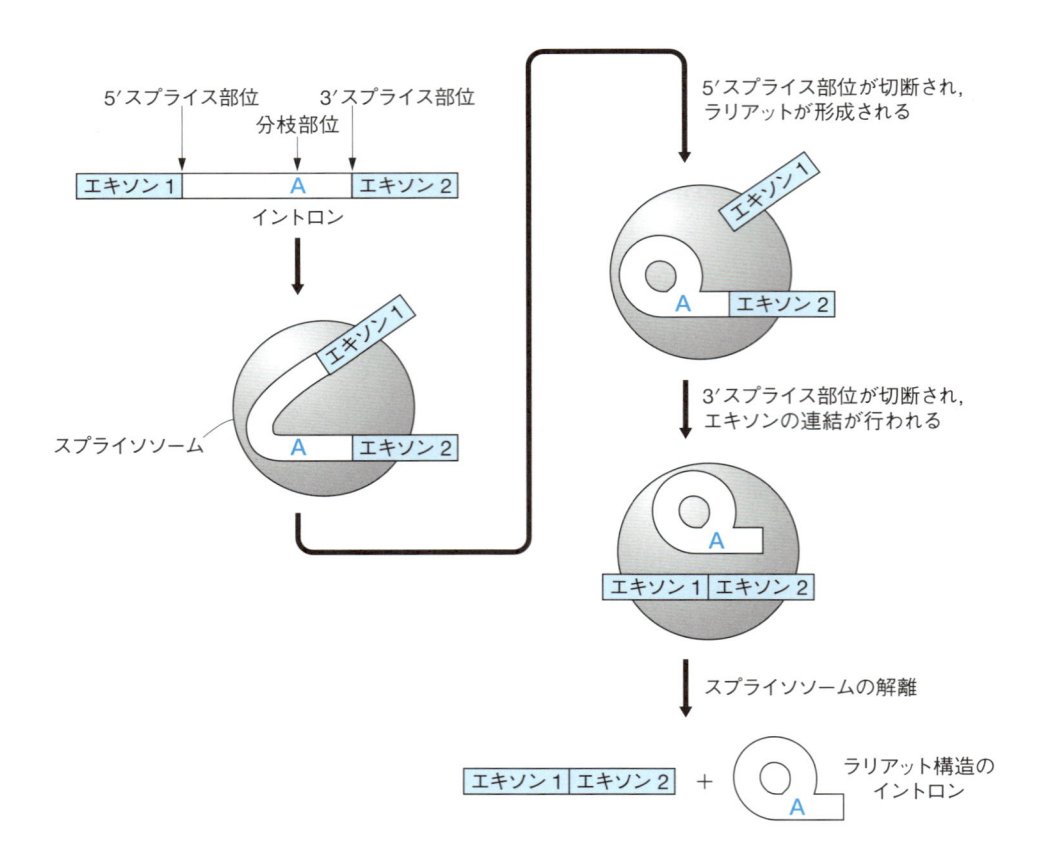

図5.21 核内 mRNA 前駆体のスプライシング機構
核内 mRNA 前駆体のスプライシングはスプライソソーム内で行われ，ラリアット（投げ縄）構造をとってイントロンが切り出される．

列（5'スプライス部位，分枝部位，3'スプライス部位）を認識して結合し，スプライソームを形成する．スプライソームは，リボソームに匹敵するほどの大きさである．

2) スプライソーム内で，5'スプライス部位が切断され，生じたイントロンの5'末端が**エステル転移反応**により，分枝部位（イントロンの中ほどのA）に結合して2'-5'ホスホジエステル結合で連結し，**ラリアット**（投げ縄）とよばれる構造になる．

3) 3'スプライス部位の切断が起こり，イントロンの両側にあった2つのエキソンが，エステル転位反応により，3'-5'ホスホジエステル結合で連結し，mRNAが完成する．

4) 完成したmRNAと切り出されたラリアットイントロンがスプライソームから解離する．ラリアットイントロンはまもなく分解する．

3 スプライソーム

スプライソームは**スプライシング複合体**ともよばれ，mRNA前駆体のスプライシング反応の場としてはたらく巨大な複合体である．スプライソームの主要な構成成分は，U1，U2，U4，U5，U6とよばれる5種類の**snRNA**（**核内低分子RNA**：small nuclear RNA）とスプライシング因子類である．これらのsnRNAは，7〜13種類のタンパク質との複合体として存在し，**snRNP**（**核内低分子リボタンパク質**）とよばれる．

snRNAどうしおよびsnRNAとmRNA前駆体との間での塩基対合により，5'スプライス部位や分岐部位の認識，およびスプライソームの形成が行われ，スプライシング反応は進行する．

4 選択的スプライシング

1つのmRNA前駆体から複数のmRNAが生成され，したがって複数のタンパク質が合成されることがある．真核生物の遺伝子のほとんどは複数のイントロンをもつ．通常は隣り合ったエキソンが次々に連結されていくが，場合によっては特定のエキソンがとばされてスプライスされ，異なるスプライス部位が用いられることがある．これを**選択的スプライシング**という．

選択的スプライシングは，タンパク質の基本部分の構造は共通で，一部の構造が互いに異なる複数のタンパク質を1つの遺伝子から生成する機構である．いいかえれば，限られた遺伝子の範囲内で2種以上のタンパク質を発現させる，遺伝子の質的調節の機構である．

ショウジョウバエのホメオボックス遺伝子や性決定遺伝子などは，発生の比較的初期にはたらく遺伝子であり，発生時期や細胞に選択的スプライシングをすることにより，形態形成や性決定に重要な役割を果たしている．ウイルスにも多くの

選択的スプライシングがみられる．RNAをゲノムとするレトロウイルス（ラウス肉腫ウイルス，エイズウイルスなど）においては，ゲノムはmRNA前駆体でもあり，これをすべてスプライシングするとゲノムは存続できないため，スプライシングをある程度抑制する機構がある．これも一種の選択的スプライシングと考えられる．

5 トランススプライシング

スプライシングは，通常，単一のmRNA前駆体から内側のイントロンを除去し，エキソンをつなぎ合わせる過程である．これを**シススプライシング**という．ところが，まれに2種またはそれ以上の異なったmRNA前駆体分子間でスプライシングが起こることがある．これを**トランススプライシング**という．その機構は，基本的に分子内（シス）スプライシングと共通である．

トリパノソーマ（寄生性原虫）の多数の成熟したmRNAのコード領域の5′末端には，共通な35塩基のリーダー配列とよばれる非翻訳領域がトランススプライシングによって連結している（図5.22）．このリーダー配列はそれぞれのmRNAの転写単位の上流にはコードされていない．リーダー配列はゲノム上の他の場所から

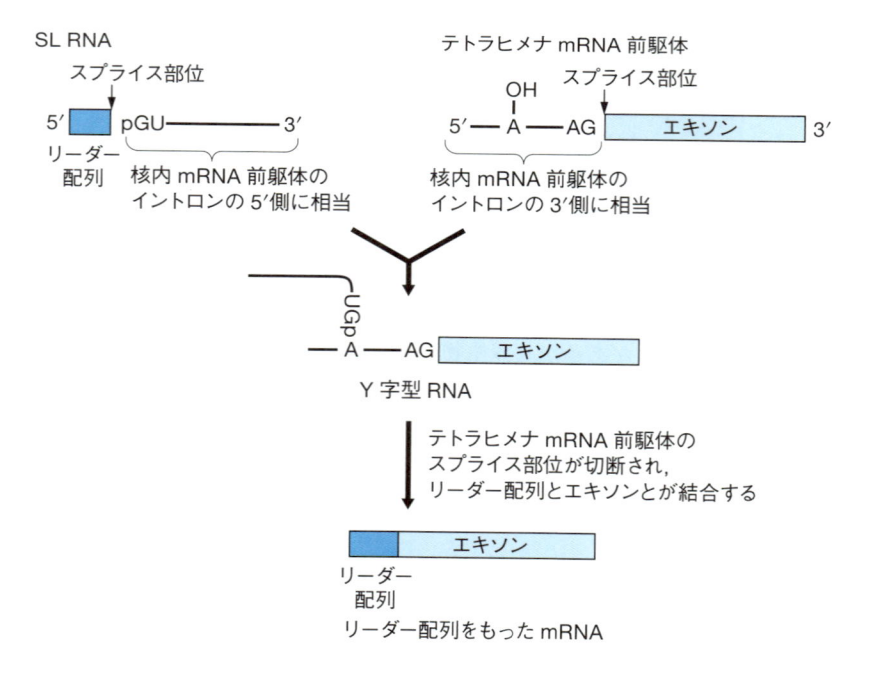

図5.22 スプライス部位を含むSL RNA（スプライスリーダーRNA）のトランススプライシング反応
SL RNAのトランススプライシングにより35塩基のリーダー配列がmRNAの第一エキソンに連結する．この反応は核内のシススプライシングと同じであるが，2つのイントロンが分かれているのでラリアット構造の代わりにY字型RNAができる．

転写され，3′末端に別のRNA配列が付加されている．このRNAには35塩基のリーダー配列とそれに続く5′スプライシング部位の配列がある．その他，線虫のアクチン遺伝子，植物の葉緑体のリボソームタンパク質遺伝子および植物のミトコンドリアの遺伝子のmRNA前駆体でもトランススプライシングがみられる．

b グループIイントロンをもつRNAのセルフスプライシング

グループIイントロンは下等な真核生物であるテトラヒメナや，変形菌のモジホコリカビの核のrRNAをコードする遺伝子にみられ，また，真菌のミトコンドリアの遺伝子にも存在する．T4ファージや細菌にも見いだされる．

テトラヒメナの主要な2つのrRNAは共通の転写単位の一部分として発現される．転写産物は，5′末端側の部分に小さなrRNA，3′末端側に26S rRNAの配列をもつ35S RNA前駆体である．テトラヒメナの株の中には，RNA前駆体中の26S rRNAをコードする配列が1つの短いイントロンによって分断されているものがある．チェック（T. R. Cech）はこの短いイントロンの除去はイントロンがもつリボザイム（ribozyme）活性によって行われることを初めて明らかにした．リボザイムはRNAを構成成分とする触媒の総称で，**RNA酵素**ともいう．

このように，グループIイントロンには自分自身をスプライスするという活性があり，これを**セルフスプライシング**（自己スプライシング）とよぶ．

グループIイントロンをもつRNAのエステル転移反応によるセルフスプライシングは次のようにして起こる（図5.23）．セルフスプライシングに必要な因子はグアノシン（あるいはグアニンヌクレオチド）だけである．

1) 遊離のグアノシンの3′-OHがイントロン5′末端のホスホジエステル結合（-U$_P$A-）を攻撃してそれを切断すると同時に，グアノシンの3′-OH（G$_{OH}$）とイントロン5′末端のAの間でホスホジエステル結合を形成する（一度目のエステル転移反応）．
2) 次に，切断された5′側エキソンの3′末端U$_{OH}$が3′スプライス部位に作用して約0.4 kbのイントロンを切り出すと同時に，エキソンどうしを連結する（2度目のエステル転移反応）．
3) 切り出されたイントロンは，イントロン5′末端の15ヌクレオチドを切り出して，三度目のエステル転移反応を起こして環状化する．

c グループIIイントロンをもつRNAのセルフスプライシング

グループIIイントロンをもつRNAよりはグループIイントロンをもつRNAの方が普通にみられる．グループIIイントロンもグループIイントロンと同じようにRNAそれ自体（リボザイム活性）でスプライシング反応を行う．リボザイムとしての活性中心はイントロンが複雑かつ特徴的な二次構造をとることによって形成される．グループIIイントロンをもつRNAのセルフスプライシングは，snRNAやタンパク質因子が関与しないという以外

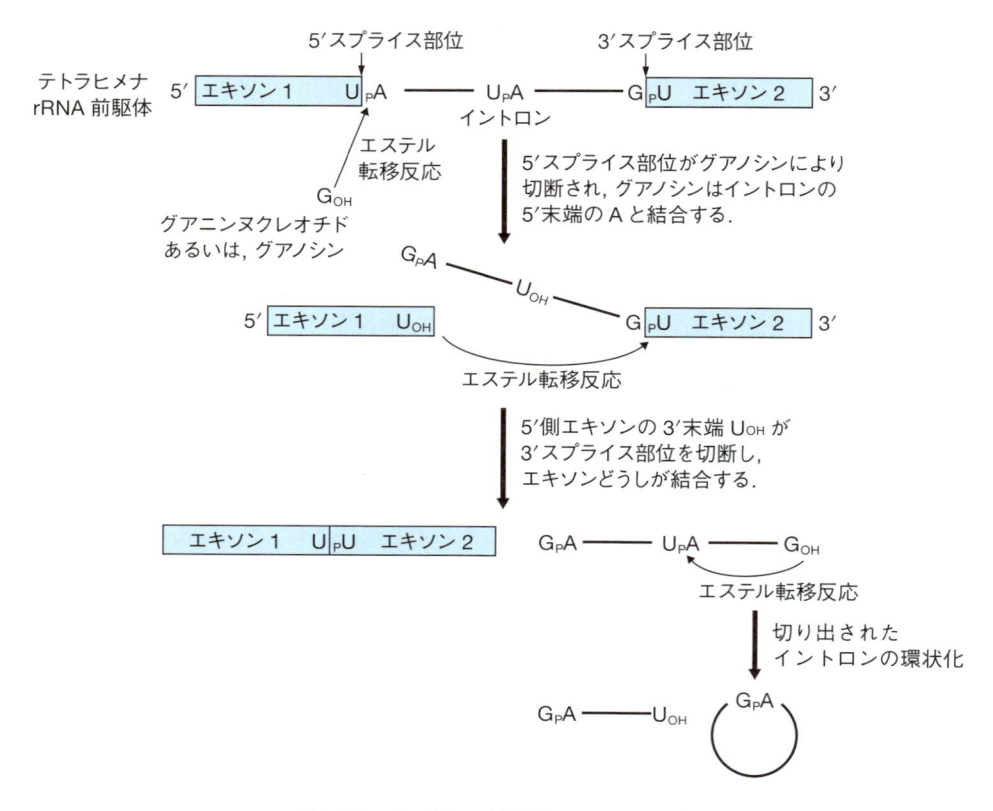

図5.23 テトラヒメナ rRNA 前駆体のセルフスプライシング
セルフスプライシングはエステル転移反応によって起こる．切り出されたイントロンはエステル転移反応によって環状化する．

は，核内 mRNA 前駆体のスプライシングとまったく同様の反応機構である．グループⅡイントロンをもつ RNA のセルフスプライシングは酵母ミトコンドリアのシトクロムオキシダーゼ mRNA などにみられる．

d tRNA 前駆体のスプライシング

真核生物の tRNA 遺伝子にはイントロンが存在する．tRNA 前駆体のイントロンの除去は，**エンドヌクレアーゼ**による切断と **RNA リガーゼ**による結合によって行われる．スプライシングを行う酵素により認識されるシグナル配列は存在しない．したがって，tRNA 前駆体のスプライシングは tRNA 前駆体の共通した高次構造に依存している．

イントロンの位置は，常にアンチコドンから 3′ 側に 1 塩基離れたところにある．酵母の tRNA 前駆体はアフリカツメガエルの卵母細胞の核の抽出液によりスプライシングを受ける．このことから，反応は種特異的でないことがわかる．

tRNA の塩基は，前駆体の段階で修飾される．修飾には次の 4 つのタイプがある．

① tRNA 前駆体の 3′ 末端の U 残基を，すべての機能性 tRNA の 3′ 末端に共通にみられる

CCA 配列に置換.
② プリン塩基の化学修飾
③ 任意のヌクレオチド中にあるリボースの 2'-OH 基のメチル化
④ 特異的位置にある U 残基のジヒドロウリジン（D），プソイドウリジン（ψ），もしくはリボチミジン（T）への変換.

C　RNA エディティング

寄生性原虫のトリパノソーマのミトコンドリアでは，転写後の RNA に，DNA 情報の中には存在しないウラシル（U）残基が多数挿入または欠失していることが発見された（1986年）．以後，転写後の RNA が塩基の挿入，置換，変換などにより鋳型となる DNA の配列から変化する現象が報告されるようになり，**RNA 編集**（**RNA エディティング**）とよばれている．

RNA エディティングは植物のミトコンドリアや葉緑体では一般的である（p.53, 55 参照）．植物のミトコンドリアや葉緑体における RNA エディティングは，トリパノソーマの

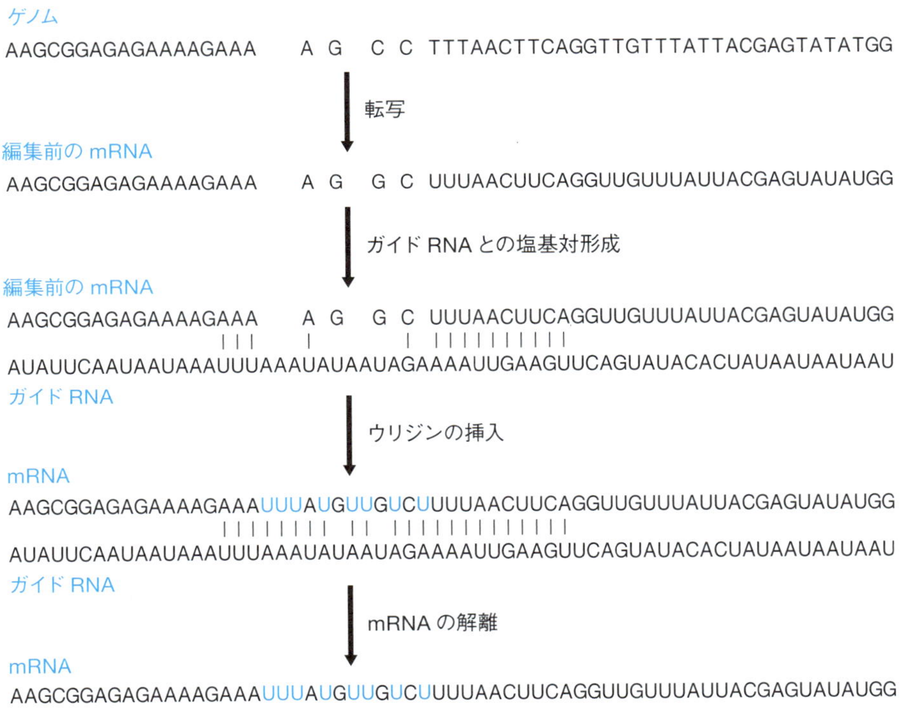

```
ゲノム
AAGCGGAGAGAAAAGAAA    A G   C C TTTAACTTCAGGTTGTTTATTACGAGTATATGG
                               ↓ 転写
編集前の mRNA
AAGCGGAGAGAAAAGAAA    A G   G C UUUAACUUCAGGUUGUUUAUUACGAGUAUAUGG
                               ↓ ガイド RNA との塩基対形成
編集前の mRNA
AAGCGGAGAGAAAAGAAA    A G   G C UUUAACUUCAGGUUGUUUAUUACGAGUAUAUGG
                  |||  |     | ||||||||||||
AUAUUCAAUAAUAAAUUUAAAUAUAAUAGAAAAUUGAAGUUCAGUAUACACUAUAAUAAUAAU
ガイド RNA
                               ↓ ウリジンの挿入
mRNA
AAGCGGAGAGAAAAGAAAUUUAUGUUGUCUUUUAACUUCAGGUUGUUUAUUACGAGUAUAUGG
                  ||||||||| || ||||||||||||
AUAUUCAAUAAUAAAUUUAAAUAUAAUAGAAAAUUGAAGUUCAGUAUACACUAUAAUAAUAAU
ガイド RNA
                               ↓ mRNA の解離
mRNA
AAGCGGAGAGAAAAGAAAUUUAUGUUGUCUUUUAACUUCAGGUUGUUUAUUACGAGUAUAUGG
```

図5.24　編集される mRNA とガイド RNA との間での塩基対形成
編集される mRNA は編集される領域の両側でガイド RNA と塩基対を形成する．ガイド RNA が鋳型になってウリジンが挿入される．ウリジン残基の挿入は mRNA の切断，ウリジン残基の付加により行われる．（出典：遺伝子第 8 版，p.665，図 25.19）

ミトコンドリアなどの場合とは異なり，塩基の置換，それも C（シトシン）残基から U（ウラシル）残基への置換がほとんどであるが，U→C 変換もある．さらに，ヒトでも C→U，A（アデニン）→I（イノシン）の塩基修飾が報告されている．

RNA エディティングのメカニズムについては，トリパノソーマのミトコンドリアの場合，RNA エディティングの鋳型となりうるガイド RNA が発見されている．**ガイド RNA** は基質となる RNA の編集される領域の両側に塩基対を形成し，そのガイド RNA に従って RNA エディティングが行われる（図 5.24）．しかしながら，植物のミトコンドリアや葉緑体の場合はガイド RNA が発見されておらず，部位特異的な塩基修飾反応による．

D ゲノムインプリンティング

二倍体生物であるほ乳動物のゲノムは父親由来と母親由来のセットからなる．両染色体上の多くの対立遺伝子は機能的には区別されないが，一部の遺伝子は，父，母いずれの親に由来するかで発現の可否が決まってくる．このような相違は，配偶子の形成過程で親の性別に関する情報が遺伝子にプログラムされることにより生じる．この現象を**ゲノムインプリンティング**あるいは**刷込み**（imprinting）という．DNA のメチル化が刷込みの原因で，メチル化により遺伝子は不活化している．

マウスの胚の遺伝子の中には，その遺伝子が由来した親の性に依存して発現するものがある．たとえば IGF-II（インスリン様増殖因子 II）の遺伝子のうち父親由来の対立遺伝子は発現しているが，母親由来の対立遺伝子は発現していない．

真核生物では，DNA のメチル化は主として遺伝子の不活化と関連している．動物細胞の

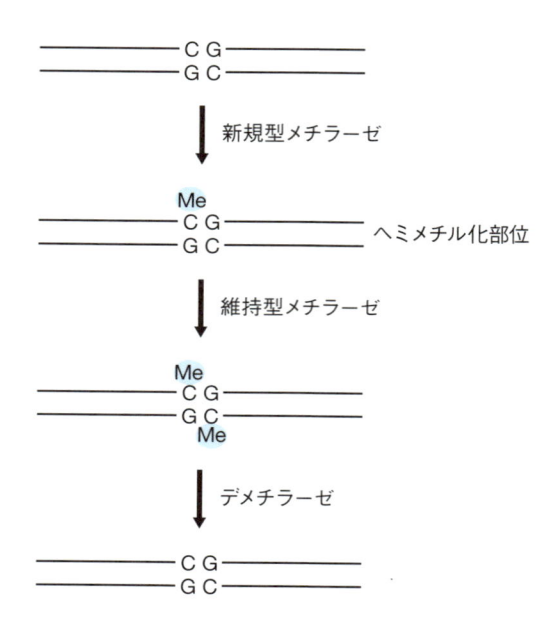

図5.25 新規型メチラーゼ，維持型メチラーゼおよびデメチラーゼの作用機序

DNAではシトシンの2〜7%がメチル化されており，ほとんどのメチル基はCG配列のC残基にみられて，

$$5'\quad \text{mCpG}\quad 3'$$
$$3'\quad \text{GpCm}\quad 5'$$

という構造になっている．

　DNAのメチル化の状態はシトシンの5位にメチル基をつけるメチルトランスフェラーゼ（メチル基転移酵素，メチラーゼ）とメチル基を除去するデメチラーゼによって調節されている．メチラーゼには**新規型メチラーゼ**と**維持型メチラーゼ**の2種類がある（図5.25）．新規型メチラーゼはまったくメチル化されていないDNAの標的配列に新たにメチル基を付加する酵素であり，維持型メチラーゼは**ヘミメチル化部位**（DNAのパリンドローム配列のうち片方の鎖だけがメチル化されている部位）のみにはたらいて完全にメチル化した部位に変える酵素である．

まとめ

1. 転写はDNAを鋳型にしてその塩基配列に相補的に行われる．転写物である一本鎖RNAの合成は$5'\to3'$の方向へ進むが，鋳型となるDNAの鎖と合成された鎖の向きは逆方向にある．
2. RNA合成は次の点でDNA合成と違う．①合成にプライマーを必要としない．②基質となるのは5'-リボヌクレオシド三リン酸である．③リボヌクレオチドの付加を触媒するのはRNAポリメラーゼである．
3. 大腸菌のRNAポリメラーゼは，5個のサブユニット（$\alpha_2, \beta, \beta', \sigma$）からなる．$\sigma$因子を含むRNAポリメラーゼをホロ酵素，$\sigma$因子が解離した酵素をコア酵素という．ホロ酵素の$\sigma$因子がプロモーターを認識することで転写が開始する．
4. 大腸菌では，RNAポリメラーゼが転写終結するのにρ因子を必要とせずコア酵素のみで転写終結が起こる場合（ρ因子非依存性）と，ρ因子のはたらきを必要とする場合（ρ因子依存性）とがある．
5. ラクトースオペロンの転写は，その上流にコードされているリプレッサーがオペレーターに結合することで抑えられている．ラクトースがリプレッサーに結合すると，リプレッサーのオペレーターへの親和性が低下するため，ラクトースオペロンが転写されるようになる．
6. 真核細胞では，核の中に3種類のRNAポリメラーゼが存在する．RNAポリメラーゼIは核小体に局在し，rRNAを転写する．RNAポリメラーゼIIは核質に存在し，mRNA前駆体と一部のsnRNA（核内低分子RNA）を転写する．RNAポリメラーゼIIIは核質に存在し，tRNA，5S rRNA，snRNAなどの低分子RNAを転写する．
7. 真核生物のプロモーターからの転写開始活性を促進するシス配列をエンハンサーという．転写抑制にはたらく場合はサイレンサーという．それらの作用を妨げる塩基配列をインスレーターという．
8. 転写因子が染色体DNA上の特異的な配列に結合する際には，特徴的なDNA結合モチーフ（ヘリックス・ターン・ヘリックスモチーフ，ジンクフィンガーモチーフ，ロイシンジッパーモチーフ，ヘリックス・ループ・ヘリックスモチーフ）が関与している．
9. RNAサイレンシングは，細胞に短い二本鎖RNAを導入すると，どちらかの鎖に対して相補的なmRNAが分解され，翻訳が阻害されるという現象である．
10. 真核生物では，マイクロRNA（miRNA）とよばれる短いRNAが遺伝子発現調節因子としてはたらいている．
11. 核内mRNA前駆体が受ける最初のプロセシングは，5'末端へのキャップ構造の付加と，3'末端へのポリアデニル酸（ポリ（A））の付加である．
12. 核内mRNA前駆体はスプライシングによってイントロンが除去され，エキソ

ンだけがつなぎ合わされる．

13. 核内 mRNA 前駆体のスプライシングは，U シリーズの snRNA（核内低分子 RNA）を含むリボタンパク質の集合体であるスプライソソームの働きによって，2 段階のエステル転移反応を通じて起こる．
14. mRNA 前駆体のスプライシングには，エキソンジャンプによって異なるエキソンをつなぐ選択的スプライシングや，別々の転写産物間をつなぐトランススプライシングもある．
15. グループ I イントロンをもつ RNA のスプライシングは，グアノシンを用いてイントロンがもつリボザイム活性によって行われ，二度のエステル転移反応により進行する．
16. グループ II イントロンをもつ RNA のスプライシングは，イントロンがもつリボザイム活性によって行われ，反応機構は核内 mRNA 前駆体のスプライシングとまったく同様である．
17. tRNA 前駆体は，エンドヌクレアーゼとリガーゼの働きによりイントロンが除去され，多くの塩基が修飾されてから機能性の tRNA となる．
18. 転写後の RNA が塩基の挿入，置換，変換などにより鋳型となる DNA の配列から変化する現象を RNA エディティングという．RNA エディティングは植物のミトコンドリアや葉緑体では一般的である．
19. 哺乳動物の一部の遺伝子は，父，母いずれの親に由来するかで発現の可否が決まる．このような相違は，配偶子の形成過程で親の性別に関する情報が遺伝子にプログラムされることにより生じ，この現象をゲノムインプリンティングあるいは刷込みという．DNA のメチル化が刷込みの原因である．

参考文献

池上正人（編）著，『バイオテクノロジー概論』，朝倉書店，2012
池上正人，『バイオテクニシャン』，20，2012
今堀和友，山川民夫監修，『生化学辞典　第 3 版』，東京化学同人，2000
Lewin, B.，菊池韶彦他訳，『遺伝子　第 8 版』，東京化学同人，2006
村山正實・谷口維紹（編），『医科分子生物学　改訂第 3 版』，南江堂，1997
田村隆明・山本雅（編），『改訂第 3 版　分子生物学イラストレイテッド』，羊土社，2009

第6章 翻訳

　mRNA に転写された遺伝情報は，リボソームを中心とする系によって特定のタンパク質を発現する．すなわち，mRNA の塩基配列順序が指定するアミノ酸配列順序（一次構造）のポリペプチドをつくる．この過程を**翻訳**（translation）という．タンパク質合成の過程で，リボソームは mRNA 上を移動しながらポリペプチド鎖を伸ばしていく．タンパク質合成が盛んな細胞を電子顕微鏡で観察してみると，1 本の mRNA に多数のリボソームが結合している像がみられる．これを**ポリリボソーム**あるいは**ポリソーム**という．ポリリボソームの存在は 1 本の mRNA から何度もタンパク質が翻訳されていることを示している．タンパク質全体の立体構造（三次・四次構造）ができあがるのは翻訳後に起こる過程であって，mRNA の情報が直接関わっているわけではない．ペプチド鎖の合成を行う際に，塩基配列とアミノ酸との対応の仲立ちをするのが **tRNA**（転移 RNA，トランスファー RNA）である．

　翻訳過程は，アミノアシル tRNA の合成，ペプチド鎖合成の開始反応（翻訳の開始），ペプチド鎖の伸長反応，ペプチド鎖合成の終結（翻訳の終結）の 4 段階に分けることができる．翻訳過程では，mRNA は $5'\to 3'$ の方向に読み取られ，ペプチド鎖は N 末端 → C 末端の方向に合成される．

6-1 コドン

　mRNA の連続した 3 つの塩基の配列が 1 つのアミノ酸を決定する．A，U，G，C の 4 種類の塩基から 3 種の塩基がとりうる配列は $4^3 = 64$ 通りあり，それぞれコドン（codon，遺伝暗号）とよばれている．コドンにおけるどのような塩基配列が，自然に存在する 20 個のアミノ酸を決定するかを表 6.1 に示した．表からわかるように，コドンとアミノ酸の間に 1:1 の対応はない．トリプトファン（Trp）とメチオニン（Met）だけはただ 1 つのコドンに対応しているが，その他のアミノ酸は複数のコドンに対応している．たとえば，アルギニン（Arg）は，CGU，CGC，CGA，CGG，AGA，AGG の 6 種のコドンに対応している．このように複数のコドンが 1 つのアミノ酸に使われている．この現象を遺伝暗号の縮重という．同じ意味をもつコドンを同義コドンという．

　コドンに縮重が存在するということは，突然変異によって DNA 上の塩基が変化しても，ある場合には，タンパク質中のアミノ酸は変化しないことを示している．つまり，遺伝子型が変化しても表現型が必ずしも変化しないということである．たとえば，アルギニンはコドンに 6 種類の変異が起きても表現型は安定である．ところがトリプトファンとメチオニンではコドンはそれぞれ UGG および AUG の 1 種類しかないため，これらのアミノ酸はただ 1 回の突然変異によって他のアミノ酸に置き換わる．このことは，タンパク質中のアミノ酸の進化的安定度は決して一様でないことを示している．

　AUG はメチオニンに対応するが，翻訳開始のためのコドン（開始コドン）でもある．UAA

表6.1 いろいろな生物種における普遍暗号表（枠内）と非普遍暗号（枠外）

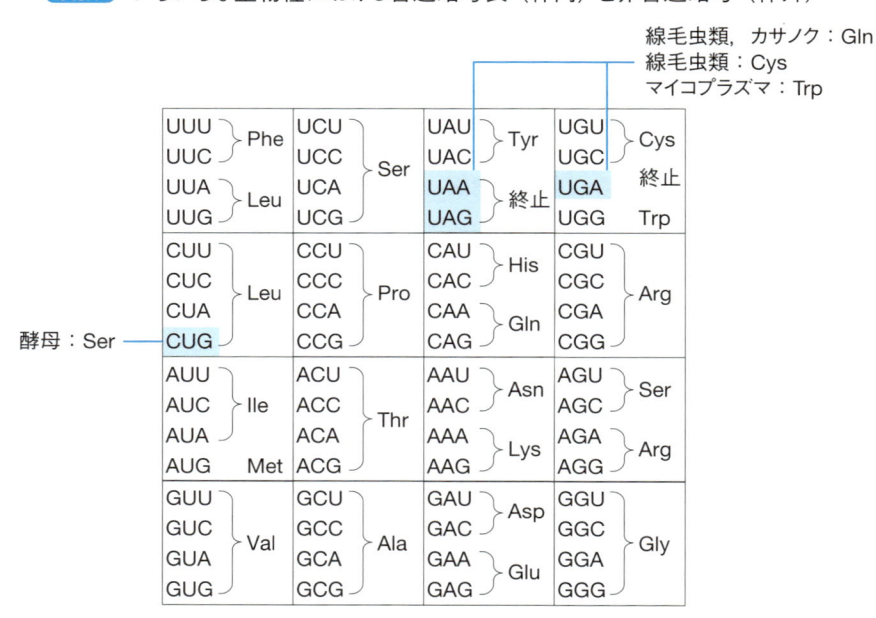

線毛虫類, カサノク：Gln
線毛虫類：Cys
マイコプラズマ：Trp

UUU	Phe	UCU		UAU	Tyr	UGU	Cys
UUC		UCC	Ser	UAC		UGC	
UUA	Leu	UCA		UAA	終止	UGA	終止
UUG		UCG		UAG		UGG	Trp
CUU		CCU		CAU	His	CGU	
CUC	Leu	CCC	Pro	CAC		CGC	Arg
CUA		CCA		CAA	Gln	CGA	
CUG		CCG		CAG		CGG	
AUU		ACU		AAU	Asn	AGU	Ser
AUC	Ile	ACC	Thr	AAC		AGC	
AUA		ACA		AAA	Lys	AGA	Arg
AUG	Met	ACG		AAG		AGG	
GUU		GCU		GAU	Asp	GGU	
GUC	Val	GCC	Ala	GAC		GGC	Gly
GUA		GCA		GAA	Glu	GGA	
GUG		GCG		GAG		GGG	

酵母：Ser ― CUG

（オーカー，ochre），UGA（オパール，opal），UAG（アンバー，amber）はペプチド鎖合成終結のためのコドン（終止コドン）であり，いずれのアミノ酸にも対応しない．細菌における各終止コドンの使用頻度順は，多くの場合，UAA ＞ UGA ＞ UAG である．

　DNA 変異のうち，1つのコドンが別のコドンに変わることにより，1個のアミノ酸が別のアミノ酸に置き換わるような変異を**ミスセンス変異**という．1個に対応するコドンが終止コドンに変わってしまうと，変異コドンのところでタンパク質合成の中断が起こり，タンパク質の機能は失われる．このような変異を**ナンセンス変異**という．

　表6.1のコドン表は主に大腸菌で決められ，すべての生物で同じコドンが使われていると長い間信じられてきた．しかしながら，ヒトのミトコンドリアで UGA が終止コドンではなく Trp コドンであることが発見されて以来（1979年），核遺伝子やミトコンドリア遺伝子において普遍暗号に従わないコドンが次々発見されてきた（表 6.1，6.2）．

　現在では，生物の進化の過程で，いったん普遍暗号に統一された過程を経て，その後真正細菌，真核生物，古細菌に系統進化する過程で，一部が非普遍コドンをもつようになったと考えられている．ミトコンドリアや葉緑体の非普遍コドンは，それらの祖先である真正細菌が真核生物の祖先細胞へ共生する過程で生じたものと考えられている．

表6.2 ミトコンドリアにおける普遍暗号表（枠内）と非普遍暗号（枠外）

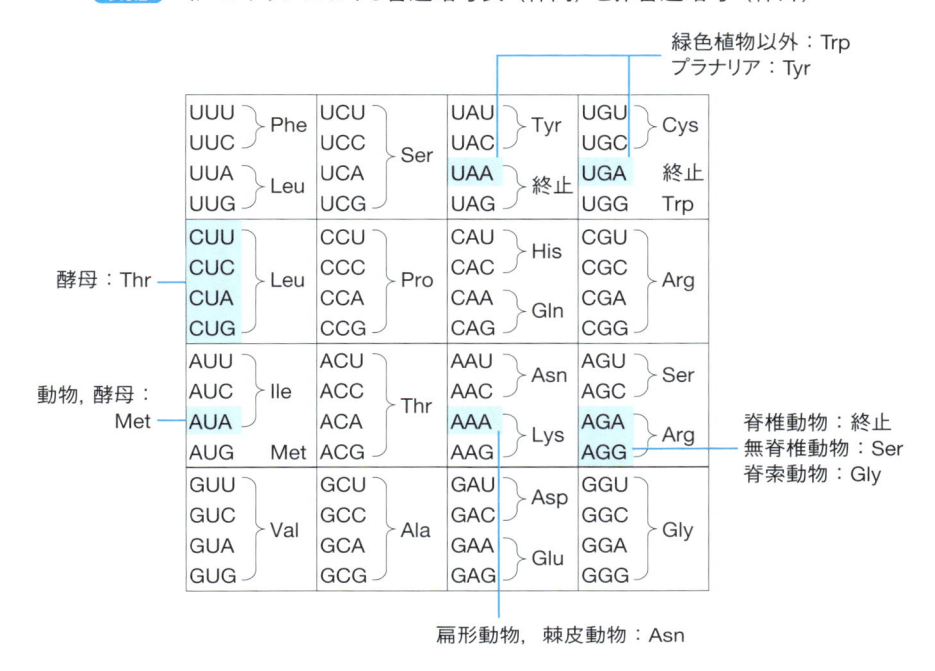

UUU ⎫ Phe UUC ⎭ UUA ⎫ Leu UUG ⎭	UCU ⎫ UCC ⎪ Ser UCA ⎬ UCG ⎭	UAU ⎫ Tyr UAC ⎭ UAA ⎫ 終止 UAG ⎭	UGU ⎫ Cys UGC ⎭ UGA 終止 UGG Trp
CUU ⎫ CUC ⎪ Leu CUA ⎬ CUG ⎭	CCU ⎫ CCC ⎪ Pro CCA ⎬ CCG ⎭	CAU ⎫ His CAC ⎭ CAA ⎫ Gln CAG ⎭	CGU ⎫ CGC ⎪ Arg CGA ⎬ CGG ⎭
AUU ⎫ AUC ⎬ Ile AUA ⎭ AUG Met	ACU ⎫ ACC ⎪ Thr ACA ⎬ ACG ⎭	AAU ⎫ Asn AAC ⎭ AAA ⎫ Lys AAG ⎭	AGU ⎫ Ser AGC ⎭ AGA ⎫ Arg AGG ⎭
GUU ⎫ GUC ⎪ Val GUA ⎬ GUG ⎭	GCU ⎫ GCC ⎪ Ala GCA ⎬ GCG ⎭	GAU ⎫ Asp GAC ⎭ GAA ⎫ Glu GAG ⎭	GGU ⎫ GGC ⎪ Gly GGA ⎬ GGG ⎭

緑色植物以外：Trp
プラナリア：Tyr

酵母：Thr（CUU, CUC, CUA, CUG）

動物，酵母：Met（AUA）

脊椎動物：終止
無脊椎動物：Ser
脊索動物：Gly
（AGA, AGG）

扁形動物，棘皮動物：Asn（AAA）

6.2 tRNA

　tRNAは遺伝子の発現過程でmRNAの塩基配列をタンパク質のアミノ酸配列に変える仲立ちをしている．tRNAは各アミノ酸に専用のものが少なくとも1種類ずつあり，アミノ酸の種類によっては2～3種類あるので，細胞の中には40～60種類のtRNA分子があることになる．しかし，大きさはほぼ同じで，70～80塩基（分子量約25,000）である．大腸菌や酵母などをはじめいろいろな生物の多種類のtRNAの塩基配列が調べられ，分子内で水素結合形成しうる部分をつないでいくと，二次構造ではクローバー葉型に書くことができる（図2.13参照）．

　tRNAの3′末端にはそれぞれのアミノ酸が結合するが，そこにはCCAという配列が存在する．それぞれのtRNAは，運ぶアミノ酸の名をつけて，その分子種を表わす．たとえば，tRNA^{Ala}はアラニン（Ala）に対応するtRNAを表す．同じアミノ酸を運搬するtRNAが複数ある場合には，右下に数字を入れてそれらを区別する．したがって，チロシンに対応する2つのtRNAはtRNA$^{Tyr}_1$，tRNA$^{Tyr}_2$と表される．

　アミノ酸を運搬しているtRNAをアミノアシルtRNAといい，そのアミノ酸を示す略称を前に置くことで表される．たとえばAla-tRNAはアラニンを運搬しているtRNA^{Ala}を示している．

　クローバー葉型構造の中央のヘアピン部分が張り出したところは，mRNA上の各アミノ

酸のコドンに対応できるようになっているので，中央の 3 塩基を<u>アンチコドン</u>という．たとえば，コドン UUC に対応してフェニルアラニンを運ぶ tRNA のアンチコドンは GAA である（相補性は逆向きの塩基配列の間での関係であり，通常 5′ 末端を向かって左に配置して表示）．

アンチコドンとコドンの対合には，標準的塩基対（G–C，A–U）以外に G と U，あるいはイノシン（I）のような異常ヌクレオシドの場合は I と C の他に I と A，I と U の間でも対合することができる（図 6.1）．I のような異常塩基は，このような"ゆらぎ"によって，縮重している 2, 3 種類のコドンに 1 つの tRNA が対応できるようになっている．

tRNA のクローバー葉型（図 2.13 参照）の 5′ 末端寄りの左のステム・ループにはジヒドロウリジン（D）という修飾塩基が 2, 3 個含まれているため**ジヒドロウリジンアーム**あるいは **D アーム**とよばれる．3′ 末端寄りの右のループには TψC（ψ は修飾塩基であるプソイドウリジン）という特殊な配列がみられ，**TψC ループ**とよばれる．TψC ループはリボソームと直接相互作用している部位とみられている．TψC ループをもつステム・ループを TψC アームという．アンチコドンをループにもつステム・ループを**アンチコドンアーム**という．アミノ酸が結合する CCA 配列を末端にもつ二本鎖部分を**受容アーム**（アクセプターアーム）という．TψC アームとアンチコドンアームとの間には 3～21 塩基からなるエキストラアームがある．tRNA の三次構造では D アームが TψC アームに接近して L 字型になっている（図 2.14 参照）．

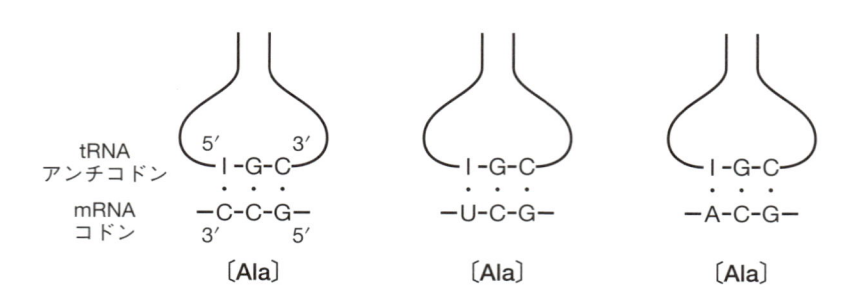

図 6.1 tRNA のアンチコドンと mRNA のコドンの対応関係
ゆらぎにより I は C だけでなく U または A にも対合できる．

6.3 アミノアシル tRNA 合成酵素

tRNA にそれぞれのアミノ酸を結合させる酵素を**アミノアシル tRNA 合成酵素**（aminoacyl-tRNA synthetase：ARS）という．この酵素は，タンパク質合成に使われるアミノ酸にそれぞれ対応して 20 種類が存在する．1 種類のアミノ酸に対して 2 つ以上の tRNA が対応する場合は，1 つのアミノアシル tRNA 合成酵素がそれらをアミノアシル化する．それぞれの

アミノ酸に特異的なアミノアシルtRNA合成酵素のはたらきにより，20種類のアミノ酸はそれぞれATPのエネルギーを用いて特異的なtRNAの3'末端（CCA）のアデノシンのリボースの2'-OHあるいは3'-OHに共有結合（エステル結合）する（図6.2）．

アミノ酸がどちらの位置のOHに結合するかは，アミノアシルtRNA合成酵素のタイプにより決まる．クラスI酵素は2'-OHへ，クラスII酵素は3'-OHへアミノ酸をつなぐ．20種類のアミノアシルtRNA合成酵素のうち，クラスI酵素とクラスII酵素の割合はほぼ半々である．

原核細胞の翻訳開始に使われる **N-ホルミルメチオニル tRNA**（fMet-tRNA$_f^{Met}$, N-formylmethionyl-tRNA）は，ホルミルトランスフェラーゼという酵素によって，ホルミルテトラヒドロ葉酸のホルミル基（—CHO）がMet-tRNA$_f^{Met}$のアミノ基に転移されることにより生成される．

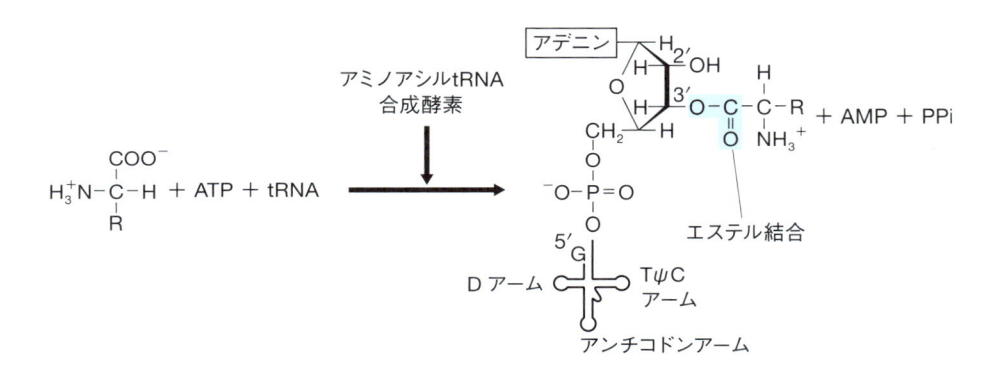

図6.2 アミノアシル tRNA の合成（アミノ酸の活性化）

A ペプチド鎖合成の開始反応

メチオニンを意味するAUGコドンは，ほとんどすべてのmRNAにおいて開始コドンの役目をもっている[*]．原核細胞の翻訳開始には，tRNAに受容されたメチオニンのアミノ基がホルミル化された，**N-ホルミルメチオニル tRNA**（fMet-tRNA$_f^{Met}$）が使われる．したがって，合成されたばかりのポリペプチドのN末端のアミノ酸残基はN-ホルミルメチオニンである．

真核細胞でも翻訳反応は開始tRNAによるAUGコドンの認識によって開始されるが，この場合には開始tRNAに受容されたメチオニンはホルミル化されない．このtRNAはtRNA$_i^{Met}$と表記される．なお，葉緑体とミトコンドリアの開始tRNAはfMet-tRNA$_f^{Met}$である．

ペプチド鎖合成の開始反応は，開始tRNAであるN-ホルミルメチオニル tRNAがmRNA

---

[*]大腸菌などの微生物では，まれにGUGコドンやUUGコドンが，真核細胞ではCUGやACGコドンが，それぞれ開始コドンとして使われることがある．

上の正しい開始コドンを認識し，リボソームとともに"70S 開始複合体"を形成する過程であり，複数の開始因子（IF-1，IF-2，IF-3）が必要である．この過程は次の5つのステップからなる（図 6.3）．

ステップ1 翻訳の役目を果たした 70S リボソームは開始因子（IF-3）の存在下で 50S サブユニットおよび 30S サブユニットに解離する．

ステップ2 30S サブユニットは mRNA の**シャイン－ダルガーノ配列**（**SD 配列**）を認識し結合する．この結合は，SD 配列と 30S サブユニット内の 16S rRNA の 3′ 末端近傍の配列（アンチ・SD 配列）との間で起こる（図 6.4）．SD 配列は開始コドンから 5′ 側へ約 10 ヌクレオチドさかのぼったところに存在する．

ステップ3 fMet-tRNA$_f^{Met}$ が 30S サブユニット・mRNA 複合体の開始コドンの位置に結合

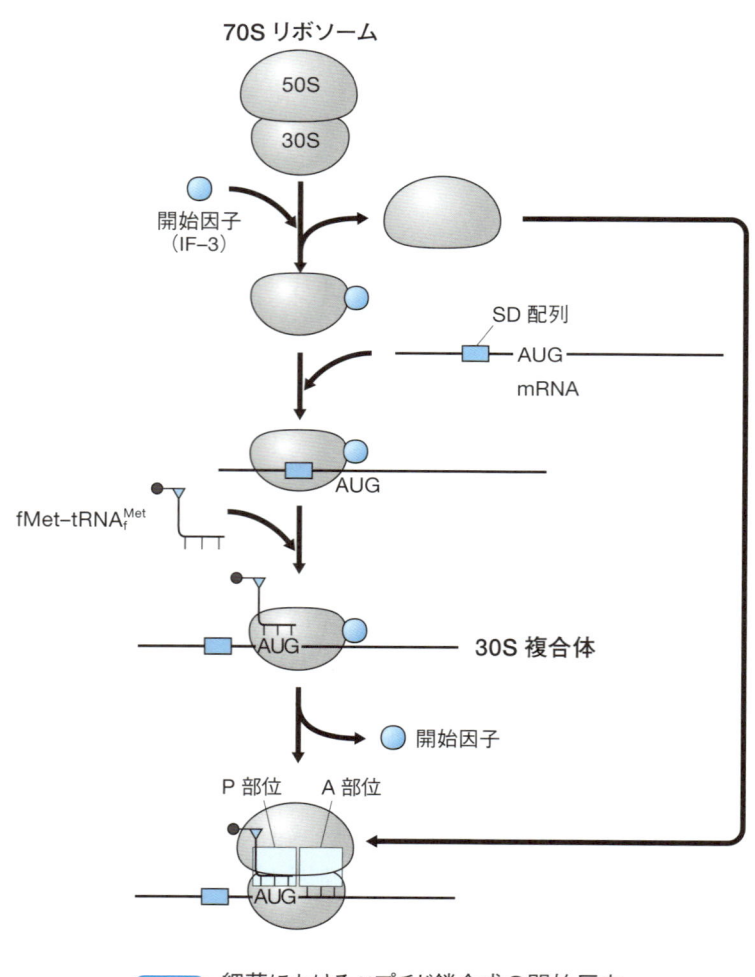

図6.3 細菌におけるペプチド鎖合成の開始反応
●はホルミル基，▽は Met．

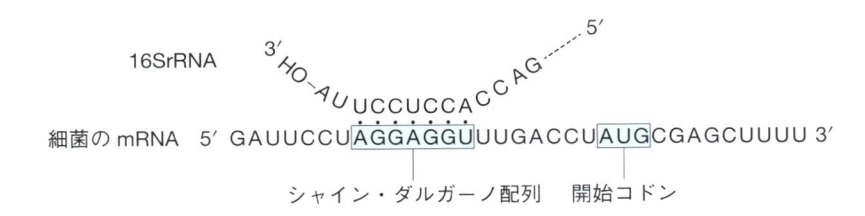

```
                    3'         ......5'
16SrRNA              HO-AUUCCUCCA^CCAG
細菌のmRNA  5' GAUUCCU AGGAGGU UUGACCU AUG CGAGCUUUU 3'
                        シャイン・ダルガーノ配列  開始コドン
```

図6.4 細菌におけるmRNAのシャイン・ダルガーノ配列（SD配列）と30Sサブユニット内の16SrRNAとの結合
SD配列は4～9個のプリン塩基に富んだ配列からなり，30Sサブユニットの16S rRNAの3'末端付近にあるピリミジンに富んだ相補的な配列（アンチ・SD配列）と塩基対を形成する．

して30S開始複合体になる．

ステップ4 30S開始複合体に50Sサブユニットが結合し，さらに開始因子（IF-3）がリボソームから遊離して70S開始複合体が完成する．

リボソーム上には**P部位**（ペプチジル部位）および**A部位**（アミノアシル部位）とよばれるtRNA結合部位があるが，fMet-tRNA$_f^{Met}$はP部位に結合する．

B ペプチド鎖の伸長反応

ペプチド鎖伸長反応にはアミノアシルtRNA（aa-tRNA），GTP，**伸長因子**が必要で，反応は次の3ステップからなる（図6.5）．

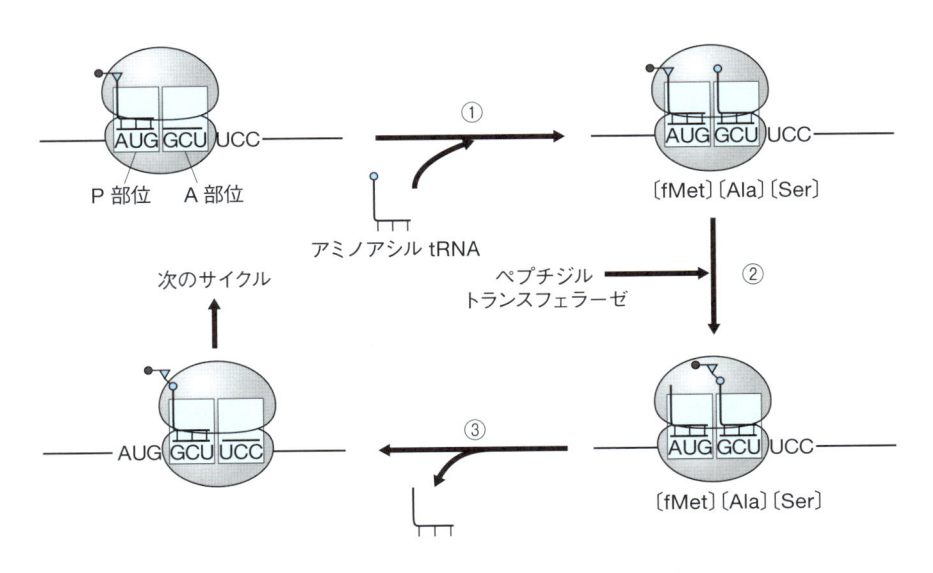

図6.5 細菌におけるペプチド鎖の伸長反応

ステップ1 70S 開始複合体の A 部位に存在する mRNA 上のコドン（図 6.5 の GCU，Ala に対応）に相当するアミノアシル tRNA（Ala-tRNA）がこの A 部位に結合する．

ステップ2 P 部位に結合し，伸長しつつあるペプチジル tRNA（ペプチド鎖をもった tRNA）のペプチジル基（図の fMet）は，50S サブユニットに内在するペプチジルトランスフェラーゼの作用で，A 部位に結合した aa-tRNA（図の Ala-tRNA）のアミノ基に転移し，ペプチド結合する．その結果，アミノ残基が1つ伸びたペプチジル tRNA（図の fMet-Ala-tRNA）が A 部位に結合した状態になる．

ステップ3 mRNA と両 tRNA がリボソーム内を1コドン移動する（**転位**，**トランスロケーション**）．脱アシル化された tRNA は **E 部位**に移動してリボソームから遊離し，A 部位に結合していたペプチジル tRNA（図の fMet-Ala-tRNA）は P 部位に移動する．A 部位には次のコドンが表れる（図の Ser に対応する UCC）．

以上でペプチド鎖伸長反応の1サイクルが完了する．以後，このサイクルをくり返し，mRNA の塩基配列はアミノ酸配列に翻訳されていく．

C ペプチド鎖合成の終結反応

ペプチド鎖合成の終結には**解離因子**（**RF**：release factor，遊離因子ともいう）が関与する．mRNA の終止コドン（UAG，UAA，UGA の内いずれか）がリボソームの A 部位に表れると，解離因子 RF-1（終止コドン UAG と UAA を認識）あるいは RF-2（終止コドン UGA と UAA を認識）が A 部位に入り，新生ポリペプチドと tRNA との間のエステル結合が加水分解され（ペプチジルトランスフェラーゼが触媒する），ポリペプチド鎖がリボソームから放出される（図 6.6）．RF-1 あるいは RF-2 はもう1つの解離因子 RF-3 によって放出される．さらに，tRNA と mRNA がリボソームから遊離する．

D 真核細胞における翻訳

真核細胞の翻訳機構については，約 30 種類にもおよぶ**真核性開始因子**（eIF）の遺伝子が同定され，原核細胞の翻訳機構に比べて複雑である．核で合成された mRNA は細胞質に輸送され，すみやかにタンパク質合成が行われる．その際，40S リボソームサブユニットが mRNA の 5' 末端のキャップ構造部分に結合し，3' 側へ移動しながら開始コドンへ到達して開始複合体を形成する．mRNA 上の SD 配列へ直接リボソームが結合する原核生物の翻訳開始のしくみと根本的に異なる点である．真核細胞と原核細胞におけるペプチド鎖合成機構のこれ以外の違いを以下にまとめた．

1) 真核細胞の mRNA は 5' 末端にキャップ構造を，3' 末端に 50～250 残基のポリ（A）鎖をもつ．真核細胞の mRNA の翻訳開始反応はキャップ構造依存性で，リボソームははじめ mRNA の 5' 末端キャップ構造に結合する．
2) 真核生物の開始 tRNA はホルミル化されていない Met-tRNA$_i^{Met}$ である．葉緑体とミトコンドリアの開始 tRNA は fMet-tRNA$_f^{Met}$ である．
3) 真核細胞では 40S サブユニットに Met-tRNA$_i^{Met}$ が結合後，mRNA が 40S サブユ

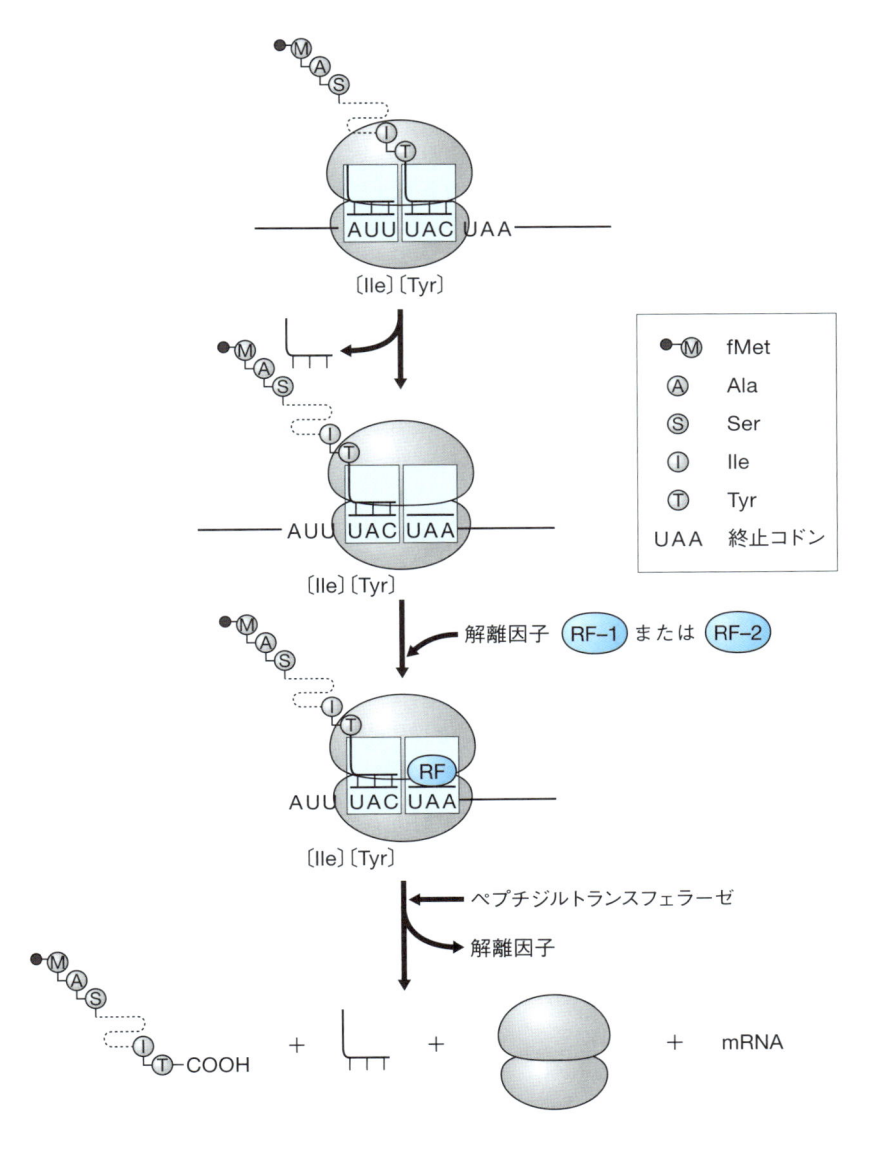

図6.6 ペプチド鎖合成の終止

ニットに結合する．原核細胞では30SサブユニットにまずmRNAが結合し，次いで fMet-tRNA$_f^{Met}$ が結合する．

4) 真核細胞のmRNAはモノシストロン性である．原核細胞のmRNAはポリシストロン性である．

5) 真核細胞の転写は核で，タンパク質合成は細胞質で行われており，転写と翻訳は時間的にも空間的にも隔てられている．

まとめ

1. mRNA を構成する 61 種類の 3 連続塩基は，コドン（遺伝暗号）として 20 種類のアミノ酸に対応している．残りの 3 種類の 3 連続塩基は，アミノ酸の意味をもたない終止コドンである．

2. mRNA の 5′ 末端に最も近くに位置する AUG は，開始コドンとして機能する．UAA，UAG，UGA は終止コドンとして機能し，終止コドンが出現するとその 1 つ手前のコドンで終わる．

3. 各アミノ酸を運搬する tRNA は，そのアミノ酸を意味するコドンと相補的なアンチコドンをもつので，コドンの指示通りにアミノ酸を運び込む．ゆらぎ機構によって，2 種類以上のコドンに親和性を示すアンチコドンをもつ tRNA もある．

4. アミノ酸の tRNA への結合は，20 種類のアミノアシル tRNA 合成酵素によって行われる．

5. リボソームは，RNA（リボソーム RNA，rRNA）とタンパク質（リボソームタンパク質）からなるリボ核タンパク質であり，すべての細胞で大小 2 つのサブユニットから構成されている．

6. メチオニンを運搬する tRNA には 2 種類あり，1 つは開始コドンに対してだけメチオニンを運ぶ．細菌では，このtRNAに結合した時だけメチオニンのホルミル化が起こる．細菌の翻訳開始には，N-ホルミルメチオニル tRNA（fMet-tRNA$_f^{Met}$）が使われるので，合成されたばかりのポリペプチドの N 末端のアミノ酸残基は N-ホルミルメチオニンである．

7. AUG コドンは，ほとんどすべての mRNA において開始コドンであるが，まれに細菌では GUG や UUG が，真核細胞では CUG や ACG が開始コドンとして使われる．

8. 細菌における翻訳開始反応は，30S サブユニットは mRNA のシャイン・ダルガーノ配列（SD 配列）を認識し結合する．fMet-tRNA$_f^{Met}$ が 30S サブユニット・mRNA 複合体の開始コドンの位置に結合し，さらに 50S サブユニットが結合して 70S 開始複合体が完成する．リボソーム上には P 部位および A 部位とよばれる tRNA 結合部位があるが，fMet-tRNA$_f^{Met}$ は P 部位に結合する．
P 部位に結合し，かつ伸長しつつあるペプチジル tRNA のペプチジル基は，A 部位に結合した aa-tRNA のアミノ酸のアミノ基に転移する．mRNA と両 tRNA がリボソーム内を 1 コドン移動する．脱アシル化された tRNA はリボソームから遊離し，A 部位に結合していたペプチジル tRNA は P 部位に移動する．A 部位には次のコドンが表れる．以上でペプチド鎖伸長反応の 1 サイクルが完了する．

9. ペプチド鎖合成の終結には解離因子（RF）が関与する．mRNA の終止コドンがリボソームの A 部位に表れると，解離因子が A 部位に入り，新生ポリペプ

チドと tRNA との間の結合が切れて，ポリペプチド鎖がリボソームから放出される．さらに，tRNA と mRNA がリボソームから遊離する．
10. 真核細胞の転写は核で，タンパク質合成は細胞質で行われており，転写と翻訳は時間的にも空間的にも隔てられている．
11. 真核細胞の mRNA の翻訳開始反応はキャップ構造依存性で，リボソームははじめ mRNA の 5′末端キャップ構造に結合し，リボソームのスキャンニングにより開始コドン AUG の選択が行われる．
12. 真核生物の開始 tRNA はホルミル化されていない Met-tRNA$_i^{Met}$である．葉緑体とミトコンドリアの開始 tRNA は fMet-tRNA$_f^{Met}$である．
13. 真核細胞と原核細胞の翻訳機構において最も異なるところは開始反応である．真核細胞の開始反応は，原核細胞にはみられない数多くの eIF（真核性開始因子）を必要とすることや，mRNA にみられる特徴的な修飾構造や変化に富んだ 5′非翻訳領域の構造からみても，原核細胞に比べて複雑である．

参考文献

Lewin, B.，菊池韶彦他訳，『遺伝子　第 8 版』，東京化学同人，2006
村山正實・谷口維紹（編），『医科分子生物学　改訂第 3 版』，南江堂，1997
田村隆明・山本雅（編），『改訂第 3 版　分子生物学イラストレイテッド』，羊土社，2009

第7章 変化するDNA

7-1 DNA変異とは

　生物は，自らの遺伝子を世代から世代へと，大きな変化を経ず伝えていく．そのためには，有性生殖・無性生殖に限らず，生存に快適な環境とともに変異を起こさずに子孫に伝えるためのメカニズムが必要である．ここでいう変異は，DNAの塩基配列が何らかの理由により別の塩基に変わることである．とくに有性生殖を行う生物においては，体細胞の変異は個体の死を意味するだけであるが，生殖細胞における変異は，子々孫々にその変異を伝えることとなるため，厳密に制御されなければならない．すなわち，その生物が種として生き延びるためには，生殖細胞におけるDNAの変異を抑えることが重要となる．

　しかし，周りを見回してみると，人であっても姿形はもちろん，性格などにさまざまな違いがあることに気がつくだろう．同じ種であっても，世代を経るにつれてそのDNAに多様性が生じるからである．それは，前述の生き延びるためにDNAの変異を抑えることとは対極の現象が起きていることを意味する．

　以上のことを考え合わせると，生物は種を維持するためにDNAを維持しなければならないが，何らかの変異させようとする力，突然変異とのバランスの上で維持されていることがわかる．

　では，DNAが変異するのはどういった理由によるのだろうか．変異を起こす原因は，DNA複製のミス，環境由来の変異原性物質による損傷，さらにはウイルスやトランスポゾンなどによる変異に大別される．DNAポリメラーゼによるDNAの複製システムからミスを取り除くことはできない．この章で述べるように，ミスの多くは校正機能によって修正されるが，一部は修正されずにDNA上に刻み込まれる．また，紫外線やさまざまなDNA損傷を引き起こす化学物質などにより，DNAは常に損傷の危険にさらされている．さらには，自らのゲノムに存在するトランスポゾンが引き金となり，挿入変異が生じることもある．

　細胞は，自らのDNAに生じた変異をどのようにみつけ出し，いかにして元通りあるいは元に近い状態に修復しているのだろうか．この章では，変異を生じる原因とそれを修復するしくみ，さらには，変異がもたらす分子進化について解説する．

7-2 DNA過誤とDNAの損傷

　DNAに生じる変異は，通常の環境下で正常な生命活動を行っている細胞にもランダムに起きる**自然突然変異**と，変異原性をもつ化合物などで誘発される**誘発変異**に分けられる．

　自然突然変異が起きる割合は，生物種やDNAの領域によっても異なることが知られている．一般的には，ある塩基が1世代あたりで変異する頻度は10^{-9}〜10^{-10}であり，1,000 bp

の遺伝子では 10^{-6} の頻度で変異することになる（図7.1）．しかし，実際に観察される変異は生存に関与しないものであるため，自然突然変異を研究することはきわめて難しい．なぜならば，致死をもたらす変異を生じた個体は，淘汰されてしまうからである．

一方，誘発変異はさまざまな要因で生じる．*N*-エチル-*N*-ニトロソウレア（ENU）などのアルキル化剤の投与はその一例である．ENUは電子と反応しやすい求電子物質とよばれ，生体内で最も負の電荷をもつ物質であるDNAを攻撃してアルキル基を付加させる．たとえば，DNAのアデニンがアルキル化されると，ノンコーディング塩基となりDNA複製酵素で認識されなくなる．そのため，DNAの複製が停止することになるが，その損傷を回復させる際にエラーが生じやすくなり，突然変異を生じる．紫外線は，DNAの隣接するピリミジンどうしをクロスリンクすることでピリミジン二量体（ピリミジンダイマー）を形成させる．このとき，DNA複製酵素が誤認識し，本来の塩基とは異なる塩基を連結させてしまう．紫外線以外にも，電離放射能をもつX線やガンマ線も水分子をイオン化し，これがフリーラジカルを生じさせることにより，DNAを攻撃して変異をもたらす．これらは，ブレオマイシンなどのある種の抗がん剤と同様にDNAを切断するため，染色体異常誘発性がある．

CATCGATCGA**T**CGATCGATCG

↓ 1世代あたり 10^{-9}〜10^{-10}

CATCGATCGA**A**CGATCGATCG

1,000 bp

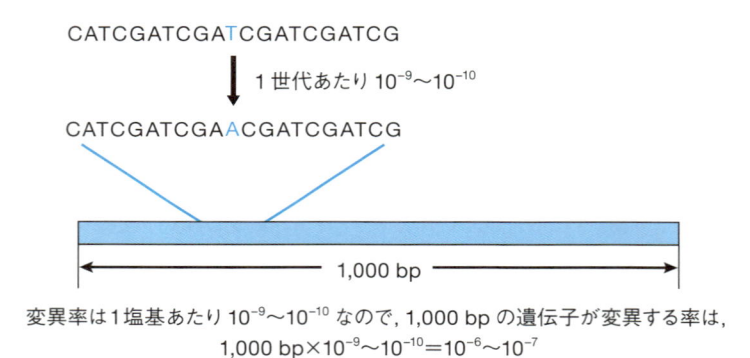

変異率は1塩基あたり 10^{-9}〜10^{-10} なので，1,000 bpの遺伝子が変異する率は，
1,000 bp × 10^{-9}〜10^{-10} ＝ 10^{-6}〜10^{-7}

図7.1 遺伝子変異とその割合

A 点変異

点変異は，1塩基が他の塩基に変化する塩基置換である．点変異を生じる原因は，アルキル化などの化学修飾，DNA複製中のエラーなどである．点変異には，ピリミジンが別のピリミジンに，あるいはプリンが別のプリンに変異したトランジションと，プリンがピリミジンあるいはピリミジンがプリンに変異したトランスバージョンがあり，頻繁にみられるのはトランジションである．トランジションの例は，A-T，G-Cといった通常の塩基対以外の塩基対合によって起こるミスマッチの場合である．ブロモウラシルがチミンの代わり

に取り込まれると，グアニンと塩基対合を形成することができるようになり，本来のA-TがA-G対となり，複製される際にはC-G対へと置換されてしまう．また，亜硝酸のような化学物質に暴露されたときにもトランジションが起こる．亜硝酸はシトシンの酸化的脱アミノ反応を起こし，ウラシルに置換する．これによりC-GがU-Aとなり，複製後にはT-A対を生じる．こうして生じたミスマッチは，修正されることなく継続的に複製されることとなる（図7.2）．

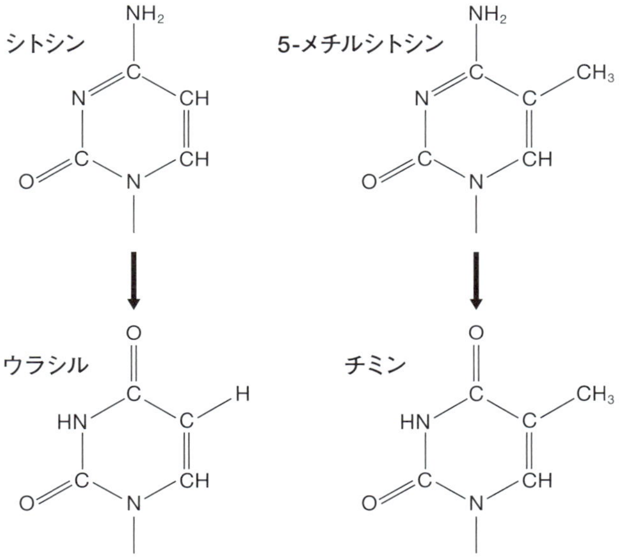

図7.2 脱アミノ化と変異
シトシンの脱アミノ化によりウラシルに，5-メチルシトシンの脱アミノ化によりチミンへと変異する．

B 欠失・挿入変異

存在すべき1塩基から数塩基が欠失する塩基欠失や，本来は存在しない1塩基から数塩基が挿入される塩基挿入がある．これらの変異の典型的な例は，プロフラビン，アクリジン色素，エチジウムなどの塩基間挿入剤によるものである．DNA複製酵素が塩基間挿入剤に対応する形で塩基を余分に挿入してしまう，またはDNA構造のゆがみが塩基欠失を引き起こすのではないかと考えられている．さらに，ある程度長い配列が欠失したり挿入されたりすることもあり，それぞれ欠失変異，挿入変異とよばれる．従来，このような大きな変異は頻度が低いと考えられてきたが，トランスポゾンとよばれる転位因子の存在が知られるようになり，欠失・挿入変異において重要な役割を担っていることが明らかになってきている．トランスポゾンは，染色体のある領域から別の場所に移動することができるDNAであり，時にはこれが遺伝子の翻訳領域や調節領域に数千から数万塩基ものDNAを

```
CGATAGCTATATCGC      CGATAGCTATATCGC      CGATAGCTATATCGC
GCTATCGATATAGCG      GCTATCGATATAGCG      GCTATCGATATAGCG
        ↓ 点変異              ↓ 挿入              ↓ 欠失
CGATAGCCATATCGC      CGATAGCTAATATCGC     CGATAGC-ATATCGC
GCTATCGGTATAGCG      GCTATCGATTATAGCG     GCTATCG-TATAGCG
        ↓ 復帰変異           ↓ 復帰変異         ↓ 復帰変異不可能
CGATAGCTATATCGC      CGATAGCTATATCGC
GCTATCGATATAGCG      GCTATCGATATAGCG
```

　　ミスセンス変異　　　　　　　フレームシフト変異
　　ナンセンス変異
　　サイレント変異

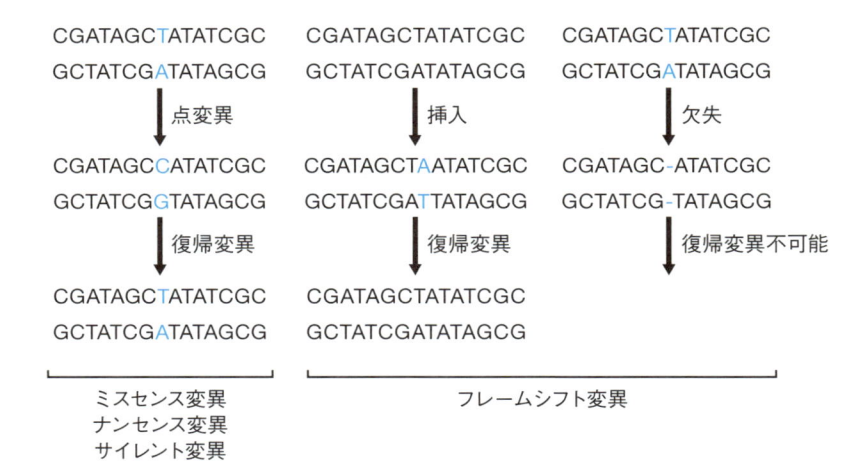

図7.3　点変異と挿入・欠失変異
読み枠内に点変異が生じた場合，アミノ酸配列に影響がある場合（ミスセンス変異，ナンセンス変異）と影響がない場合（サイレント変異）があるが，挿入・欠失変異の場合はフレームシフト変異などの大きな影響がある．

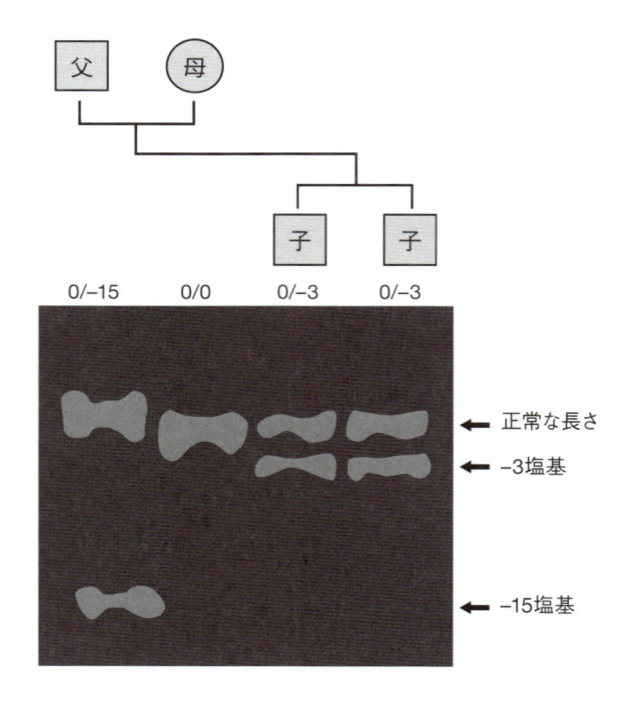

図7.4　トリプレットリピートの解析
父親（正常／-15 bp）と母親（正常／正常）から，トリプレットリピート数が異なる2人の子ども（ともに正常／-3 塩基）が生まれた．

挿入することにより，生物に大きな影響を与えることがある（図7.3）．

挿入変異とは異なるがマイクロサテライトの増幅現象も知られている．マイクロサテライトとは，単純な2塩基，3塩基，4塩基の反復配列であり，ヒトの場合，病気の発症に大きくかかわるものである．典型的な例はCAの反復配列であり，ヒトのゲノム上に多数散在していることが知られている．この単純なくり返し配列は複製エラーが起こりやすい．DNAポリメラーゼは，CACACACACA…といったくり返し配列が存在すると，くり返し単位である2塩基ずつを読み飛ばしたり2度複製したりするエラーを起こしやすい性質をもっている．これをスリップ現象とよび，くり返し数の変化をもたらす．

上記のマイクロサテライトは，タンパク質のコーディング領域に存在する例は稀であるが，近年CAG（グルタミンをコードする）やGCG（アラニンをコードする）のようなトリプレットリピートとよばれるくり返し配列が，ポリメラーゼのスリップ現象等により欠失または伸張する例が多数報告されている．図7.4に，GCGリピートをもつ領域が，両親から子どもに遺伝する際にそのくり返し数が変化した例を示す．父親は，片方の対立遺伝子は正常（±0なので，0と表す）なくり返し数であり，もう一方の対立遺伝子はくり返し配列が5つ欠失（3塩基×5＝15塩基の欠失なので−15と表す）した配列をもっているのに対し，母親は両方の対立遺伝子とも正常なくり返し数（0/0）をもつ．この両親から生まれた子どもは，父親から0または−15の対立遺伝子のいずれか，母親からは必ず0を受け継ぐため，0/0か0/−15のどちらかの対立遺伝子型となるはずである．ところが，この例ではくり返し数が1つ欠失した−3が現れており，2人の子どもがともに0/−3となっている．これは，GCG GCG CGC GCG GCG…といったくり返し配列を複製する際に，DNAポリメラーゼがエラーを高頻度で起こす典型的な例である．

以上のように，トリプレットリピートが欠失したり伸長したりすることで病気が発症する例が多数報告されている．トリプレットリピートが病因となる例としては，ハンチントン病や脆弱X症候群などがある．これらはグルタミンをコードするCAG配列のくり返し数がある一定数以上になることによって発症するもので，ポリグルタミン病とよばれている．

C 転座

染色体のある領域が別の染色体に移される転座とよばれる現象が知られている．*c-myc*遺伝子座と免疫系遺伝子座の間の転座は，がん原遺伝子の活性化につながる転座である．*c-myc*はヒトの8番染色体上にあるが，14番染色体の免疫グロブリンH鎖との間で転座が起こることにより，*c-myc*転写活性が上昇しがんを発症する．転座はきわめて大きな領域にわたって起こることが多く，ギムザ染色を用いた染色体検査により染色体異常としてみつかることがある（図7.5）．

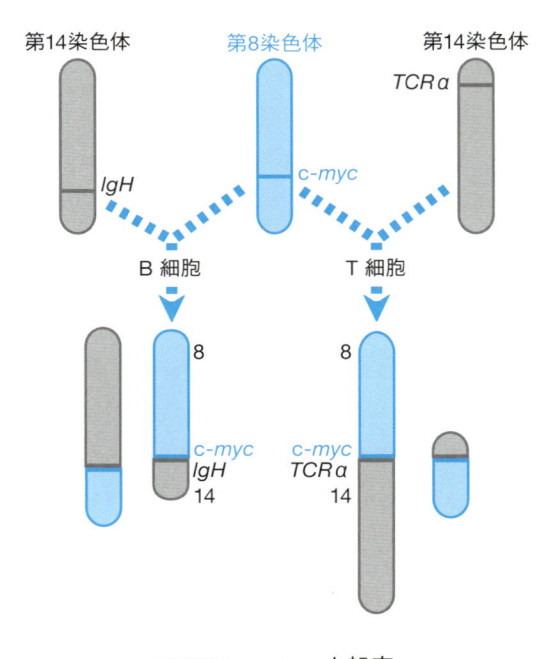

図7.5 c-myc と転座
(出典：遺伝子 第 8 版, p.810, 図 30-18)

D ホットスポット

　前述したように，変異が生じる割合は DNA のどこでも均一というわけではない．頻繁に変異が起こりやすい部位や領域があり，これを変異のホットスポットとよぶ（図 7.6）．1 つの例として，シトシン残基にメチル基が結合した修飾塩基である 5-メチルシトシンがあげられる．5-メチルシトシンは，自然に脱アミノ化を受けチミンになる．これにより G-C

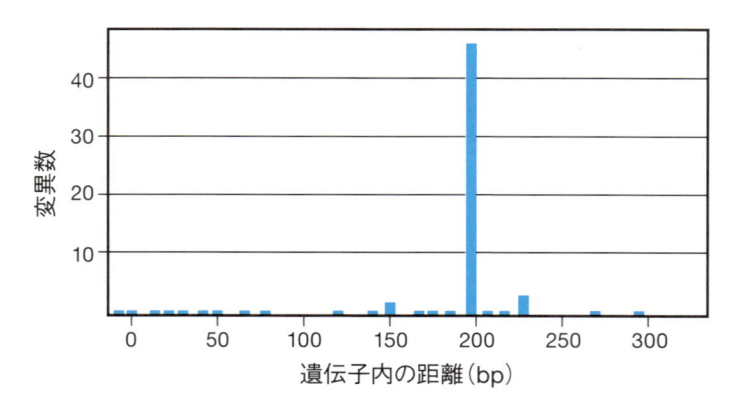

図7.6 ホットスポットの例
(出典：遺伝子 第 8 版, p.13, 図 1-23)

からA-Tへのトランジションを生じることになる．大腸菌は，ウラシル-DNAグリコシラーゼという酵素をもっており，DNAからウラシル残基を除去することができる．この機構によりメチルシトシンの脱アミノ化によって生じたウラシルは除去され，そこに本来の塩基であるシトシンを挿入することによって修復できるが，5-メチルシトシンの脱メチル化を受けるとウラシルではなくチミンを生じるため，修復機構がはたらかない．

E 変異による影響

塩基配列が変異を受けることにより，さまざまな変化が起きる．

アミノ酸をコードする領域に点変異が起きた場合を考えてみよう．この場合，3通りの場合がある．第1に，その変異によってコードしているアミノ酸が別のアミノ酸に置換されてしまう場合である．このような変異をミスセンス変異とよぶ．第2に，コードしているアミノ酸が終止コドンとなってしまう場合である．これをナンセンス変異とよぶ．第3に，変異がアミノ酸配列の置換を生じない場合であり，これをサイレント変異とよぶ．ただし，ミスセンス変異には，アミノ酸の置換がタンパク質の機能に影響する場合と，大きな影響がなく表現型に変化が起こらない場合とがあり，後者もサイレント変異に分類される．このようなアミノ酸置換は，中立置換ともよばれる．

挿入や欠失変異が起きた場合はどうなるだろうか．アミノ酸をコードする領域に1塩基（3n±1）ないし2塩基（3n±2）の挿入あるいは欠失が起きると，その位置から下流において，アミノ酸の読み枠（ORF）のずれが生じることとなる．これをフレームシフト変異とよび，多くの場合，コードされるタンパク質は機能を失うこととなる（図7.7）．一方，3塩基（3n）の挿入または欠失が起きた場合はどうだろうか．前出のトリプレットリピートの伸長もその一例となるが，新たなアミノ酸の挿入あるいは欠失により，コードするタンパク質の機能が大きな影響を受ける場合とさほど影響を受けない場合がある．

```
              Aの挿入
                ↓
    CAC GAA AUA UCA    ──→    CAC GAA AAU AUC
    His-Glu-Ile-Ser            His-Glu-Asn-Ile
```

図7.7　フレームシフト変異
1塩基の挿入により読み枠がずれ，コードされるアミノ酸配列が変化する．

ある変異によって，その変異を含む領域にコードされている遺伝子が完全に機能を失うことがある．このような変異を**ヌル変異**とよぶ．これに対して機能の一部を失うことがあり，これを**リーキー変異**とよぶ．リーキー変異の場合でも，野生型と比較すると発現量や活性が低下しているが，表現型に大きな影響をおよぼすほどではない．

ヌル変異のように遺伝子が一部であろうとも機能しなくなる変異は，機能喪失型変異（loss-of-function）とよばれる．それに対し，変異が本来の遺伝子の機能とは異なる何らかの他の機能の獲得をもたらすような場合，それを機能獲得型変異（gain-of-function）とよぶ．

変異は，**復帰変異**により回復する場合がある．点変異は再度同じ場所が変異を受け，元通りの配列になれば機能を回復する．あるいは，同じ場所ではなくてもタンパク質の構造などを元に戻すような別の場所に変異が起きることにより回復する場合もある．挿入変異の場合も，挿入された配列が何らかの原因により欠失することにより回復できる．このような変異を復帰変異とよぶ．それに対して欠失変異の場合は，一度失われた領域を回復することは不可能であるため，復帰することは困難である．復帰変異は，変異によって生じた機能喪失を元通りに戻さなければならないために，変異の特異性が要求される．そのため，復帰変異が起きる割合は，通常の変異の1/10以下である．

変異が生じた遺伝子以外の遺伝子に新たな変異が生じることにより元の変異の影響を低減することができる場合がある．これをサプレッション（サプレッサー変異）とよび，元の変異を抑える変異を起こした遺伝子をサプレッサーとよぶ．よく知られているサプレッサーの例は，ナンセンス変異を抑える変異型tRNAである．サプレッサーについては大腸菌でよく研究されていて，たとえば，終止コドンであるUAGにはサプレッサー遺伝子となるものが3つ知られている．本来はタンパク質の合成を終結させるシグナルとなるUAGに対し，セリン，グルタミン，チロシンを取り込ませることにより，UAGを生じたナンセンス変異の影響を取り除くメカニズムである（図7.8）．

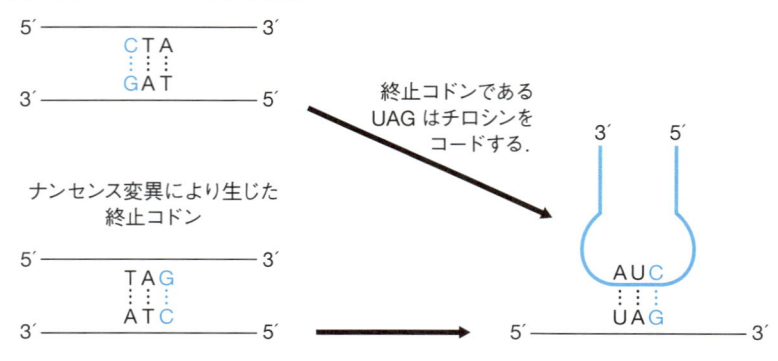

図7.8　サプレッサー変異
ナンセンス変異によって生じた終止コドンは，その終止コドンがアミノ酸をコードするようにtRNAが変異することで抑制される．

7-3 DNAの修復機構

　DNAの複製はきわめて正確であり，大腸菌で観察されるエラー頻度は10^{-8}〜10^{-10}程度である．これは，大腸菌が1,000回分裂したときにエラーが1つ起こる程度である．この正確さをもたらしているのは，酵素自身がもつ正確さだけではなく，エラーが生じたときに修復機構がはたらくためである．

　挿入・欠失などの大きな変異の修復はきわめて難しいことから，修復機構の対象は，点変異の修復である．これには，複製時の誤りを修復するメカニズムと化学物質などによる変異の修復メカニズムに分けられる．

A　複製時のミスを修復するミスマッチ修復系

　多くのDNA複製酵素は，$5'\to3'$のポリメラーゼ活性に加えて，$3'\to5'$エキソヌクレアーゼ活性をもつ．この活性は校正修復とよばれ，間違って取り込まれた塩基を取り除くことができる．この校正機能が存在することで，DNA複製酵素の正確性は100倍上昇する．しかし，この校正機構をすり抜ける場合もあり，この場合，鋳型となるDNA鎖と新たに合成されたDNA鎖の間でミスマッチが生じる．これがそのまま放置されると，次のDNA複製時にはミスマッチが消え去るとともに，ミスを起こした塩基がそのまま残ることとなる．生物は，このミスマッチが生じた時点で修復するシステムをもっている．これをミスマッチ修復とよぶ（図7.9）．

　ここで2つの大きな問題に直面する．1つは，膨大なゲノム上からミスマッチをみつけることであり，もう1つは正しいものを残してミスだけを正確に選び出して修復しなければいけないということである．大腸菌においては，ミスマッチをみつけ出すのはMutSの役割である（p.81参照）．MutSはDNA上をスキャンしてゆがみを検出することによりミスマッチをみつけ出す．このMutSが目印となり，MutLがよび寄せられる．MutLはミスマッチ塩基の近傍の一方の鎖を切断（ニック）するMutHを活性化する．その後，ヘリカーゼがミスマッチを含む領域を分解し，生じたギャップをDNAポリメラーゼⅢが修復した後，DNAリガーゼにより連結される．これがミスマッチ修復のプロセスである．

　しかし，もう1つ大きな問題があることに気がつくことだろう．それは，ミスマッチを生じた塩基のうち，どちらが正しくどちらが誤りであるかをどうやって認識するのかということである．大腸菌は，鋳型となるDNAと新しく合成されたDNAに目印をつけることによってこの問題を解決している．この目印をつけているのがDamメチラーゼである．この酵素は，GATCという配列のAをメチル化する活性をもっている．Damメチラーゼが新しく合成されたDNA上をスキャンしてメチル化するまでに時間があるため，DNAが複製された直後は，メチル化されたDNAをもっている鎖が鋳型，メチル化されていないあるいは一部しかメチル化されていないDNAをもっている鎖が新しく合成されたDNAとして区別することができる．MutHはメチル化されていない鎖だけにニックを入れるため，新

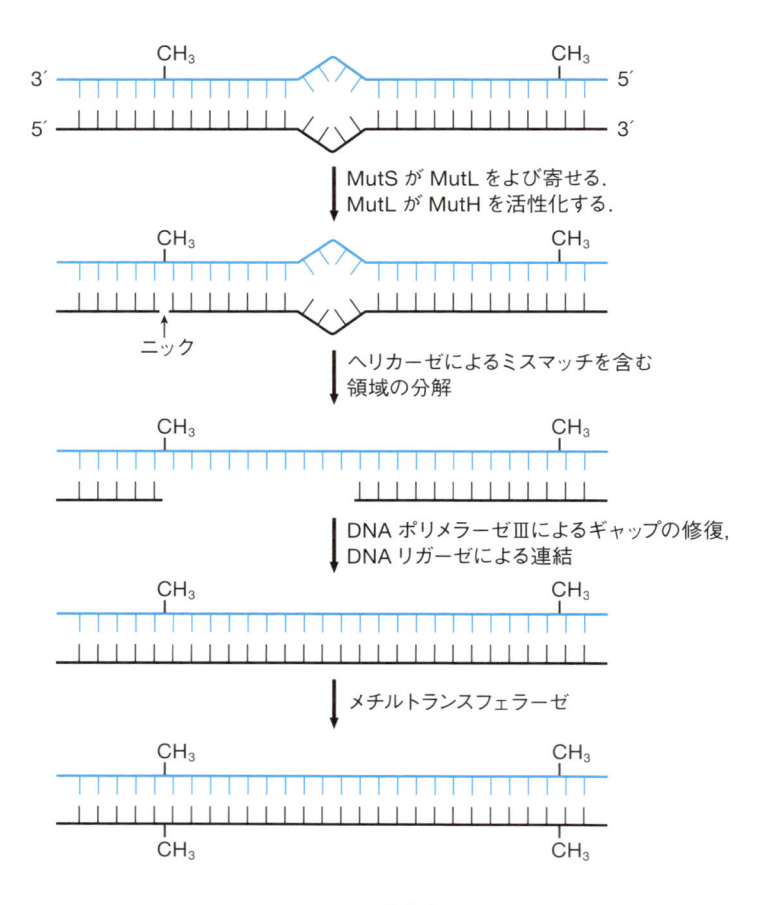

図7.9 ミスマッチ修復機構
鋳型となる DNA がメチル化されていることで，新しく合成された DNA 鎖と鋳型 DNA が区別される．これにより正しい塩基対合となっていない場合，どちらがエラーであるかが判断される．

たに合成された DNA 上のミスマッチ塩基とその周辺配列のみが除去されることになる．

　真核生物においても，MSH とよばれる MutS と同様の機能をもつ複数のタンパク質によるミスマッチ修復系酵素が存在している．その中には，くり返し配列の複製時に生じやすいスリップによる塩基の挿入や欠失を認識して修復するものも存在している．ただし，真核生物の場合は，メチル化していない DNA にニックを入れる MutH が存在しない．しかし，DNA 複製時に生じる岡崎フラグメントがニックの入った新しく合成された DNA として認識され，ミスマッチ塩基の修復が行われることが知られている．

B　複製時以外のミスマッチを修復する除去修復

　除去修復は，障害を受けた塩基やそれによる DNA の高次構造の乱れを認識する酵素によってスタートする．

a 除去修復機構

　DNAに生じた損傷を直接的に元に戻す修復系であり，損傷した塩基をDNAから取り除き，鋳型を元にして正しい塩基に置換する修復機構を除去修復とよぶ．除去修復は，その機能によって2種類に大別される．1つは塩基除去修復，もう1つはヌクレオチド除去修復である（図7.10）．

　塩基除去修復では，DNAグリコシラーゼが損傷した塩基を認識し，グリコシド結合を加水分解することによって，変異した塩基を取り除く．この例が前出のDNAウラシルグリコシラーゼである．この酵素によって塩基が除去されると，塩基をもたない糖も除去され，その後に鋳型となるDNA鎖に基づいて修復が行われる．ヒト細胞においては8種類のDNAグリコシラーゼがみつかっている．

　ヌクレオチド除去修復は，DNAウラシルグリコシラーゼのように特定の塩基を認識するのではなく，DNAのゆがみを損傷として認識して引き起こされる．ゆがみを引き起こす原因となるのは，チミジン二量体などである．大腸菌においては，4種類のタンパク質がヌクレオチド除去修復に関与している．UvrAとUvrB複合体がDNA上をスキャンしてDNA

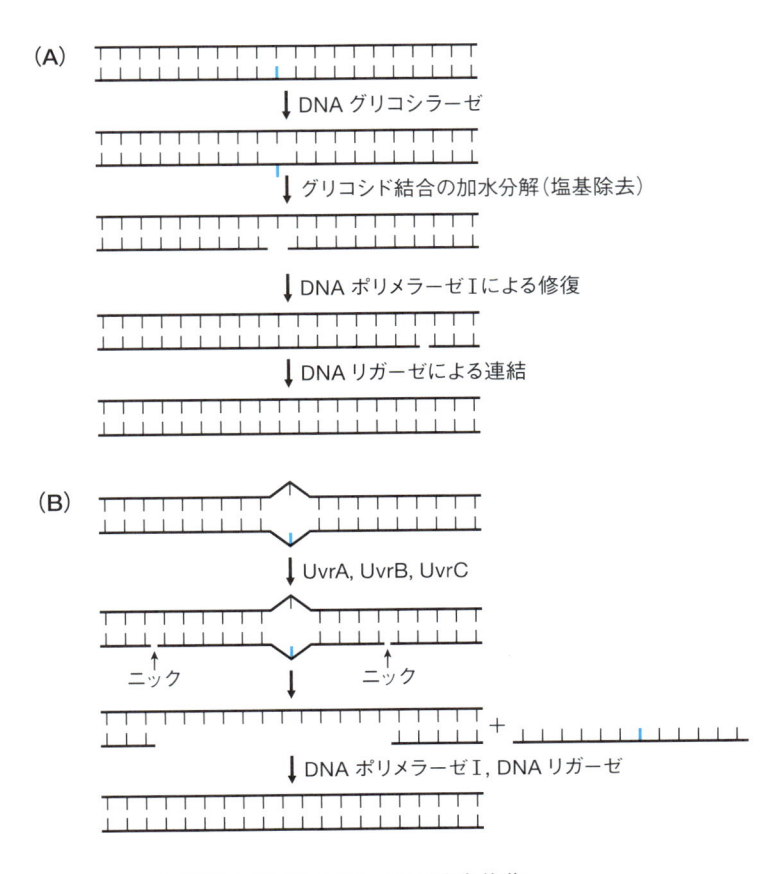

図7.10　塩基除去修復とヌクレオチド除去修復
大腸菌の塩基除去修復機構（A）とヌクレオチド除去修復機構（B）を示す．

のゆがみを検出する．ゆがみが検出されると，UvrB が DNA の二本鎖をほどき損傷付近にバブル状構造をつくる．この次に UvrC が損傷箇所を含む配列周辺 2 ヶ所にニックを入れる．さらに UvrD の作用によって，DNA ポリメラーゼ I が除去された領域の複製を行い，DNA リガーゼによって連結されることにより修復が完了する．真核生物においても同様のメカニズムが存在しているが，関与するタンパク質はきわめて多い点が異なる．ヒトには色素性乾皮症（Xeroderma Pigmentosum：XP）という遺伝病があるが，これは，ヌクレオチド除去修復経路に関与するタンパク質群の変異により，紫外線などによる DNA 損傷を修復できなくなったために発症するものである．色素性乾皮症の患者は，健常人と比べて数千倍も皮膚がんになりやすく，日光に当たることで大量のそばかすを生じるなど，日光に対する感受性が高い．

b 光回復

損傷した塩基のみを切り取り，直接的に修復する機構も存在する．これは，光依存酵素である DNA フォトリアーゼによる反応である．この酵素がピリミジン二量体のような損傷部位をみつけると，その部位に結合し，UV-A からの青色スペクトルにより活性化される．活性化された DNA フォトリアーゼは，ピリミジン二量体を切断し，正しい塩基へと修復を行う．光回復以外にも，直接的な修復機構が存在する．O^6-メチルグアニンからのメチル基の除去は，O^6-メチルグアニンメチルトランスフェラーゼによって行われるが，この反応では酵素自身がメチル化され，かつ反応が不可逆的なために自殺酵素ともよばれるコストが高い反応である．

c 二本鎖切断修復

ミスマッチ修復においても除去修復においても，損傷を受けている DNA は一方のみであり，もう一方の DNA 鎖を鋳型として用いることにより，修復が可能であった．しかし，何らかの原因により二本鎖切断（double strand break：DSB）が生じた場合には，どのように修復するのだろうか．二本鎖切断は，修復されなければ細胞にとって死を意味し，また転座などの異常が生じればがん化を引き起こすことにつながる．そのため，すみやかに修復を行わなければいけない．二本鎖切断を生じた DNA の修復のために，2 つの二本鎖切断修復系が存在する．1 つは相同組換えを利用した組換え修復で，もう 1 つは非相同末端結合（nonhomologous end-joining：NHEJ）あるいは末端連結修復とよばれる機構である（図 7.11）．

二本鎖切断の修復経路である組換え修復において重要なことは，除去修復などで使われていた相補鎖 DNA も切断されているため，使用できないという点である．そのため，もう一組の二本鎖 DNA を用いて修復することになる．二本鎖切断が生じると，最初に DNA 分解酵素によって各末端が $5' \to 3'$ の方向に削られる．このとき，両方の鎖が削られることもあるが，どちらの場合でも $3'$ 末端が突き出た一本鎖が形成される．ここで生じた一本鎖 DNA は，切断されていない相同二本鎖 DNA に侵入する．その後，切断されていない DNA

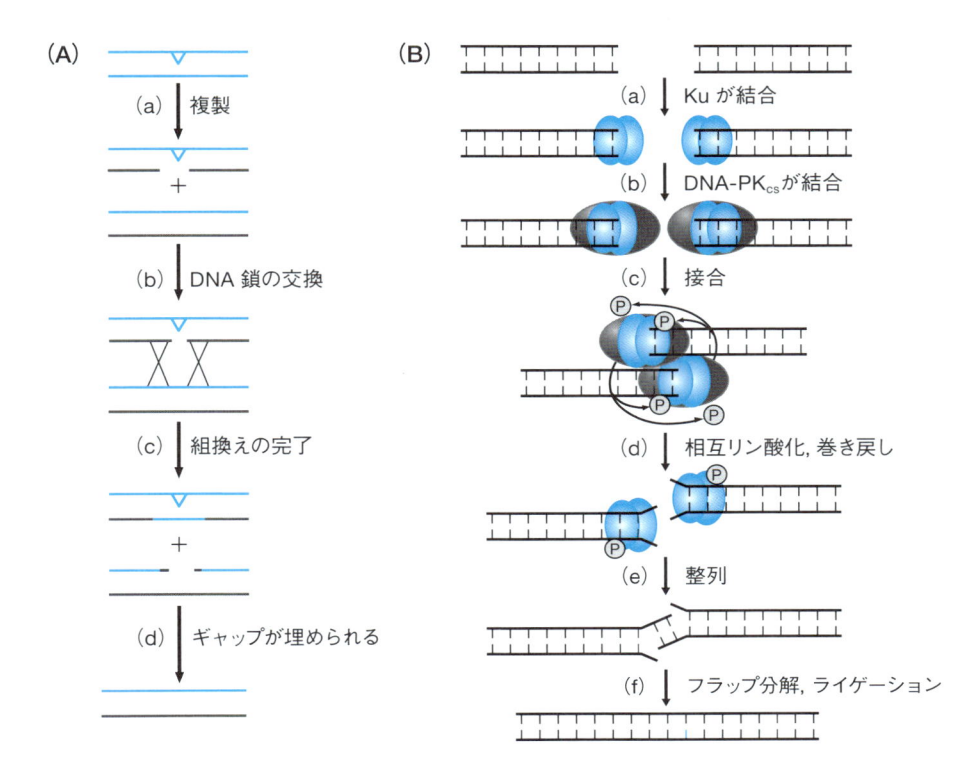

図7.11 組換え修復と末端連結修復
組換え修復（A）と末端連結修復（B）を示す．（出典：ウィーバー分子生物学，p.740, 図20.40, p.736, 図20.38）

を鋳型としてDNAの複製をスタートさせ，切断で失われた領域を合成する．このようにして，相同染色体を鋳型として切断されたDNAの修復が行われるが，相同染色体が切断された染色体とまったく同じ配列をもっているとは限らず，場合によっては大切な配列情報が失われることもある．

　非相同末端結合では，Ku二量体が重要なはたらきをする．二本鎖切断の結果生じたDNA末端それぞれにリング状のKu二量体が結合し，DNA末端が分解されるのを防ぐとともにDNAプロテインキナーゼ（DNA-PK）などを引き寄せKuがリン酸化される．これにより，DNAの巻き戻しが促進され，2つの末端の短い相同性領域（マイクロホモロジー）が塩基対合を起こす．塩基対合に関与しなかった突出部分が除去された後，DNAが連結される．このため，非相同末端結合においては，数塩基の除去，あるいは場合によっては数塩基の付加さえ起こることがあり，正確な修復はできない．

d　SOS修復

　大腸菌などの細菌においてDNAの損傷が起きると，一連の遺伝子群が活性化して発現しDNA修復を行う機構が存在する．この修復機構の過程で重要な役割を担うものが，RecA

タンパク質である．このRecAタンパク質によって引き起こされる遺伝子活性化をSOS応答とよび，SOS応答によるDNA修復機構をSOS修復とよぶ．

紫外線が照射されてDNAが損傷を受けると，数分以内にSOS応答が起きることが知られている．RecAタンパク質が活性化されるためには，LexAタンパク質の分解が引き起こされなければならない．LexAタンパク質は，大腸菌のさまざまなオペロンを負に制御しているリプレッサータンパク質であり，LexAタンパク質が結合したオペロンは不活性状態である．しかし，DNA損傷によりRecAタンパク質が活性化すると，LexAタンパク質がもつプロテアーゼ活性により自己消化が生じる．これによりLexAタンパク質によって不活性化されていた遺伝子群が活性化される．LexAタンパク質が活動する領域はSOSボックスとよばれ，8塩基のコンセンサスを含む20塩基程度の配列である．修復が終了するとRecAタンパク質は不活性化し，再びLexAタンパク質により一群の遺伝子が負に調節されることになる（図7.12）．

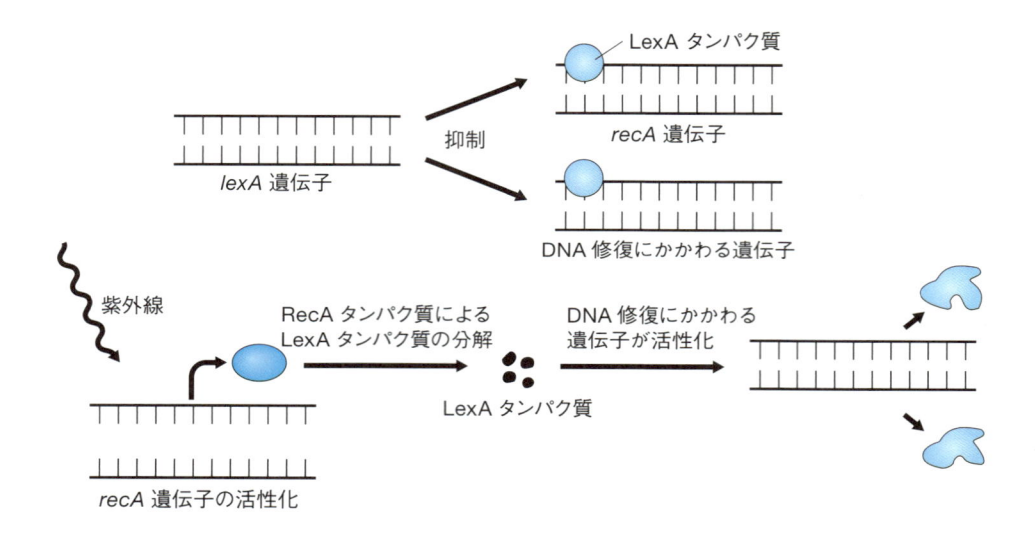

図7.12 SOS修復の調節機構
LexAタンパク質は修復に関与する遺伝子群を抑制するが，RecAタンパク質が活性化されるとLexAタンパク質の不活性化が起きる．

7.4 遺伝的な組換え

これまで述べてきたように，紫外線や化学物質によって誘導されるDNA損傷は，さまざまな修復機構によって元通りあるいは生存に問題ない程度に修復される．DNAに生じる変異は，一方で生存を脅かす現象であるが，他方では新しい遺伝子をつくり出す原動力として生物自身が積極的に取り入れている．相同組換えはその一例である．真核生物で相同

組換えが起きるからこそ，染色体は動的に変化する．もし相同組換えが起きなかったならば生物は多様性を獲得することができず，何らかの理由により環境が変化したときに種全体が絶滅の危機に瀕することになる．また，染色体に起きた変異を修復する際にも参照すべき相同染色体があり，それを元にして相同組換えが起きるがゆえに修復できるのである．

このような組換えは，真核細胞だけでなく大腸菌などの原核細胞にもみられ，そのための独自の酵素が存在し，制御されている．また，この機構を用いた分子生物学的な技術も開発されている．特定の遺伝子に変異を導入するノックアウトマウスがその例である．

A 大腸菌の相同組換え（RecBCD 経路）

大腸菌の相同組換え機構として知られているのが，RecBCD 経路である（図 7.13）．この経路では，RecB，RecC，RecD の 3 つのサブユニットからなる DNA ヘリカーゼとヌクレアーゼが主要な役割を担っている．DNA の二本鎖が切断されると，RecBCD がこれを認識して結合する．RecBCD は，DNA のらせんをほどきながら二本鎖の双方または片方の鎖をヌクレアーゼ活性により分解していく．分解の過程でカイ配列（GCTGGTGG）とよばれ

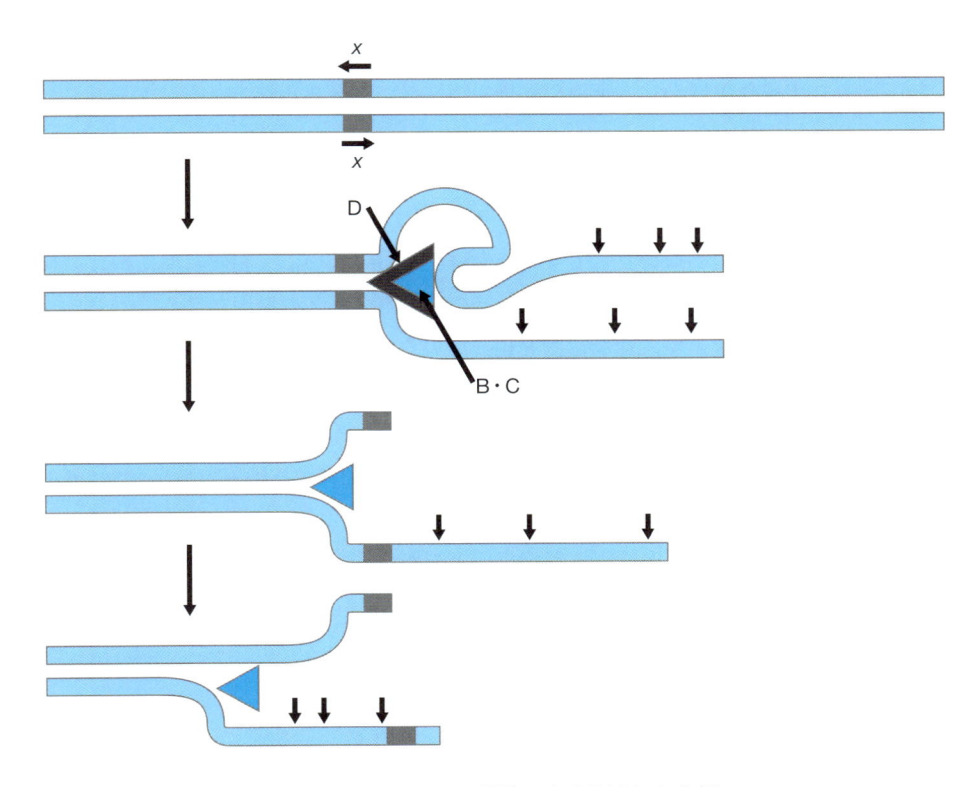

図7.13 RecBCD 経路による DNA の分解
RecBCD タンパク質は，DNA ヘリカーゼおよびヌクレアーゼ活性をもち，切断を受けた DNA を分解していくが，x 配列に出合うと RecD が不活性化され，x 配列をもつ DNA 鎖の分解を停止することで，突出した一本鎖 DNA をつくる．矢印は DNA が切断されることを示す．

る特異的な配列に出合うと，二本鎖双方を分解していた場合でも，$3' \rightarrow 5'$ 方向の分解だけが停止する．$5' \rightarrow 3'$ 方向の分解は停止しないため，$3'$ 末端をもつ鎖が突き出た一本鎖 DNA がつくられる．

このとき，$3'$ 末端の配列は上記のカイ配列となっている．カイ配列が存在することで，相同組換えの効率は 10 倍程度上昇する．大腸菌のカイ配列は 8 塩基であるので，確率的には，4^8 塩基（65,536 塩基）に 1 ヶ所の割合で登場すると考えられる．大腸菌のゲノムサイズは 4.6×10^6 塩基であることから，約 70 個のカイ配列があると推定される．しかし，実際には 1,000 カ所以上あることが知られており，このカイ配列が大腸菌において特異的に多くみられる配列であることがわかる．これは，ファージなどの外来 DNA が進入してきた際に，RecBCD 経路が防御機構としてはたらいていることによると考えられる．すなわち，大腸菌自身の DNA は，損傷を受けたとしても RecBCD 経路によって修復されるが，外来 DNA はカイ配列をもたないために，RecBCD がもつヌクレアーゼ活性が止まることなく，分解してしまうのである．

さて，このようにして生じたカイ配列をもつ一本鎖 DNA には，次に RecA タンパク質が結合する．この RecA タンパク質が結合することで，相同的な DNA どうしで DNA 鎖の交換反応が起きる．その後，ホリディジャンクションを形成し，RuvA，RuvB，RuvC などのはたらきにより組換えが終了する．なお，ここで解説した RecA タンパク質は多くの生物がもっており，大腸菌のほか，古細菌や真核生物においても知られている．

B 真核生物の相同組換え

真核生物における相同組換えは，二本鎖切断などの DNA 損傷の修復機構としてのみならず，減数分裂時に必須の機構としても大切な役割を担っている．相同組換えが行われないと，染色体の不分離が起きてしまい，受精後の発生不全などの原因となる．

減数分裂時の相同組換えで大切な役割を担っているのは，*Spo11* 遺伝子である．この遺伝子にコードされる Spo11 タンパク質は，減数分裂時に発現し，染色体の切断を引き起こす．切断部位に特異的な配列は存在しないが，クロマチンの構造上ルーズとなっている部位やプロモーター部位などが多い．Spo11 は，制限酵素処理による粘着末端をもつ DNA を生じさせ，その後 Spo11 と DNA が共有結合的に結合する．この二本鎖切断部位が MRX タンパク質によって削られ，一本鎖かつ $3'$ 突出の末端がつくられる．そこに Rad51 や Dmc1 などの RecA 様タンパク質により，相同染色体間においての DNA 鎖の交換反応が起きる．

C 遺伝的組換え

a 部位特異的組換えと転位型組換え

遺伝的な組換えの代表例として，λファージの DNA が大腸菌に組み込まれる際に行われる部位特異的組換えとトランスポゾンを介した転位型組換えの 2 種類がある．部位特異的組換えは，現在では分子生物学的なクローニング技術としてさまざまな場面で使用される

ようになっており，従来の制限酵素によるクローニングに代わる技術として普及している．転位型組換えは，ゲノムDNAの再編に大きな役割を担っているとともに，病気の原因となることもある．ヒトの場合，転位因子由来と考えられる配列が数十％存在していると考えられている．また，植物の葉にみられる斑入りとよばれる現象の原因の1つとして，トランスポゾンがゲノム上で移動することが知られている．

b 部位特異的組換え

λファージによる大腸菌DNAへの部位特異的組換えは，λファージの生活環に関与している．λファージが大腸菌に感染すると，ファージが増殖する溶菌化サイクルか活動を停止した溶原化サイクルのどちらかに入る．この溶原化サイクルに入るために，部位特異的な組換えが起きる．

ファージのDNAだけが菌内に侵入したのち，λファージが溶原化サイクルに入ると，最初に大腸菌ゲノムへの組換えが起きる．この組換えは，λファージがもつインテグラーゼによって触媒される．このインテグラーゼはチロシン型組換え酵素の1つで，まず，認識部位である大腸菌ゲノム上の *attB* 配列に結合する．その後，組換えを行う2つのDNA分子を切断するが，この切断は二本鎖切断ではなく，それぞれの一本鎖のみを切断する．切断された一本鎖DNAは，それぞれ組み換える相手の分子と結合して，ホリディジャンクションとよばれる構造を形成する．その後，もう一方のDNA鎖の切断と鎖の交換反応が起こり，組換えが終了する（図7.14）．

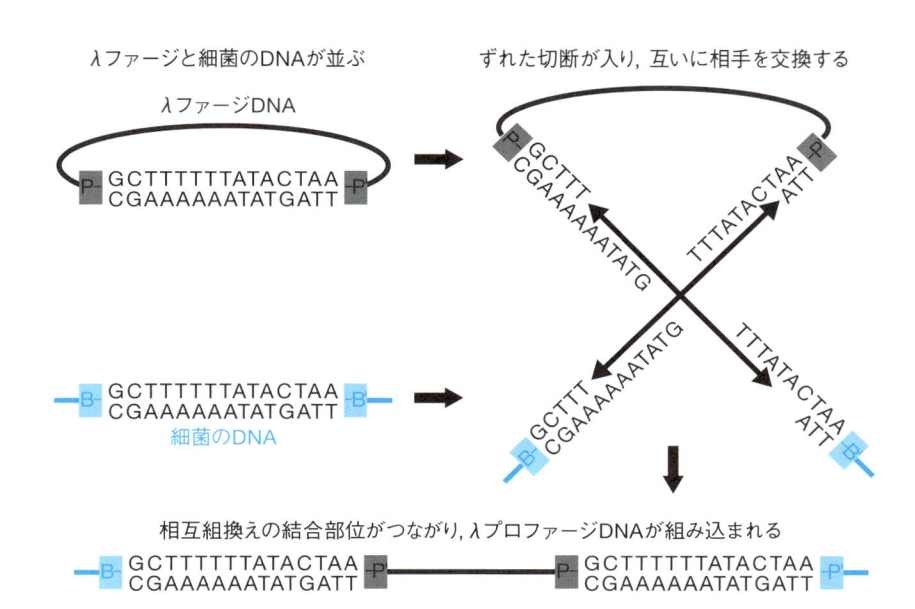

図7.14 att 配列を介したファージDNAの組み込み
大腸菌の att 配列（B～B'）と相同なファージの att 配列（P～P'）に突出部分をもった切断が入り，相同組換えが起きる．（出典：遺伝子 第8版, p.405, 図 15-26, 15-27）

λファージのインテグラーゼによる組換えは，大腸菌がもつ *attB* 配列と λ ファージ自身がもつ *attP* 配列の間で行われるが，その配列は *attB* が 23 bp，*attP* 配列が 240 bp と長さに大きな差がある．また，組み込まれたファージ DNA は，溶菌化サイクルに入る際には再度切り出される．この組み込みと切り出しに関与する配列は同じではなく，組み込みに関与する配列は前述のように *attP* と *attB* であり，切り出しに関与する配列は *attL* と *attR* とよばれる．認識される配列が違うということは，組み込みと切り出しに関与する酵素も違うということであり，このことが組み込みと同時に切り出されるといった逆反応が起きることを防いでいる．

　また，これと同様の機構は P1 ファージでもみつかっており，*loxP* とよばれる 34 bp の配列を認識する組換え酵素 Cre リコンビナーゼが報告されている．現在，λ ファージのインテグラーゼなどは制限酵素を使わないクローニングシステムとして，Cre リコンビナーゼは組織特異的ノックアウトマウスの作製などに使われている．

7.5 分子進化

　2001 年にヒトゲノム配列の概要が発表されて以来，さまざまな生物の全ゲノム配列が解析され，公開されている．同じ種に属する複数の動物のゲノム情報が利用可能になったことで，1 つ 1 つの遺伝子のみならず，ゲノム全体にわたる進化を解析することが可能になってきている．とくに，モデル生物においては詳細に研究されていて，原核生物と真核生物，動物と植物，ほ乳類と鳥類・魚類など，広範囲にわたるゲノム比較がなされつつある．たとえば，ヒトとチンパンジーのゲノムを，同じほ乳類であるマウスのゲノムと比較した結果，霊長類特異的なゲノム進化の存在が明らかになった．このような研究の流れから，比較ゲノム学が登場した．

　遺伝子内に変異が起き，かつそれが修復を逃れると，次の段階で淘汰を受けることになる．

　変異がタンパク質をコードしていない領域に起こった場合，部位によっては遺伝子発現レベルの異常を引き起こしたり DNA の二次構造に変化を引き起こしたりするかもしれない．しかし，多くの場合，その生物の生存には大きな影響を与えない中立変異である．このような中立変異は単純にある確率で起こり，大きな集団の場合にはその集団に定着することが知られている．

　一方，変異が中立ではなく，タンパク質の機能に大きな影響を与えたり表現型に大きな影響を与えたりする場合には，その変異が集団の中に定着するかどうかは，自然淘汰による．すべてに当てはまるわけではないが，具体的には，その変異が生物にとって有利であるか不利であるかによる．とくに生存に有利な変異が生じた場合は，その変異（形質）をもつ個体または集団の選択に大きな影響がある．

　このように，一般的に DNA の情報は，長期間にわたる突然変異の蓄積により変異していく．これらの変化を DNA レベルまたはアミノ酸レベルで考えていく研究分野を分子進

化学とよぶ．分子進化の考え方の基本は，各生物において同じ遺伝子でもアミノ酸配列が異なるのは過去の進化の過程を反映しており，かつその変化の速度はほぼ一定であるというものである．もちろん，生存に重要な遺伝子の変異速度は重要でない部分に比べて遅いなど，一定ではないことも知られている．旧来の形態などを基準にして生物を分類する系統学から，分子進化に基づいた新しい分類として，分子系統学が誕生した．

7.6 分子時計

2つ以上の遺伝子の間の違いは多様性とよばれ，その違いはどれだけ塩基配列が異なっているかで比較されうる．この多様性が生じる確率は，タンパク質をコードしているかいないか，タンパク質をコードしていてもアミノ酸に変異をもたらすかどうかで異なる．一般には，タンパク質をコードしていない領域で変異が起きやすく，またコードしている領域であってもアミノ酸の置換を伴わない変異は生じやすい．ただし，後者の場合，1つのアミノ酸に対して複数のコドンが割り当てられていて，かつその使用頻度がコドンごとに異なるコドンバイアスとよばれる現象が知られており，これがタンパク質への翻訳スピードに影響を与える．そのため，コードしているアミノ酸に変化がなくても生存に影響が生じるために，見かけ上の変異スピードが遅い場合もある．

以上のことにより，異なる生物間である遺伝子がどのように分子進化（変異）してきた

```
QTCFPRTVVFLALREHTSWVLLAANTLLLLLLLGTAGLFAWHLDTPVVRSAGGRLC    ヒト
QTCFPRTVVFLALHEHTSWVLLAANTLLLLLLLGTAGLFAWHLDTPVVRSAGGRLC    チンパンジー
QTCFPRTVVFLACQEHTSWVLLAANTLLLLLLLGTAGLFAWHLDTPVVRSAGGRLC    ブラッザモンキー
QTCFPRTVVFLACQEHTSWVLLAANTLLLLLLLGTAGLFAWHLDTPVVRSAGGRLC    アカゲザル
SACFSRTVEFLGWHEPISLVLLAANTLLLLLLIGTAGLFAWRLHTPVVRSAGGRLC    マウス
TTCFPRTVEFLAWHEPISLVLIAANTLLLLLLVGTAGLFAWHFHTPVVRSAGGRLC    ラット
SACFSRTVEFLGWHEPISLVLLAANTLLLLLLIGTAGLFAWRLHTPVVRSAGGRLC    カピバラ
SACFSRTVESLGWHEPISLVLLAANTLLLLLLIGTAGLFAWRLHTPVVRSAGGRLC    オオカンガルー
SACF?RTVEXLGWHEPISLVLLAANTLLLLLLIGTAGLFAWRLHTPVVRSAGGRLC    アカクビワラビー
SACFSRTVESLGWHEPISLMLLAANTLLLLLLIGTAGLFAWRLHTPVVRSAGGRLC    ケープハイラックス
SACFSRTVEFLGXHEPISLVLLAANTLLLLLLIGTAGLFAWRLHTPVVRSAGGRLC    ポニー
QTCFLRTVAFLAWHEHTSWVLLAANTVLLLLLLGTAGLFAWHLDTPVVRSAGGRLC    シロテテナガザル
ETCFPRTVVFLTWHETISWVLLAANTLLLLLVTGTAGLFAWHLDTPVVKSAGGRLC    ヒョウ
ETCFPRTVVFLTWHETISWVLLAANTLLLLLVTGTAGLFAWHLDTPVVKSAGGQLC    ライオン
ETCFPRTVVFLTWHETISWVLLAANTLLLLLVTGTAGLFAWHF?HPCGEVCWGXLC    ピューマ
ETCFPRTVVFLTWREPISWGLLAANTLLLLLVTGTAGLFAWHLDTPVVRSAGGRLC    ハクビシン
ESCFLRTVVFLTWHEPISWVLLAANTLLLLLVAGTAGLFAWHLDTPVVRSAGGRLC    イヌ
ETCFNRTVEFLSWADPLSWVLLIPTVLLLLLMVGLAVLFARNASTPVVRSAGGKMC    ニワトリ
QTCFPRTVVFLTWHEPVSLVLLAANTLLLLLVAGTAGLFAWHLDTPVVRSAGGRLC    ウシ
QTCFPRTVVFLTWHEPVSLVLLGANTLLLLVVAGTAGLFAWHLDTPVVRSAGGRLC    ニホンカモシカ
ETCFPRIVVFLTWQEPVSLVLLAANTLLLVVVAGTAGLFAWHLDTPVVRSAGGRLC    クロトキ
ETCFPRIVVFLTWQEPVSLVLLAANTLLLVVVAGTAGLFAWHLDTPVVRSAGGRLC    キョン
EACFNRTIEFLSWSEPISWVLLTSTVLLMLLMAGLAVLFALNASTPVVKSAGGKMC    ウラルフクロウ
ETCFPRTVVFLTWHEPISWVLLAANTLLL--VAGTAGLFVWHLDTPVVRSA         パンダ
```

図7.15 うま味受容体のポリロイシン領域

進化の過程で，ロイシン（L）をコードするコドン（トリプレットリピート）だけが増幅している．アルファベットはアミノ酸の1文字表記である．

か，あるいは，複数の遺伝子が同一の生物の中でどのように分子進化してきたかを解析することにより，タンパク質をコードする遺伝子領域の進化のスピードを遺伝子ごとに決定することができる．この分子進化のスピードを分子時計とよぶ（図 7.15）．

A 遺伝子の重複

ヒトの β および δ グロビン遺伝子の例をあげて説明しよう．146 アミノ酸からなる β および δ グロビンタンパク質を比較すると，10 種類のアミノ酸置換があるため，多様性は約 7% である．対応する遺伝子の塩基配列 441 塩基にも 31 の違いがあるため，多様性は 7% となり同じ値を示す．しかし，アミノ酸の変異を伴う変異部位と伴わない変異部位では，割合が大きく異なる．アミノ酸に変化を伴う部位 330 ヶ所のうち 11 ヶ所（3.3%）にしか変異がみられないのに対し，変異がみられない部位では 111 ヶ所中 20 ヶ所（18%）の変異が観察される．すなわち，多くのアミノ酸置換を伴う変異は，進化の過程で失われていることを示す．

このような分子進化のスピードは，数百万年で何パーセントの変異があるかで示される（UEP：Unit evolutionary period）．たとえば，ヒトとチンパンジーの場合，600 万年前で 1〜1.5% の変異（UEP）を生じたと推定されている．また，前述のグロビン遺伝子の場合は，100 万年あたり 0.1% と見積もられている．

β グロビン遺伝子は，ε，2 つの γ（Gγ と Aγ），δ，β という 5 つが存在（さらに偽遺伝子 $\phi\beta$ が 1 つある）し，これらはゲノム上の 50 kb の領域に連続して存在していて，このような構造をクラスター，これらの遺伝子群を遺伝子ファミリーとよぶ．一方，α グロブリンは，ζ，2 つの α（α1 と α2），θ という 3 つが存在（さらに偽遺伝子の ζ と同じく 2 つの α）し 28 kb の領域にコンパクトにまとまっている．これらは遺伝子重複によって生じたと考えられる（図 7.16）．

クラスターを形成しているグロビン遺伝子は，胎児の初期，後期，生後の 3 段階で発現する α，β グロビンが異なる．ヒトの場合，8 週目までは α グロビンとして ζ，α2，α1 が発現し，β グロビンとして ε，Gγ，Aγ が発現する．その後 3〜9 ヶ月では，α グロビンは α1 と α2 となり，グロビンも Gγ と Aγ のみとなる．そして，生後 α グロビンは α1 と α2 のままだが，β グロビンは δ と β へと発現パターンが変化する．これは，2 つの胎児型の方が生後に発現するグロビンよりも酸素に対する親和性が高く，母親の血中から酸素を獲得するために必要とされるからである．胎児期を母親の外（卵という形態）で過ごすニワトリでは，このようなしくみは存在しない

グロビン遺伝子のクラスターには，機能を失った遺伝子（偽遺伝子）が含まれている．これは，遺伝子の重複が起きた際に不完全な重複が行われたか，あるいは重複後に変異が蓄積して機能を失ったと考えられる．偽遺伝子には，クラスターを形成せず，もとの遺伝子から離れたあるいは別の染色体にコードされ，エクソンをもたないものがある．これは遺伝子重複によって生じたものではなく，いったん mRNA に転写された後，逆転写酵素のはたらきにより DNA に変換され，それがゲノムに組み込まれた結果である．ヒトでは，約

8週目まで							
	ζ_2	$\psi\zeta1$	$\psi\alpha$	$\psi\alpha$	α_2	α_1	θ

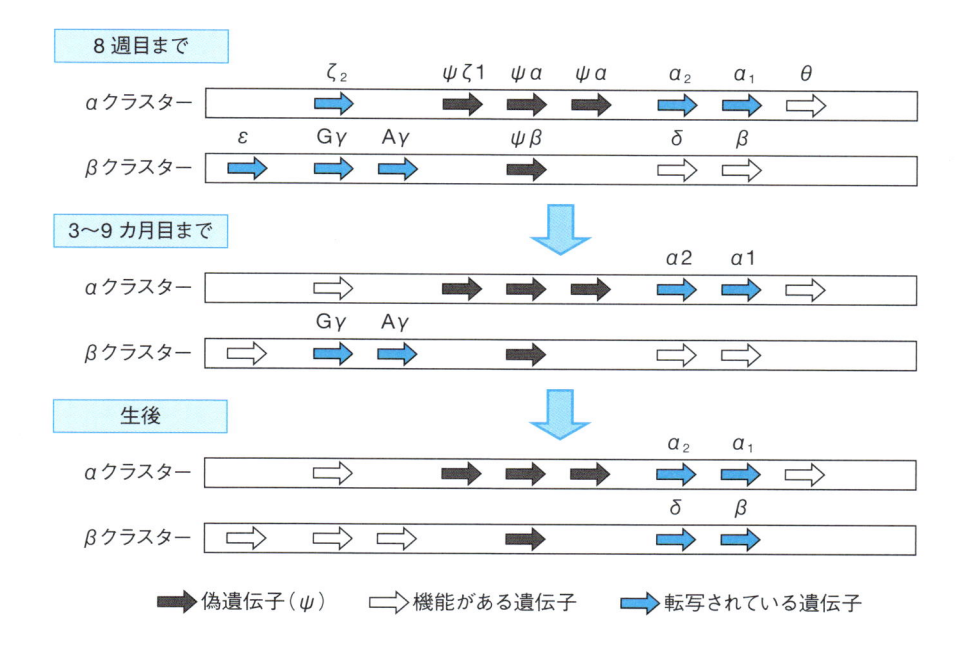

αクラスター: → → → → → → →

βクラスター: ε　Gγ　Aγ　ψβ　δ　β
→ → → → → →

3〜9カ月目まで

αクラスター:　　　　　　　　　　　　α2　α1

βクラスター: Gγ　Aγ

生後

αクラスター:　　　　　　　　　　　　α2　α1

βクラスター:　　　　　　　　　　　　δ　β

■→ 偽遺伝子（ψ）　　▭→ 機能がある遺伝子　　■→ 転写されている遺伝子

図7.16　グロビン遺伝子の構造
ヒトのαグロビン遺伝子（A）とβグロビン遺伝子（B）の構造を示す．発現する遺伝子は，発生の時系列にしたがって，左から右のサブユニットへと移る．

20,000の偽遺伝子が存在していることが知られている．その中で最も大きなファミリーを形成しているのがリボソームタンパク質であり，約2,000コピーが知られている．これらは，逆転写酵素によりゲノムに組み込まれた偽遺伝子である．

B　進化——遺伝子にはファミリーがある——

前述のグロビン遺伝子は，同様な機能をもった遺伝子が発生・発達のステージに応じて順番に発現し機能する例であった．しかし，分子進化により重複した遺伝子が異なる機能を獲得する例も多い．そのような遺伝子群はクラスターを形成することもあるが，まったく別の染色体上にコードされることもある．また，似たような機能をもつものもあれば，まったく異なる機能をもつ分子として進化したものもある．このような遺伝子群を遺伝子ファミリーとよぶ（p.48参照）．遺伝子ファミリーを形成する例として，苦味受容体遺伝子について説明しよう．

苦味受容体遺伝子は，7回膜貫通型GPCRであり，T2R（taste receptor type 2）とよばれている．このファミリーに属する遺伝子は，ヒトでは25種類が知られており，これ以外にも偽遺伝子化したものが存在している．苦味は生物が生存するためにきわめて重要な感覚であり，多くの生物で忌避反応を誘導することが知られている．これは，毒物が苦味をもつことが多いことに起因する．

しかし，面白いことに，ヒトで機能をもつ 25 種類の T2R 遺伝子のすべてを他の動物が保持しているわけではなく，かつ遺伝子をもっていても機能をもっているとは限らない（図7.17）．

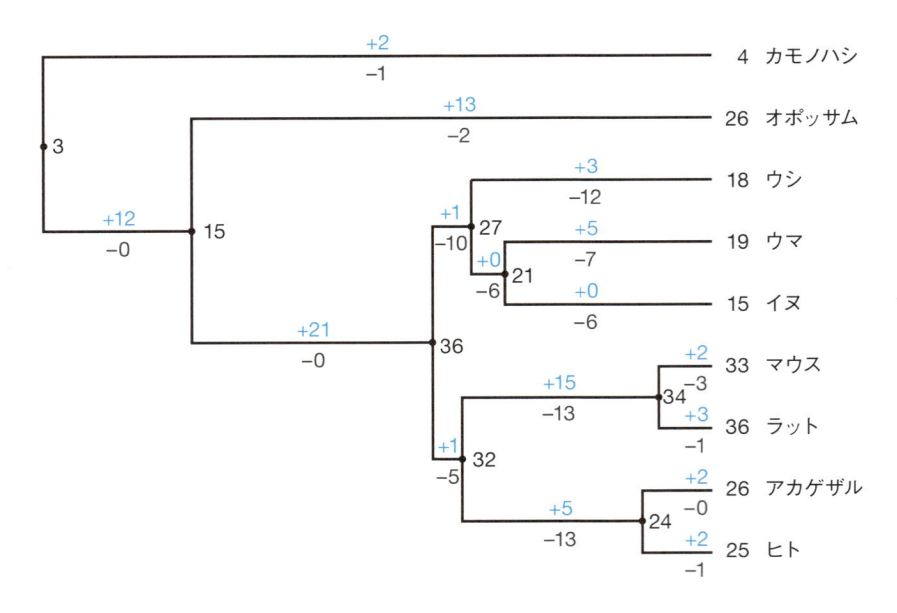

図7.17　動物種と苦味遺伝子数
苦味遺伝子数は，増減をくり返して種によって異なる数をもつようになった．（出典：Dong Dong, Gareth Jones, Shuyi Zhang., Dynamic evolution of bitter taste receptor genes in vertebrates, *BMC Evolutionary Biology*, 15, pp.9-12, 2009）

ヒトと比較的近縁のチンパンジーやマントヒヒを比較しても，ヒトで活性をもつ T2R9 がマントヒヒでは偽遺伝子化しており，逆にヒトでは偽遺伝子化している T2R62 が，マントヒヒやチンパンジーでは機能をもっていることが知られている．近年，ニホンザルの苦味受容体 T2R38 の遺伝的解析から，この遺伝子は紀伊半島に生息するグループのみで偽遺伝子化しているのに対し，他の地域のニホンザルでは機能していることが明らかになり，同一種内でも遺伝子ファミリーが常に変化していることが示されている．また，遺伝子の安定性が，得られる食物などの環境によって左右されていることも示唆され，考えていた以上に遺伝子は動的な性質をもっていることが明らかになってきている（図 7.18）．

以上のような遺伝子ファミリーをはじめ，新しい機能をもった遺伝子はどのようにして形成されてきたのだろうか．すでに述べてきたさまざまな機構による重複によって引き起こされることは間違いないだろう．それに加え，真核生物では，遺伝子はタンパク質をコードしていないイントロンとコードしているエクソンに分断されている．このような構造が，エクソンシャッフリングとよばれるエクソン配列の組換えにより，新たなタンパク質を生じる原動力になったとも考えられている．

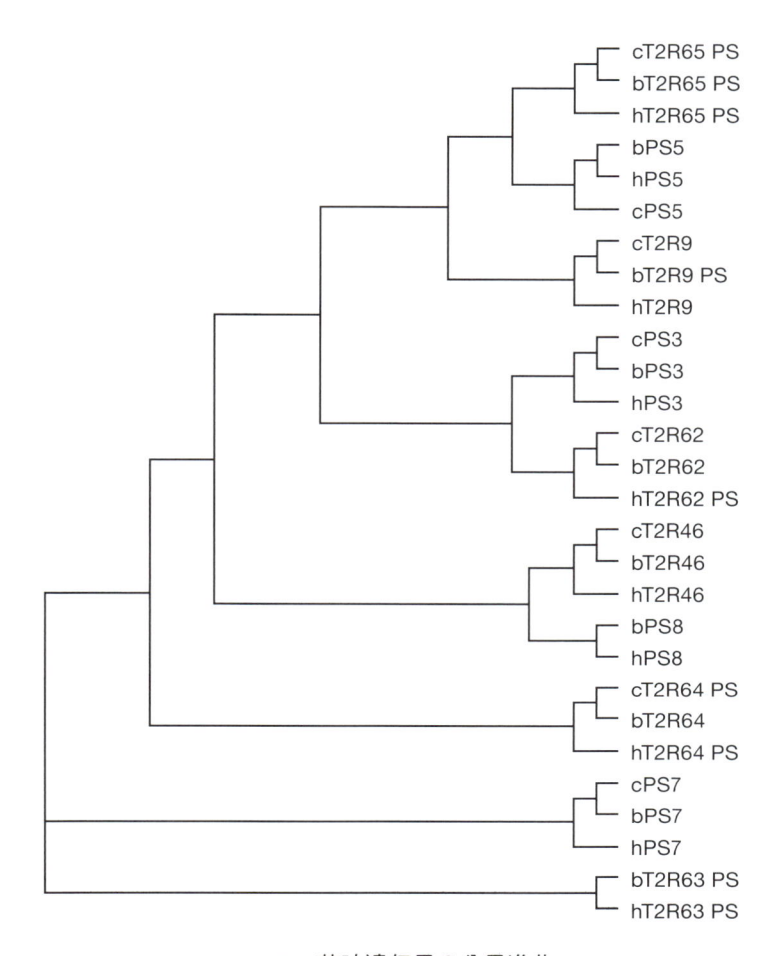

図7.18 苦味遺伝子の分子進化
c：チンパンジー，b：ボノボ，h：ヒト．PSは偽遺伝子であることを示す．（出典：Christopher M. Parry, Alfrun Erkner and Johannes le Coutre., Divergence of T2R chemosensory receptor families in humans, bonobos, and Chimpanzees., *Proc. Natl. Acad. Sci.*, 101, pp.14830-14834, 2004, Copyright（2004）National Academy of Sciences, U.S.A.）

7-7 変異と進化

　生命の誕生は，今から35億年前にさかのぼる．確認されている初期の生物は，シアノバクテリアではないかといわれている．この最初の生物の誕生以来，現在に至るまで生物は進化を続けているといってよいだろう．生命が同時多発的に誕生したのか，あるいは単一の生命体から進化していったのかはわからないが，進化を考える上では現存する生物すべてに最も近いとされる共通の祖先を想定する．このような共通祖先をLUCA（Last Universal Common Ancestor：現在する全生物に最も近い共通祖先）とよぶ．

　LUCAから種の分化がはじまったが，それはきわめて連続的な変化であり種の定義の問

題を引き起こすと同時に，それの連続性があるという事実が，遺伝子レベルの変異が常に起きていることを意味する．進化には地理的な隔離なども影響するが，ここでは遺伝子変異にのみスポットを当ててみていくことにする．

新奇性

　遺伝子の変化は新奇性獲得の鍵となり得る．たとえば，チョウの色素を生合成するために必要な遺伝子に変化が起きると羽の色が変化することや，近年報告されたジャイアントパンダのうま味遺伝子の偽遺伝子化が食肉目であるパンダを草食へと変化させたといったことなどが挙げられる．前者の変異は新たな機能を獲得した例であり，後者は変異が遺伝子の機能を失わせる例であるが，どちらの場合も新奇の生物を生み出す原動力となる変異となり得る．一般には遺伝子に生じる突然変異は，機能にまったく関係しないか，あるいは生存にとって有害なものが多く，新奇機能を獲得する例は少ない．しかし，新しい機能をもった遺伝子を獲得し，環境への適応度を上げる例もある．

　ショウジョウバエのアルコールデヒドロゲナーゼ（アルコール脱水素酵素）には多型があり，F対立遺伝子をもつと活性が上昇することが知られている．これは1つのアミノ酸変異による酵素機能上昇の例であり，ワイン工場でハエを捕まえるとF対立遺伝子の頻度は高く，アルコールに対する耐性があることが明らかになっている．

　また，単一の大腸菌を連続して培養した研究では，グルコースを効率よく取り込んで資化する菌が生じるとともに，その菌によって排出された酢酸やグリセロールを効率よく資化するためにアセチルCoA合成酵素に変化を生じた菌が生じた．他の菌が使わない資源を利用して生き残るために遺伝子を変化させた例であり，環境適応したと考えられる．

　大きな欠失や挿入ではなく，わずか1塩基の変異によってタンパク質の機能が変化するのはなぜだろうか．酵素の場合は，数個のアミノ酸残基からなる活性中心とよばれる部位があり，このアミノ酸残基に変異が起きるとその活性に大きな影響が生じる．しかし，それ以外の部位であっても，タンパク質の機能に大きな影響を与える変異となるケースがある．

　タンパク質は，α-ヘリックス，β-シートなどの二次構造とよばれる独特の構造や，疎水性コアとよばれる部分構造を形成する．たとえば，疎水性コア領域のアミノ酸が親水性のアミノ酸に変異すれば，タンパク質の構造に大きな変化が起き，その結果，機能喪失や新奇機能の獲得となる．

　もう1つ例を紹介しよう．オプシンは，視細胞に存在する色素タンパク質で，レチナールと結合している．このタンパク質はわずかなアミノ酸の違いにより吸収波長が異なるため，紫外，青，緑，赤の4つの色を区別することができる．トリでは上記の4つのオプシンが現在も残っているが，多くのほ乳類では緑と青を失っており，2色色覚となっている．ヒトを含む霊長類では，紫外が青に変異し，赤が重複した後に一方が緑に変異することにより3色色覚となっている．したがって，動物によって見えている世界は色彩的に異なっているのである．これらの違いは，遺伝子の重複や欠失，そして遺伝子の変異によるアミノ酸置換によって生じたものである（図7.19）．

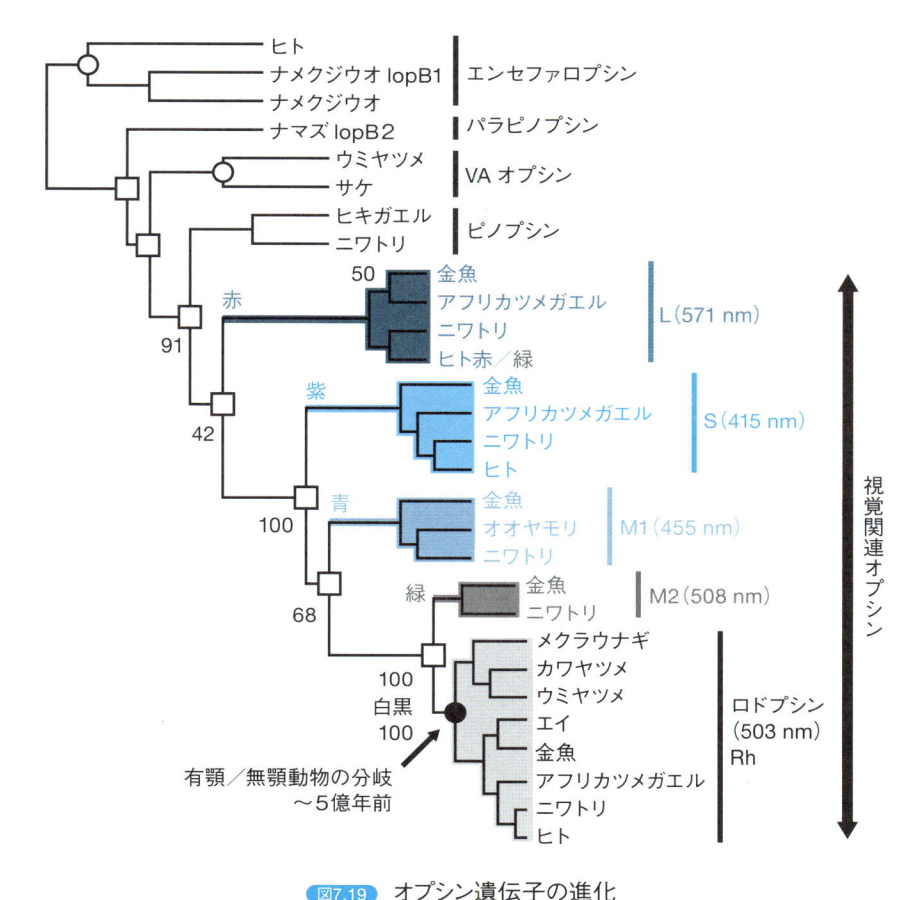

図7.19 オプシン遺伝子の進化
（宮田隆博士提供，http://www.brh.co.jp/research/formerlab/miyata/2006/post_000004.html）

　興味深いことに，同じ種でも雌雄で見えている景色が違う場合がある．新世界ザルの一種であるマーモセットは，青色を感じるためのオプシンが常染色体にコードされ，それより長い波長のオプシンが性染色体であるX染色体にコードされている．このX染色体上のオプシンには3種類あり，それぞれ，緑色，黄色，赤色の光を受容する．このことから，雄はX染色体を1本しかもたないためオプシンが2種となるが，雌はX染色体を2本もつため，常染色体の1種と合わせて合計3種のオプシンをもつことができる．通常，X染色体は一方が不活性化されているが，この現象はランダムであるため，X染色体上の2つのオプシンは，全細胞の半分で一方，残り半分で他方が発現していることになる．したがって，マーモセットの雌は3色の色覚をもつことになる．この例は，遺伝子の重複が起きた後に変異が起きたのではなく，対立遺伝子の多様性が色覚の多様性を生み出した例であり，次の段階で生存環境に有利な個体の選択や重複による雌雄全個体の3色色覚への移行などが起きるのかもしれない（図7.20）．ヒトの場合は，もともと3色色覚をもつが，同じ理由により女性に4色の色覚をもつ人がいることが報告されている．

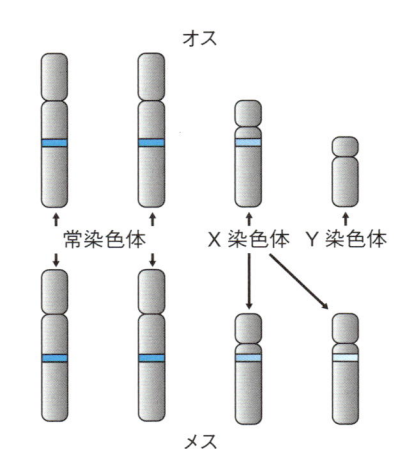

図7.20 マーモセットの雌雄におけるオプシン
常染色体上のオプシン（青色）は雌雄で共通であるが，X染色体上のオプシンは，メスの場合のみ，X染色体が2本あるために2つの色覚を受容する個体が生まれる可能性がある．

　ここまではすでに存在していた遺伝子が変異することにより新奇性を獲得する例をみてきた．では，遺伝子ではないところから新しい遺伝子をつくり出す変異が存在するのだろうか．可能性として考えられることは，転写翻訳の開始シグナルが，非コード領域に挿入されるケースである．これにより，mRNAとして転写されていなかった配列情報がmRNAとなる．この場合は，開始コドンが存在していたとしても直後に終止コドンが出てしまう可能性が高いが，これをある確率的に回避することができる領域がある．それはGC含量が多い領域である．終止コドンはTAA，TAG，TGAの3種類であることから，GC含量が

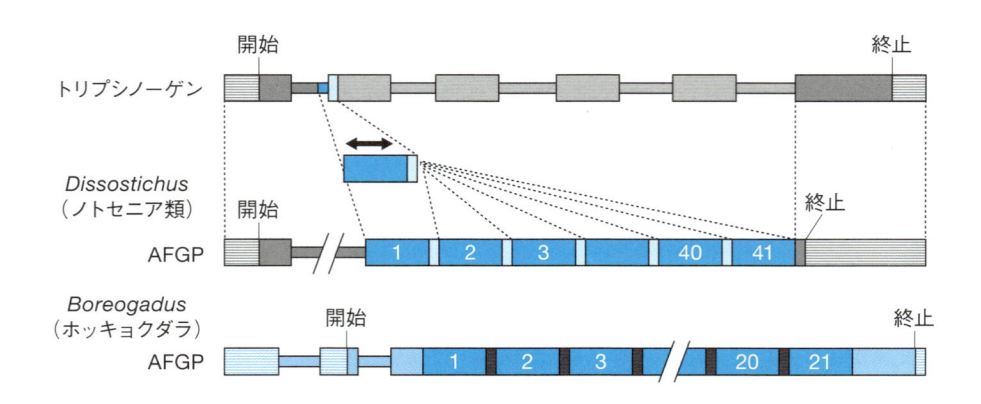

図7.21 抗凍結糖タンパク質の分子進化
イントロン領域に他の遺伝子のコーディング領域が挿入されることにより，新しい遺伝子が構成された．

多い領域では，終止コドンが少ないと考えられる．また，生物全体として GC 含量が少ない好熱菌などの場合は，さらに終止コドンが表れる確率が下がると考えられる．このような条件が揃った上で，途中に出てくる終止コドンが変異を受けてアミノ酸をコードするようになれば，より長いタンパク質をコードする mRNA が誕生することになる．これに近い例として，魚類にみられる抗凍結糖タンパク質である AFGP があげられる．これは，他の遺伝子の非コード領域に他の配列が挿入され，さらにそれが拡張することでまったく新しいタンパク質がつくられるようになったものである（図 7.21）．

　こういった生物内での遺伝子変異が分子進化の原動力になる例も多いが，他種からの水平伝搬や共生などによる遺伝子の交換も知られている．新しい機能をもった遺伝子を獲得することは，予想以上に簡単なことなのかもしれない．

ま と め

1. 変異を起こす原因は，DNA複製のミス，環境由来の変異原性物質による損傷，さらにはウイルスやトランスポゾンなどである．

2. 1,000 bpの遺伝子の場合，1世代あたり約10^{-6}の頻度で変異するが，致死や表現型で確認できない限り，その変異を観察することは困難である．

3. 点変異とは，1塩基が他の塩基に変化することであり，その原因は環境要因やDNA複製のエラーなどである．プリンどうし，ピリミジンどうしの変異をトランジションとよび，プリンからピリミジン，ピリミジンからプリンへと変異するトランスバージョンよりも頻度が高い．

4. 塩基間挿入剤やトランスポゾンとよばれる転位因子がはたらくことにより大きなDNA断片が挿入されることがあり，これを挿入変異とよぶ．また，逆に1塩基あるいはそれ以上の塩基が失われることもあり，これを欠失変異とよぶ．

5. マイクロサテライト配列などの単純なくり返し配列は，そのくり返し数が増加しやすいことが知られており，これは複製の過程でスリップが起こるためと考えられている．

6. 転座とは，ある染色体が別の染色体に移される現象で，8番染色体上の*c-myc*と14番染色体上のイムノグロブリン間の転座は，発がんの原因としても知られている．

7. 遺伝子変異は，ゲノム上すべての場所で等しい確率で起こるわけではなく，ある一定の部位や領域で起こりやすい．この領域をホットスポットとよぶ．

8. 1塩基の変異によって生じる変化は3種類に分類される．コードしているアミノ酸が置換される場合をミスセンス変異，置換されない場合をサイレント変異，終止コドンとなる場合をナンセンス変異とよぶ．

9. 読み枠がずれるような塩基の挿入や欠失が起き，以後のアミノ酸配列がまったく変わってしまう場合，これをフレームシフト変異とよぶ．

10. 変異によって遺伝子が本来の機能を失ってしまうケースを機能喪失型変異とよび，逆に新しい機能を獲得するケースを機能獲得型変異とよぶ．

11. 生じた変異を打ち消すような第2の変異が起きる場合があり，これを復帰変異とよぶ．復帰変異は，変異を起こした部位に起きることもあるが，それ以外の部位やまったく別の遺伝子に起きることもある．

12. ナンセンス変異を起こしたとき，これを別のアミノ酸に読み替えることにより変異による影響を最小限に抑える現象があり，これをサプレッサー変異とよぶ．

13. 多くのDNAポリメラーゼにはDNA複製活性に加えて，複製のエラーを修復する活性があり，これを校正修復とよぶ．

14. 二本鎖DNA間にミスマッチが生じるとMutSなどが検出してミスマッチ修復を行う．

15. DNAに生じた損傷を修復する機構を除去修復とよび，特定の塩基を認識して

除去する塩基除去修復とDNAのゆがみを認識して修復するヌクレオチド除去修復の2つがある．
16. ピリミジン二量体は，光依存酵素DNAフォトリアーゼによって光回復される．
17. 二本鎖が切断された場合は，相同組換えを利用した組換え修復かKuによる非相同末端結合（末端連結修復）が行われる．
18. 大腸菌では，DNAの損傷が起きるとRecA遺伝子によって一連の遺伝子群が活性化され修復が行われる．これをSOS修復とよぶ．
19. 大腸菌にはRecBCD経路とよばれる相同組換え機構があり，同様の機構は古細菌や真核細胞でも知られている．
20. 真核細胞における相同組換え機構は，DNA損傷の修復だけではなく減数分裂時にも大切な役割を担っている．
21. λファージが大腸菌に感染する際には，部位特異的組換えが行われる．
22. 遺伝子は普遍ではなく，生物の進化とともに変化している．これを分子進化とよび，分子進化に基づいた生物の分類を分子系統学とよぶ．
23. 分子進化のスピードは遺伝子や種によっても異なる．この分子進化のスピードを分子時計とよぶ．
24. 遺伝子は重複や変異の蓄積によって，類似の機能あるいはまったく別の機能をもった遺伝子ファミリーを形成する．
25. 遺伝子ファミリーによって生じた個々の遺伝子は，異なる種においては偽遺伝子化することもある．また，同一種においても，環境によって偽遺伝子化することもある．
26. 変異による新奇性の獲得は，同一種間や雌雄間においても異なることがあり，色覚に関与するオプシンの多型は，男女間で色彩の感受性が異なることがある例である．
27. まったく新奇の遺伝子が生じる機構として，転写翻訳開始シグナルなどが挿入されるケースがある．

参考文献

Albert, B. et al., 中村桂子他訳, 『細胞の分子生物学 第5版』, ニュートンプレス, 2010
Lewin, B. et al., 永田和宏他訳, 『ルーイン細胞生物学』, 東京化学同人, 2008
Lewin, B. et al., Gene XI, Jones & Bartlett Leaning, 2012
Weaver, R., 杉山弘他訳, 『ウィーバー分子生物学 第4版』, 化学同人, 2008
Barton, N., 宮田隆他訳, 『進化 分子・個体・生態系』, メディカル・サイエンス・インターナショナル, 2009

第8章 高等生物の分子生物学

8-1 情報伝達（シグナル伝達）

　情報伝達という言葉自体は電子工学の分野では古くから使われてきていたが，生物学の分野で使われはじめたのは 1980 年代からである．ロッドベル（M. Rodbell）が GTP や GTP 結合タンパク質が細胞において重要な役割を果たしていると報告し，その中で情報伝達（シグナル伝達）という言葉を用いたのである．

　しかし，人間がその存在に気がつくよりはるか以前の単細胞生物時代から，生物はシグナル伝達系構築を準備し，かつ実際に大切な情報交換手段として使ってきていたのである．たとえば，細菌などもインスリン様物質やエンドルフィン様物質をつくることが知られており，それらの細菌における役割はシグナル伝達ではないにしても，シグナル伝達へと移行する原型となったと考えられている．ここでは，シグナル伝達の例を紹介して，その役割と調節機構を解説する．

A　シグナル伝達経路とは

　細胞は，外界と細胞内を区別するために細胞膜や細胞壁をもっている．外界には栄養物質だけではなく有害物質が存在していると考えられることから，生存にとって外からの情報を遮断することはきわめて重要なことである．しかし，栄養物質はもちろんのこと，他

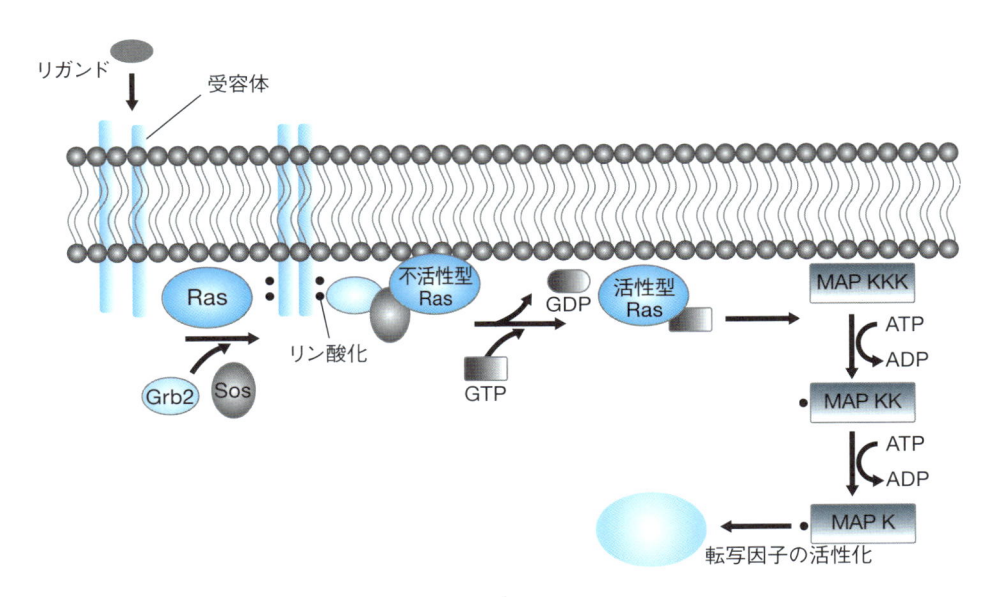

図8.1　シグナル伝達経路の例
Ras 経路から MAP キナーゼ経路へのシグナル分子を示す．

の細胞との情報交換は，細胞や個体が生存するためにも必要である．たとえば，離れた細胞から放出された少量の物質が血液などによって運ばれ別の細胞に作用するホルモンとそれに対応する細胞内シグナル伝達機構は，個体の正常な発達に必要不可欠である．それ以外にも，増殖因子による細胞増殖の制御，サイトカインによる免疫系細胞の活性化，さらには神経伝達物質による神経系の複雑なネットワーク形成も情報伝達の大切さを物語っている（図 8.1）．

これらのシグナル伝達系の特徴は次の3点である．第1に，**リガンド**とよばれる細胞外に放出される物質が存在していることである．ホルモンや増殖因子などがその例である．第2に，標的細胞には**受容体**が存在していることである．リガンド物質がやってきても，細胞に受容体がないとそのシグナルを受け取ることができない．これは，そのシグナルを受け取る必要がない細胞が不必要な反応を起こさないためにも重要である．第3に，細胞内への情報伝達経路が存在していることである．リガンドからの情報は，細胞内でセカンドメッセンジャーとよばれる物質により伝えられる．セカンドメッセンジャーとして知られている物質には，サイクリック AMP（cAMP），カルシウムイオン（Ca^{2+}），ジアシルグリセロール（DG），イノシトール 3-リン酸（IP3），サイクリック GMP（cGMP）などがある．これらのセカンドメッセンジャーは，多くの場合，最終的には特定の遺伝子や遺伝子群を活性化するための転写因子を活性化する（表 8.1）．

表8.1　主なセカンドメッセンジャー

セカンドメッセンジャー	標的タンパク質	合成/放出
サイクリックAMP（cAMP）	プロテインキナーゼA	アデニル酸シクラーゼ
	バクテリアの転写因子	
	陽イオンチャネル	
	サイクリックヌクレオチドホスホジエステラーゼ	
イノシトール1,3,5-三リン酸（IP$_3$）	IP3開口型Ca^{2+}チャネル	ホスホリパーゼC
ジアシルグリセロール（DAG）	プロテインキナーゼC	ホスホリパーゼC
	Trp陽イオンチャネル	
サイクリックGMP（cGMP）	プロテインキナーゼG	グアニル酸シクラーゼ
	陽イオンチャネル	
	サイクリックヌクレオチドホスホジエステラーゼ	
カルシウムイオン（Ca^{2+}）	カルモジュリン	細胞小器官からの放出および細胞膜チャネルからの流入

B シグナル伝達の流れ

a アドレナリンβ受容体の受容機構

アドレナリンは，高峰譲吉と上中啓三によって見いだされた副腎髄質ホルモンである．このシグナルはグリコーゲンの分解が必要であることを知らせるシグナルであり，生物が危機的状況に陥った際に，戦うか逃げるかというエネルギーを必要とするストレス環境下で作用することが知られている．

アドレナリンが分泌されてアドレナリンβ受容体に結合すると，Gタンパク質が活性化されてGDPをGTPに変換する．これがアデニル酸シクラーゼを活性化し，ATPがcATPとなる．その後，カスケード機構によりプロテイキナーゼAの活性化，ホスホリラーゼキナーゼの活性化，ホスホリラーゼbの活性化が起こり，グリコーゲンの分解が引き起こされる（図8.2）．

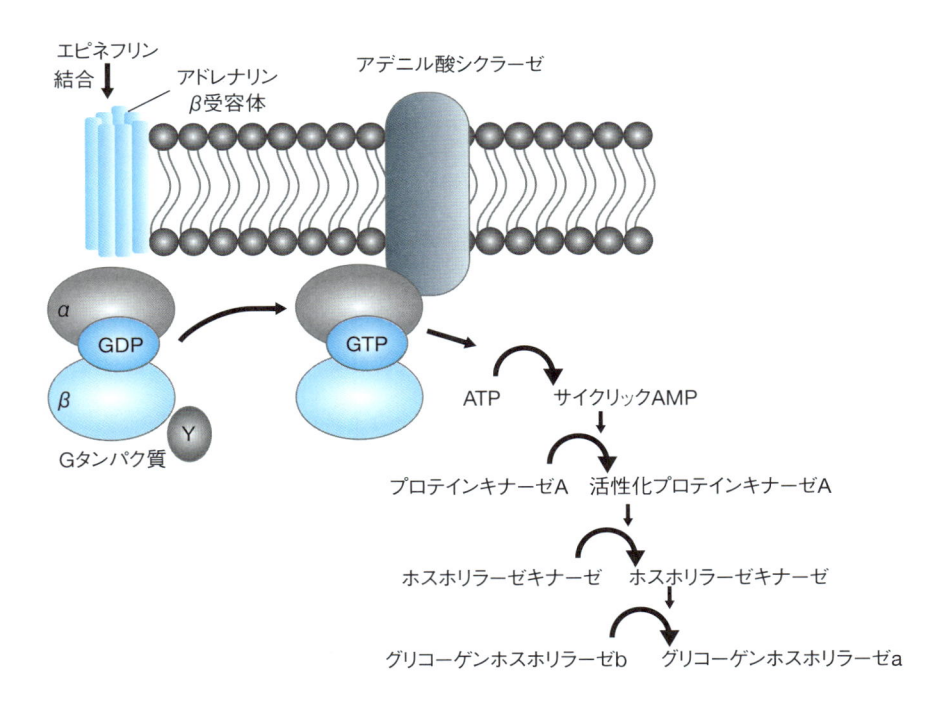

図8.2 アドレナリンとシグナル伝達
アドレナリンの刺激は，カスケード機構を経て細胞内に伝わる．

b うま味と甘味の受容機構とシグナル伝達

うま味と甘味は，taste receptor type 1（T1Rファミリー）によって受容される．うま味は，T1R1およびT1R3のヘテロダイマー，甘味はT1R2およびT1R3のヘテロダイマーに

より認識されるが，その後の細胞内シグナル伝達機構は共通のものを用いている．すなわち，T1R1/3 発現細胞と T1R2/3 発現細胞が区別されているがゆえに，細胞内シグナル伝達機構を共有できるのである．うま味が舌の味覚細胞で発現している T1R1/3 に刺激を与えると，味細胞質内の G タンパク質である α-ガストデューシン $G_{\alpha gust}$ が活性化され，$G\beta\gamma$ と解離する．解離した $G\beta\gamma$ は $PLC\beta2$ を活性化し，IP3 をつくり出す．この IP3 が小胞体の IP3 受容体に結合して，細胞内カルシウム濃度が上昇する．放出された Ca^{2+} は細胞膜の TRPM5 に作用して細胞外からの Na^+ や Ca^{2+} の流入を引き起こすことで脱分極が起きる．すると，電位依存性 Na^+ チャネルが開き活動電位を生じさせ，これが Panx1 などの電位依存性ヘミチャネルを開口させることで ATP の細胞外放出が起きる．この ATP が味神経線維上の $P2X_2/P2X_3$ 受容体に受容されると，味情報が味覚神経を通って脳内の味覚野に届く（図 8.3）．

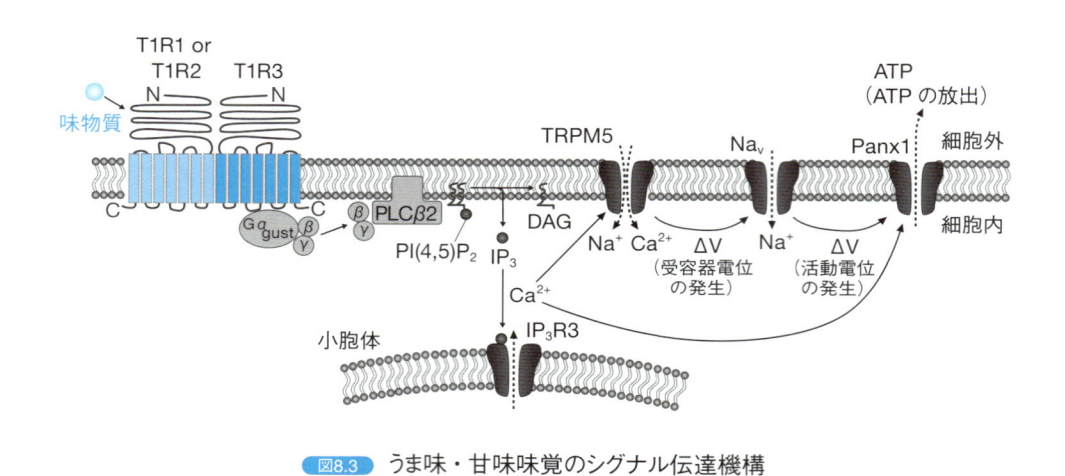

図8.3 うま味・甘味味覚のシグナル伝達機構
（出典：化学受容の科学，p.115，図 10.3）

8.2 細胞周期とその調節

　生物がすべて細胞で成り立っている限り，DNA だけではなく細胞全体を複製し新たな細胞あるいは個体をつくり出さなければならない．この作業は，地球上に生物が誕生して以来，限りなくくり返されてきたものであり，生物には個体の寿命とは異なる連続性が備わっていることを意味する．

　細胞が自らの複製をつくり出すためには，厳密な制御系が必要である．ゲノムの完全な複製がつくられていなければ不完全な遺伝子セットをもった細胞ができてしまうし，分裂に関与するタンパク質群が不必要な時期にはたらいてしまうと細胞の生存が脅かされるこ

とになる．

　ここでは，細胞周期とその制御系について説明し，がんの発症メカニズムについても解説する．

A 細胞周期とは

　細胞周期は4つの期間に分かれる．染色体の複製が行われる**S期**と細胞が分裂する**M期**，そしてそれぞれの間である期間（M期が終わりS期までを**G_1期**，S期が終わりM期まで**G_2期**とよぶ）である．M期以外のG_1，S，G_2期を，まとめて間期ともよぶ．細胞は常に分裂しているわけではなく，休止状態となっているものも少なくない．このような休止期を**G_0期**とよぶ．ほ乳類では，細胞周期が一回転するのに約24時間を要するが，各期間は均等ではなく，S期はそのうちの半分にあたる10〜12時間を要するのに対し，M期は1時間程度である．S期に多くの時間を費やすのは，とくに真核細胞においてはDNAとタンパク質が複雑に絡み合っており，その複製に多くの時間を要するからである．また，一度複製した領域を分裂前に再度複製することを防ぐとともに，複製エラーによるDNA変異を抑えなければならないなど，複雑な制御機構も存在する（図8.4）．

　S期における複製は，真核細胞では多数の複製起点で二本鎖の巻き戻しが起きることで

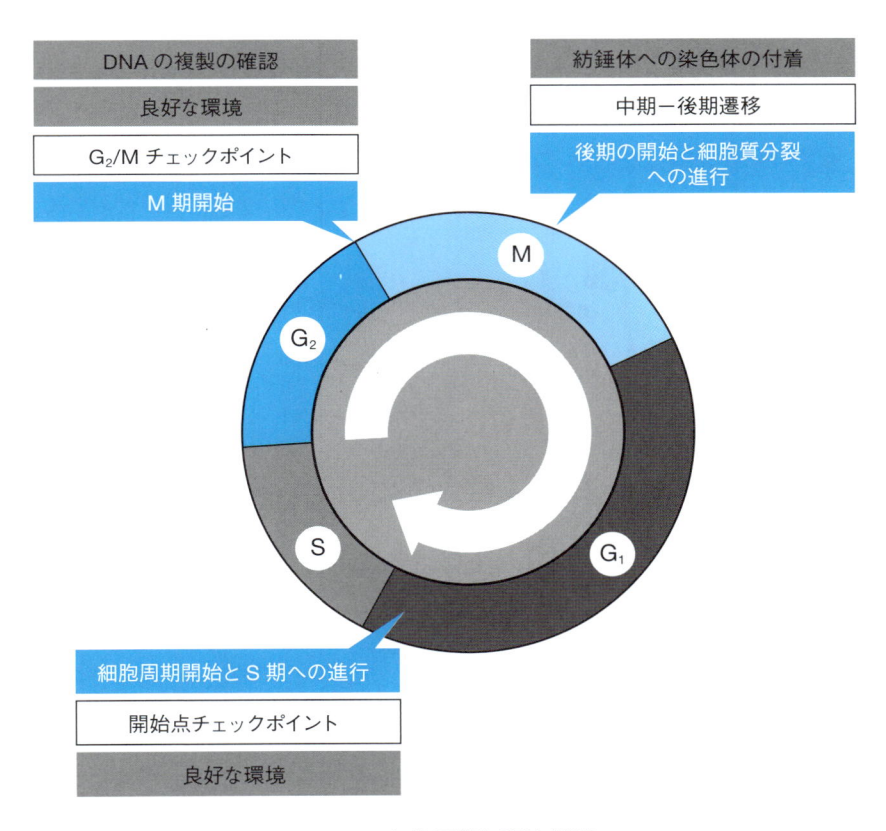

図8.4 細胞周期と調節機構

はじまる（第4章参照）．複製起点には，G_1期に複製前複合体が結合することで，次のS期に複製がスタートすることが予約される．さらにS期にはこの複製前複合体を中心に開始前複合体が形成され，複製起点の活性化が行われる．いったん活性化された複製起点からは，複製前複合体が脱離して，次のG_1期まで活性化されない．これは，この複製前複合体がCdk（サイクリン依存性キナーゼ）によって阻害され，APC/Cによって活性化される性質をもつため，Cdk活性が低下するM期終わりにならないと再形成されないためである．この機構によって，細胞周期あたり1回のDNA複製のみが行われることになる．

　S期で倍加した染色体は，姉妹染色分体接着によって姉妹染色分体とよばれるきわめて密に集まった棒状の構造体を形成する．この姉妹染色分体を形成するために必要なタンパク質複合体をコヒーシンという（図8.5）．コヒーシンは巨大な輪のような形をとっており，これが姉妹染色分体を取り囲んでいる．

　染色体が倍加してS期が終了すると，G_2期を経てM期へと移行する．M期では，有糸分裂による姉妹染色体の分配と細胞質分裂が起き，最終的に細胞分裂が終了する．このM期で起きるすべての現象は，M-Cdk（M期促進因子：MPF）とよばれるキナーゼ活性をもつタンパク質によって誘導される．M-Cdkは，M-サイクリン（サイクリンB）とCdk1（cdc2）の複合体であり，G_2期からM期にかけてM-サイクリン合成量が上昇することで蓄積し，リン酸化によりその活性が制御される．多くの動物細胞の有糸分裂では，チューブリンを主成分とする微小管が2つの紡錘体極を結ぶことで紡錘体とよばれる構造が生じる．2つの紡錘体極の中心には，姉妹染色分体があり，その動原体部分に微小管が結合し

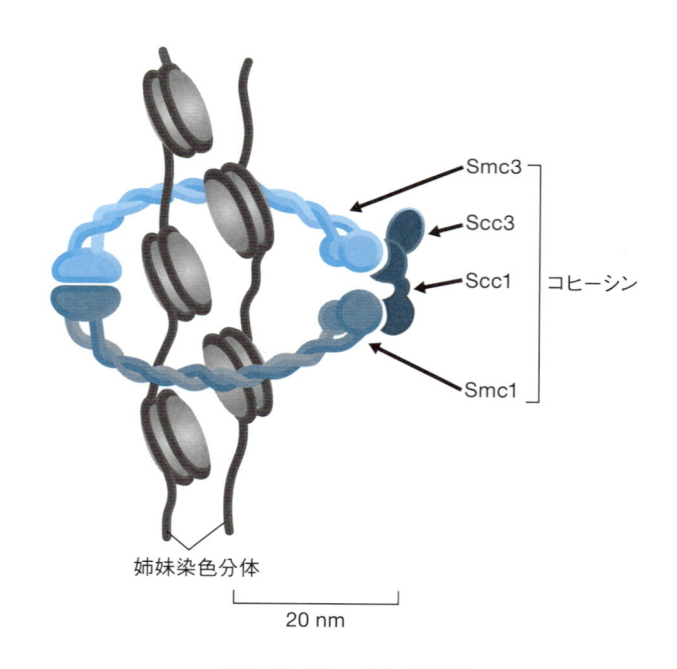

図8.5　コヒーシンの構造
（出典：細胞の分子生物学, p.1070, 図17.24）

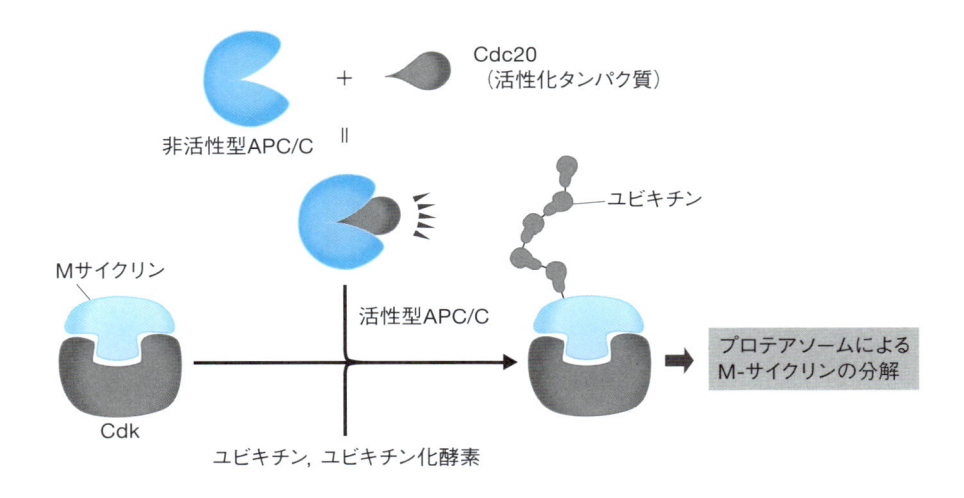

図8.6 APC/C による細胞周期の調節
APC/C によりユビキチン化された M-サイクリンは，プロテアソームで分解される．

ている．その後，モータータンパク質の働きにより染色体が紡錘体極に引っ張られることで，染色体が分配される．この姉妹染色体分離は，後期促進複合体（APC/C）がセキュリンを分解することでスタートし，同様に APC/C が Cdk を不活性化させることで終結する（図 8.6）．

姉妹染色体が分離した後，細胞周期は細胞質分裂を行うことにより完了する．細胞質分裂がはじまると，アクチンフィラメントとⅡ型ミオシンフィラメントによって収縮環が形成され，細胞にくびれが生じる．この収縮環が細胞質を2分割する原動力となる．

上記の有糸分裂と細胞質分裂は連続して起きることが一般的であるが，一部の細胞では有糸分裂後に細胞分裂が起きず，多核細胞（シンシチウム）を生じることがある．これらは，血小板をつくる多核巨細胞や昆虫の初期胚などでみられる．

B 細胞周期の制御

細胞周期の制御機構において重要な役割を担っている因子は，がん抑制遺伝子（p.175 参照）とよばれる *Rb* である．Rb タンパク質は，細胞周期に関する遺伝子群の転写を活性する E2F と結合することにより E2F の機能を抑制する．Rb タンパク質がリン酸化を受けると E2F と結合できなくなり，E2F による細胞周期関連遺伝子群の活性化が起きる．一方，サルの DNA がんウイルスである SV40 が産生する T 抗原やアデノウイルスがもつ E1A 遺伝子産物は，リン酸化されていない Rb タンパク質に特異的に結合することができ，これらと結合した Rb タンパク質は E2F との結合能を失う．したがって，Rb タンパク質がリン酸化された場合と同様に，細胞周期が継続的に進むことになりがん化が引き起こされる．Rb タンパク質が正常な機能を失うとがん化する．いいかえると正常な機能を保持している

図8.7　細胞周期とRbタンパク質

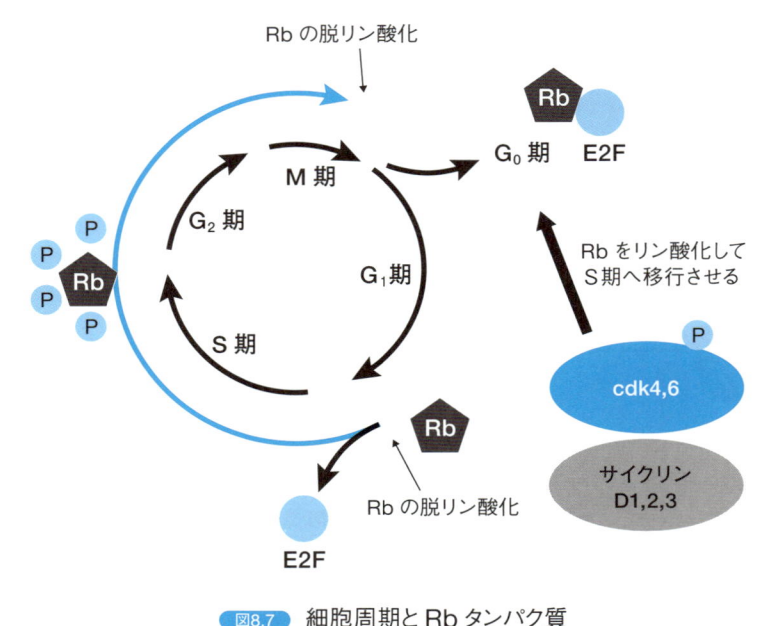

限りがん化が抑えられることから，*Rb* はがん抑制遺伝子とよばれ，細胞周期の制御において重要な役割を担っている（図8.7）．

細胞周期のさまざまな段階においても制御機構が存在している．これら各制御点における制御をチェックポイント制御（チェックポイントコントロール）とよぶ．細胞周期に入った細胞が最初に迎えるチェックポイントは，染色体複製に入る直前の G_1 期の終わりである．ここで複製すべき染色体に異常がないか，複製のための準備が整っているかなどがチェックされる．次のチェックポイントとなるのが，有糸分裂が開始する直前の G_2/M

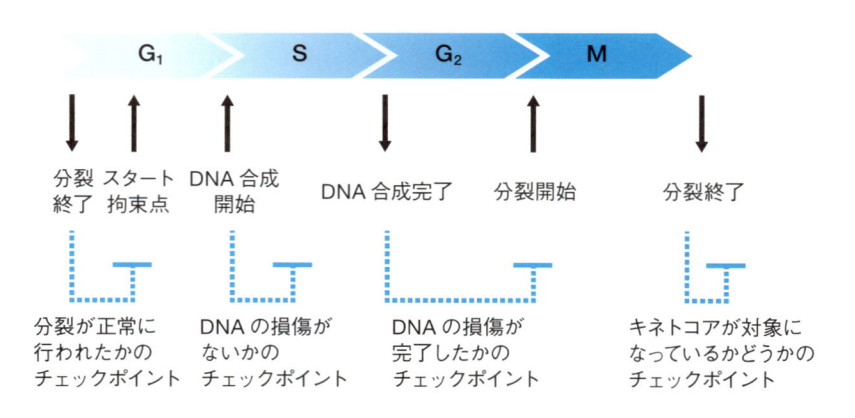

図8.8　細胞周期とチェックポイント

チェックポイントである．このとき，すべてのDNAが複製されたか，有糸分裂を行うための準備が完了したかがチェックされる．最後にM期の中期から後期にかけてのチェックポイントによって，複製されたすべての染色体が紡錘体に結合しているかが確認された上で，有糸分裂・細胞質分裂がスタートする．これらのどこかのチェックポイントで異常がみつかると，その細胞は次の段階に進むことがなく，異常がなくなるまでとめおかれることになる（図8.8）．

8.3 がん

現代社会の三大死因の1つががんである．がん発症のメカニズムを知り，その根本的治療法を確立することは重要であるが，それとともにがん細胞を研究することで細胞の正常な機能を理解することにもつながることを忘れてはいけない．

A がん遺伝子

ヒトの細胞の場合，50回程度の分裂が起きるとそれ以上分裂できなくなるが，がん細胞は，細胞周期の制御を外れて無限に増殖し，かつ他の組織などに浸潤する性質をもつ．通常，わずか1個の細胞に起きた悪性の変異が，その細胞が無限に分裂することで腫瘍を形成してがんとなる．がん細胞を生じる原因には，がん原遺伝子が何らかの理由により変異を受けてがん遺伝子となる，がん抑制遺伝子が正常な機能を失う，がんウイルスに感染するなどがあるが，がんの発症のメカニズムは，単一の変異で説明できるほど単純ではない．一般に，がんは年齢とともに発生率が上昇する（図8.9）．これは，1つの変異だけでがんが発症するのではなく，複数の変異が蓄積することで発症することを示している（多段階

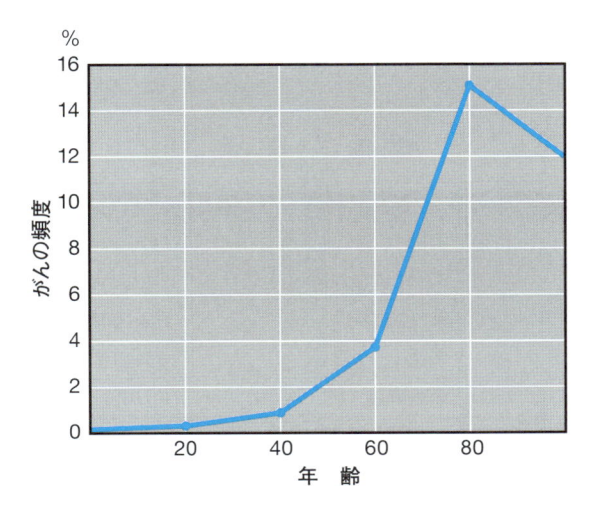

図8.9 がん発症年齢
（出典：遺伝子 第8版, p.798, 図30-1）

発がん説).

がん遺伝子として最初にみつかったものは，ニワトリに肉腫（sarcoma）を引き起こすラウス肉腫ウイルスから単離された *src* 遺伝子である．驚いたことに，この *src* 遺伝子ときわめて配列が類似した遺伝子が脊椎動物に存在することが明らかになり，がん遺伝子の由来は宿主細胞である動物細胞であることが明らかになった．本来は正常な機能をもつ遺伝子がウイルスに取り込まれ，何らかの原因によりがん遺伝子化したのである．Src は細胞内チロシンキナーゼであり，N 末側が調節ドメイン，C 末側が抑制ドメイン，その間が触媒ドメインであることが知られている．自ら 2 ヶ所のチロシン残基（416 番目と 527 番目）をリン酸化するが，そのうち 416 番目のチロシンのリン酸化は発がん性を高め，527 番目のチロシンのリン酸化は発がん性を低下させる．したがって，C 末側が欠失し 527 番目のチロシンをもたない Src は，本来の活性の制御機構が働かなくなり，がん遺伝子化する．

src 遺伝子が報告されて以降，多くのがん遺伝子が同定された（表 8.2）．これらのがん遺伝子の多くは，シグナル伝達経路に関与したタンパク質をコードしており，増殖因子と増殖因子レセプター，G タンパク質，チロシンキナーゼやセリン／トレオニンキナーゼ，転写因子などであった．

当初，がん遺伝子を探索するために，正常細胞にがん細胞の遺伝子を導入された．これによりがん化した場合，導入した遺伝子ががん遺伝子と判断される．この方法によって単離されたがん遺伝子が ***ras*** である．後に，ヒトのすべてのがんのうち 20% 程度に関与していることが明らかになり，後に解説する *p53* とともにがん発症に大きくかかわっている遺伝子の 1 つである．しかし，この方法で検索されるがん遺伝子はがん遺伝子の中の一定のファミリーのみであり，現在知られている何百ものがん原遺伝子は，多種多様な方法によって検索されたものである．

Ras タンパク質は単量体型の G タンパク質であり，活性をもつ GTP 結合型と不活性の GDP 結合型が存在する．Ras タンパク質は GTP の加水分解を行うことで細胞内シグナル

表8.2　がん遺伝子

がん遺伝子	腫瘍	ウイルス
src	肉腫	Rous肉腫
H-ras	肉腫と赤白血病	Harvey肉腫
fos	軟骨肉腫	FBJ骨肉腫
sis	肉腫	ネコ肉腫
jun	繊維肉腫	トリ肉腫
myc	上皮がん,肉腫と骨髄球腫	トリ骨髄球腫
abl	B細胞白血病	Abelson白血病
erbB/erbA	赤白血病と繊維肉腫	トリ赤芽球症
myb	骨髄性白血病	トリ骨髄芽球症

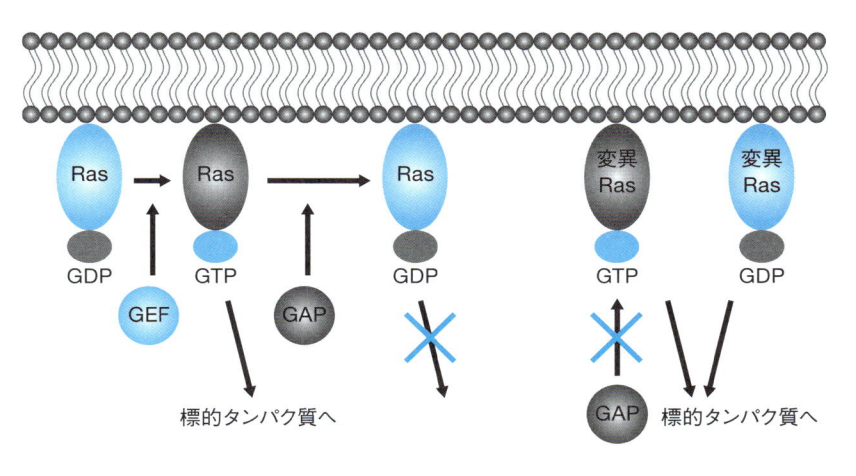

図8.10　*ras* 遺伝子とがん化機構

伝達を行っている．Ras タンパク質の 12 番目と 61 番目のアミノ酸に変異が生じると，本来は不活性な GDP 結合型が活性をもつようになり，持続的に細胞内シグナルを出し続けることになる．これにより，がんの発症への引き金を引かれることになる（図 8.10）．

src 遺伝子も *ras* 遺伝子も本来は正常な機能をもつ細胞由来の遺伝子が変異によりがん遺伝子化していた．しかし，アミノ酸配列に変異が生じなくてもがん遺伝子として機能するものもある．その例が *myc* 遺伝子である．*myc* 遺伝子ががん遺伝子として機能する場合，この遺伝子近傍と他の染色体との間で非相同組換えが起きていることが多い．典型的な例は，*myc* 遺伝子がコードされている 8 番染色体と免疫グロブリンがコードされている 14 番染色体との組換え（転座）である（translocation の t を使い，t(8;14) と表す）．転座によって *myc* 遺伝子がイムノグロブリン近傍に来ると，イムノグロブリン遺伝子がもつエンハンサーの影響を受けるようになり，過剰な *myc* 遺伝子産物が産生されるようになる．これが発がんを促す．同様な転座は，T 細胞受容体をコードする 14 番染色体領域や κ 遺伝子座をコードする 2 番染色体，γ 遺伝子をコードする 11 番染色体でもみられ，いずれも *myc* 遺伝子の過剰発現を引き起こすことによりがんを引き起こす．*myc* 遺伝子産物の過剰発現が引き起こすがん化には，上記の転座のほか，レトロウイルスの挿入や *myc* 遺伝子の増幅などがあり，いずれも通常の遺伝子制御から外れることががん化の原因となっている（図 8.11）．

正常な動物細胞を培養に移すと，ある程度の分裂を行った後に停止する．これを細胞の老化とよび，その後破局を迎え死滅する．細胞が破局を迎えるのは，正常細胞においては，DNA 末端であるテロメアを複製する酵素テロメラーゼが不活性化されているため，分裂ごとにテロメアが短くなることが原因である（図 8.12A）．テロメラーゼが働かないと，1 回の分裂で数十〜100 bp ほどテロメアが短くなり，テロメアを保護しているタンパク質キャップ構造が機能しなくなる．末端の構造が異常となりむき出しになると，DNA が損傷している状態として認識されるようになり，p53 を介した細胞周期の停止が起きる．しかし，細

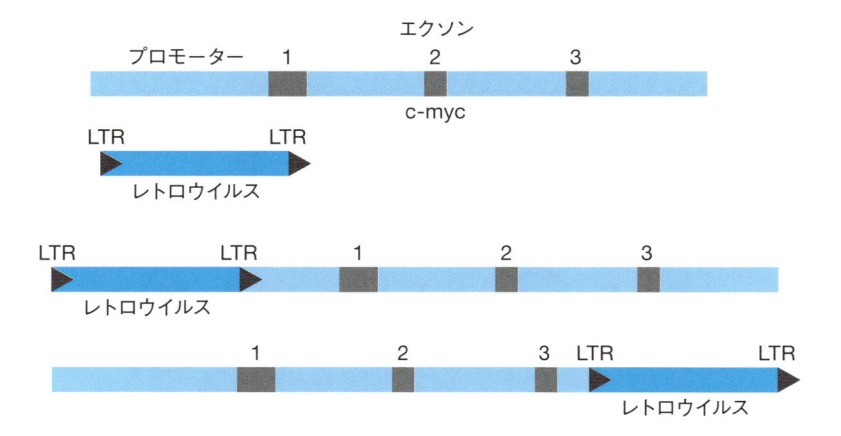

図8.11 c-myc 遺伝子とがん化
c-myc 遺伝子近傍に強力な転写活性をもつ LTR が挿入され，c-myc 遺伝子発現量が増加してがん化が引き起こされる．

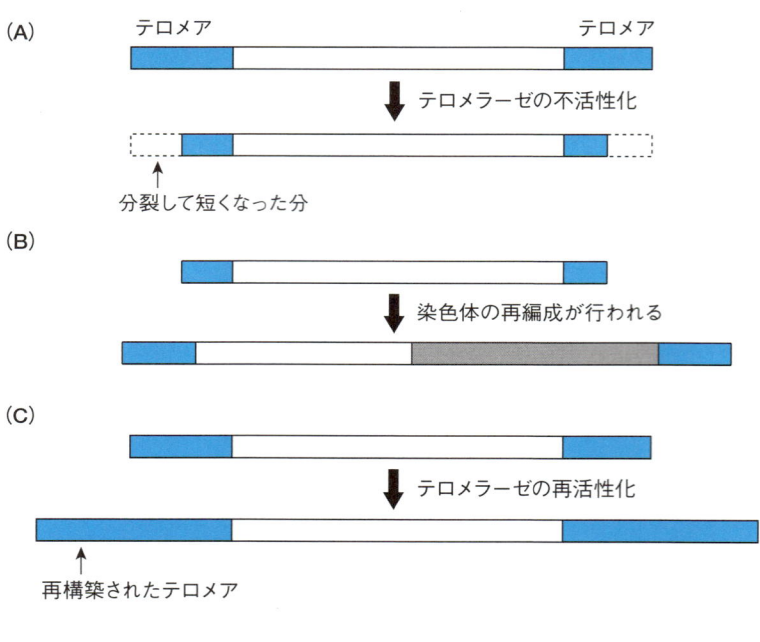

図8.12 テロメラーゼとがん化

胞を培養していると，ときに破局を乗り越える細胞が現れる（図 8.12B）．このような細胞はテロメアを複製する能力を回復したと考えられ，実際にテロメラーゼ活性がみられる．また，テロメラーゼ遺伝子を導入することにより，永久に分裂をくり返す細胞を得ることもできる．多くのがん細胞ではこのテロメラーゼの活性が上昇しており，何度も細胞分裂しても細胞の老化が起きない（図 8.12C）．

B　がん抑制遺伝子

　1〜2万人に1人の割合で発症する網膜芽細胞腫の研究から，すべての細胞で細胞周期の制御にかかわっている *Rb* 遺伝子が単離された．網膜芽細胞腫には遺伝性と非遺伝性のものがあり，非遺伝性の網膜芽細胞腫の頻度はきわめて低く，片目のみに腫瘍が生じることが多い．一方，遺伝性の網膜芽細胞腫は，両目に腫瘍が起こることが多い．網膜芽細胞腫を発症したヒトの中には，13番染色体に欠失がある例があることから，この領域を詳細に研究し，*Rb* 遺伝子が同定されたのである．遺伝性の網膜芽細胞腫では，発症していない状態であっても対立遺伝子のうちの一方の *Rb* 遺伝子が変異しているが，正常な *Rb* 遺伝子が補っているために発症を抑えられている．しかし，どちらか一方がはじめから変異型である人は，*Rb* 遺伝子に生じる1回の変異ですべての機能を失うため，網膜芽細胞腫を高頻度で発症することとなる．このように，*Rb* 遺伝子変異によるがん化は，タンパク質の機能喪失（loss-of-function）である．*Rb* 遺伝子変異が原因となって発症するがんには，骨肉腫や肺小細胞がんなどもある．

　すべてのがんの約50％に関与しているといわれる最も重要ながん抑制遺伝子は，***p53*** である．p53タンパク質は核内に局在し，SV40のT抗原と結合する性質をもっているタンパク質として同定された．発見当初，多くのがん細胞においてp53タンパク質が過剰発現していること，さらにこのp53タンパク質を正常細胞に導入するとがん化することから，がん遺伝子と分類された．しかし，ここで同定されたp53タンパク質は変異型であることが明らかになり，細胞がもつ2つの *p53* 遺伝子のどちらか一方が変異するだけで正常型の機能を阻害してしまうドミナントネガティブ（dominant negative）型のがん抑制遺伝子であることが判明した．

　正常なp53タンパク質は，標的遺伝子のプロモーター内の10 bpの認識配列に結合して転写を活性化する．標的遺伝子の1つである *p21*（CKI：cyclin-dependent kinase inhibitor）は，G1/S-CdkやS-Cdk複合体の機能を阻害することにより細胞周期を阻害するため，p53タンパク質が機能することで細胞周期は負に調節される．

　しかし，p53タンパク質は正常細胞内においても低濃度でしか存在しない．これは，Mdm2がp53タンパク質と結合することにより，プロテアソームにおけるユビキチン経路により分解を促しているからである．一方，DNAが紫外線などにより損傷を受けるとp53タンパク質がリン酸化を受けるが，リン酸化したp53タンパク質はMdm2との親和性が低下するためにプロテアソームによる分解を受けなくなり蓄積する．これにより上述の *p21* 遺伝子の転写が促進され，細胞周期が停止する．このDNA損傷に対する応答機構は，細胞周期の制御としても重要である．もし，DNA複製の過程が何らかの理由により停止した場合，DNAの損傷と同様の状態となる．この状態で有糸分裂がスタート，すなわち細胞周期が進んでしまうと大きな問題となる．そのため，リン酸化されたp53タンパク質がp21タンパク質を介した細胞周期阻害により，問題が解決されるまで細胞周期を止めるのである（図8.13）．

図8.13　p53の機能

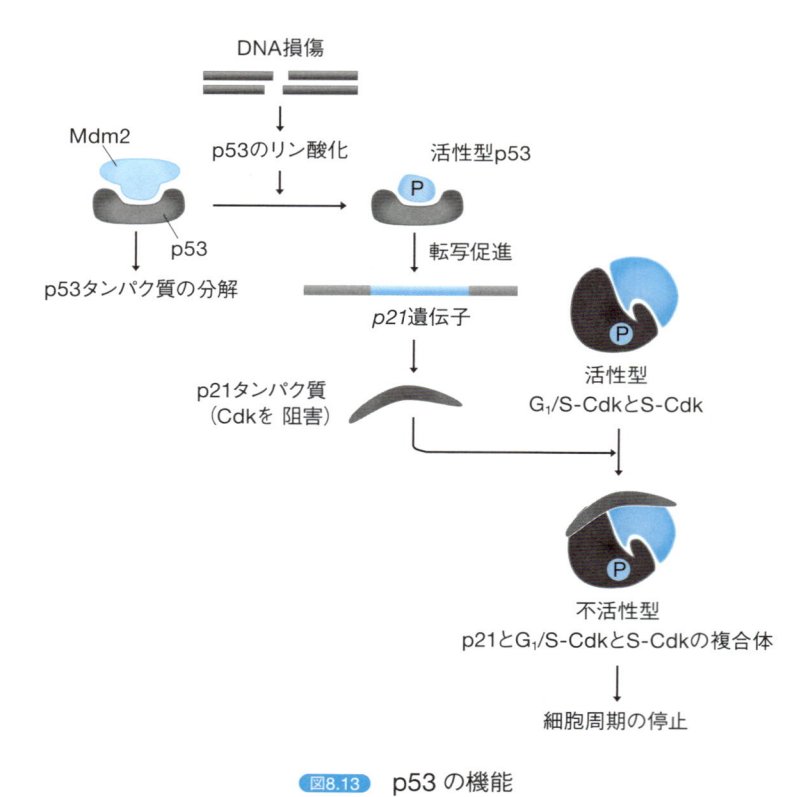

このような正常なp53タンパク質の機能が変異によって失われると，DNAに損傷があったとしても細胞周期が進み，多くの遺伝子に損傷が蓄積していく．これががん化を引き起こす原因となるのである．

8.4 細胞死

　p53は，DNA修復が行われるまでの間，細胞周期を止める働きがあることを述べた．しかし，修復不能なほどの損傷を受けた場合はどうなるだろうか．これに対する答えは，単細胞生物と多細胞生物で異なることが知られている．酵母のような単細胞生物は，DNA損傷によって細胞周期が一時停止した場合，修復不可能であっても細胞周期を再スタートすることが知られている．単細胞が分裂を停止することは子孫を残さずに死ぬことを意味するため，損傷を受けた状態でも細胞周期を進めた方が有利と考えるからである．一方，多細胞生物の場合は状況が異なる．損傷を受けたDNAが子孫に伝わることは，がん化などを引き起こし，個体としての生を維持できなくなるかもしれない．そこで，修復不可能なDNA損傷を受けた場合は，その細胞の死を選択する．このように誘導される細胞死をアポトーシスとよぶ．多細胞生物における細胞死は，DNA損傷などが誘導するアポトーシス以外でも起きる．多細胞生物においては，発生の過程で特定の細胞が死ぬことによって正常

な形態形成が行われるため，あらかじめプログラムされた細胞死（プログラム細胞死）ともよばれる．

細胞死には，アポトーシスに代表されるプログラム細胞死のほか，外傷や不慮の事態により栄養などが供給されなくなった際に起きる細胞壊死（ネクローシス）がある．アポトーシスによって死んだ細胞はすぐに食べられて消化されてしまうのに対し，ネクローシスを起こした細胞は，その内容物をまき散らして炎症を起こす点が異なる．

形態形成の過程で不要な細胞がアポトーシスを起こす例として，手足の指の形成がある（図8.14）．発生の初期においては，手足の構造は葉っぱのようになっているが，徐々に指と指の間の細胞がアポトーシスを起こし排除される．また，アポトーシスは，個体を生かすために劣化した細胞を排除するためにも用いられる．Bリンパ細胞は抗体産生のために体細胞組換えを行うが，組換えの過程で抗体をつくらなくなってしまったり自らを攻撃する抗体をつくるようになってしまったりすることがある．このようなB細胞を自殺させることもアポトーシスの役割の1つである．

アポトーシスが過剰に機能すると，本来は細胞死すべきではない細胞に作用し，心臓発作や脳卒中などの急性疾患を引き起こす．一方，アポトーシスが正常に機能しない場合にも重篤な疾患を引き起こす．たとえば，自らの細胞を攻撃する抗体を産生するようになったB細胞にアポトーシスを起こすことは個体を維持する上で大切であるが，アポトーシスが十分に機能しなければ，細胞死を引き起こすことができずに自己免疫疾患を発症する．

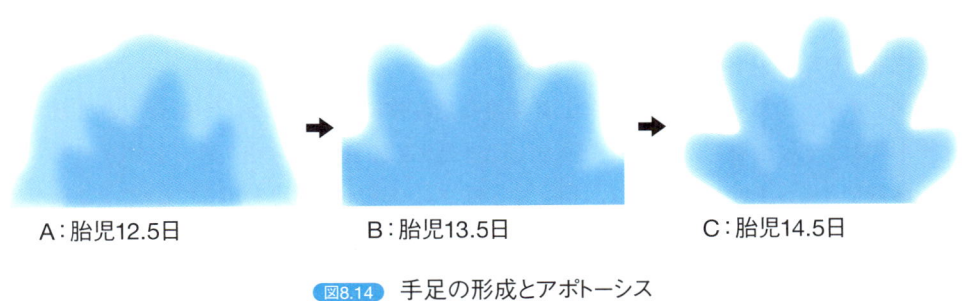

A：胎児12.5日　　B：胎児13.5日　　C：胎児14.5日

図8.14 手足の形成とアポトーシス
マウスの足はアポトーシスによって形成される．

A　カスパーゼ

アポトーシスの誘導において主要な働きを担っているものがカスパーゼ（カスペース）である．カスパーゼは，活性がないプロカスパーゼとして産生され，ほかのカスパーゼによって1，2ヶ所が切断されることにより成熟型のカスパーゼとなる．切断されたカスパーゼはヘテロ四量体となり，他のプロカスパーゼを切断することで成熟型カスパーゼ量を増やしていく．

これらカスパーゼは，開始時に機能する開始プロカスパーゼと開始カスパーゼが活性化した後に作用する実行プロカスパーゼに大別される（表8.3）．開始カスパーゼに含まれる

のがカスパーゼ-2, -8, -9, -10である．実行カスパーゼがカスパーゼ-3, -6, -9である．これらのプロカスパーゼは，初期発生当初から細胞内で産生されており，何らかのきっかけとともに活性化される．開始プロカスパーゼにはカスパーゼ動員領域（CARD）が存在しており，これが細胞の内外からのアポトーシス誘導シグナルを受け取り，後戻りができない細胞死がスタートする．カスパーゼの標的は自身や他のカスパーゼだけでなく，核のラミンやDNA分解酵素を阻害するタンパク質，さらには細胞骨格など，多岐にわたる．すなわち，細胞内のさまざまなタンパク質を分解することにより細胞の構造を破壊し，マクロファージにより食べられやすくなるのである．

表8.3　カスパーゼ

炎症に関与するカスパーゼ	カスパーゼ-1, -4, -5
アポトーシスに関与するカスパーゼ	
開始カスパーゼ	カスパーゼ-2, -8, -9, -10
実行カスパーゼ	カスパーゼ-3, -6, -7

（出典：細胞の分子生物学, p.1119, 表18-1）

B　外部アポトーシス経路と内部アポトーシス経路

　アポトーシスシグナル経路には，細胞外シグナルタンパク質が関与する外部アポトーシス経路と，DNAの損傷などが引き金となる内部アポトーシス経路がある．

　外部アポトーシス経路は，最初にFas細胞死受容体にFasリガンドが結合することでスタートする．Fas細胞死受容体は，膜を1回貫通する膜貫通タンパク質であり，ホモトリマー構造をとる．Fasリガンドは，細胞障害性リンパ球の表層に発現していて，これが標的細胞表層のFas細胞死受容体を刺激すると，Fas細胞死受容体の細胞内ドメイン部（細胞死領域）がFADDアダプタータンパク質を引き寄せ，これが開始プロカスパーゼ-8または10と結合することで，細胞死誘導シグナル伝達複合体（DISC：death-inducing signaling complex）を形成する．DISCが形成されると，開始プロカスパーゼが活性化し，下流のプロカスパーゼを活性化するとともに，細胞内の標的タンパク質の分解を開始する（図8.15）．

　外部アポトーシス経路には，そのシグナル経路を抑制する機構も存在する．その1つが，囮受容体（decoy receptor）である．囮受容体はFasリガンドと結合することができるが，細胞内のFADDアダプタータンパク質と結合する細胞死領域をもたない．したがって，下流の開始プロカスパーゼを活性化することができない．このように意図しないFasリガンドによる細胞死の開始を防いでいる．

　一方，内部アポトーシス経路は，DNA損傷や栄養条件の悪化などの内部刺激を受けることによりアポトーシスが開始する機構である．内部アポトーシス経路の開始は，ミトコンドリア電子伝達系のシトクロムcが細胞質に放出されることである．細胞質に放出された

シトクロムcは雪の結晶にも似たアポトソームとよばれる七量体を形成させる．この7量体の単位は，シトクロムcとApaf1（アポトーシスプロテアーゼ活性化因子-1：apoptotic protease activating factor-1）である．Apaf1は開始プロカスパーゼ-9に作用して活性化する．このカスパーゼ-9が下流の実行プロカスパーゼを活性化することで細胞死がスタートする．

外部アポトーシス経路と同様に，必要ないときには内部アポトーシス経路が活性化しないよう，厳密な制御機構が存在する．その主役がBcl2ファミリーに属するタンパク質である．Bcl2タンパク質は，アポトーシス抑制性のBcl2やBcl-X_L，アポトーシス促進性のBaxやBakの相反する2つの性質をもっているグループに分かれる．Bcl2やBcl-X_Lはミトコンドリアの外膜などに局在し，アポトーシス促進性タンパク質と結合することにより，その活性を阻害している．Bcl2やBcl-X_Lが結合すると，アポトーシス促進性タンパク質が複合体を形成できなくなり，結果としてシトクロムcの放出が阻害される．

また，アポトーシス阻害因子（IAP：inhibitor of apoptosis）による調整機構も存在する．IAPは活性化したカスパーゼと結合することでその機能を阻害したり，カスパーゼ自体の分解を促進したりすることで，細胞死を防ぐ機能をもっている．しかし，このIAPを取り除くことで，その作用を抑制する因子もありIAP抑制因子（anti-IAP）とよばれている．内部アポトーシス経路は，これらIAPとIAP抑制因子のバランスで調整されているのである．

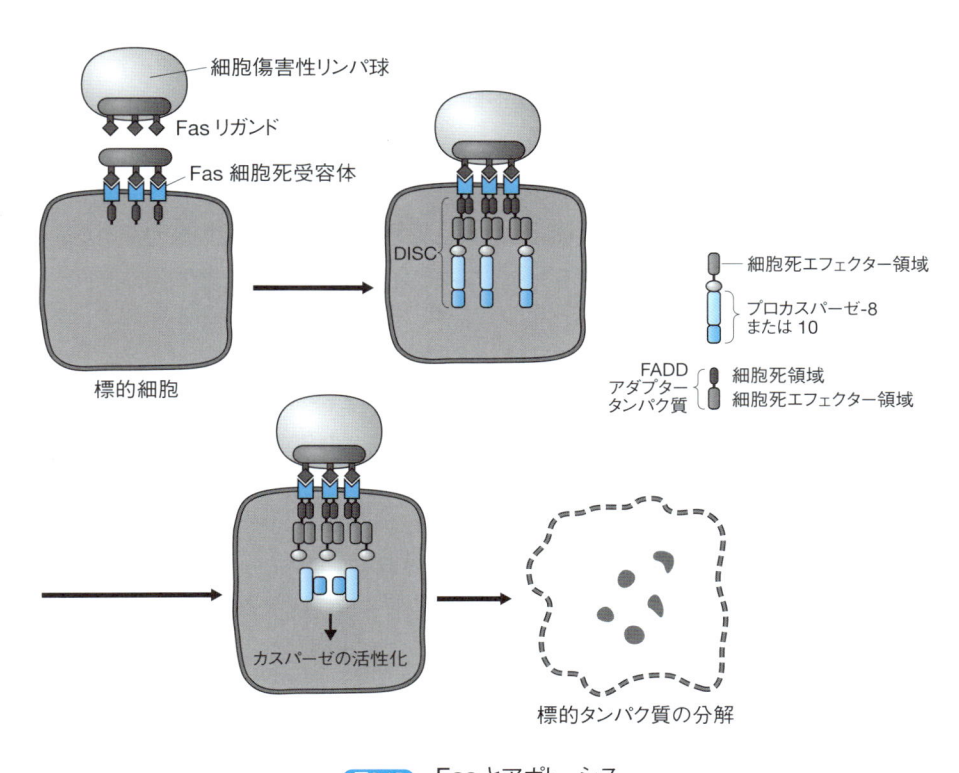

図8.15　Fasとアポトーシス

8.5 免疫による認識と反応の分子機構

1980年は人類の歴史の中で，特筆されるべき年となるであろう．それまで世界各国で猛威をふるっていた天然痘が，地球上から消え去ったとWHO（世界保健機構）が宣言した年である．天然痘との戦いは，1798年にジェンナー（E. Jenner）がワクチンを開発して以来，急速に進んだ．ワクチンの開発から160年後の1958年には，WHOによる「世界天然痘根絶計画」が発表され，人類の歴史上初めての特定ウイルスの根絶に向けての世界的取り組みがスタートした．そのわずか22年後に目標は達成され，冒頭の宣言に至ったのである．

天然痘に似たウシの病気である牛痘に感染したヒトは天然痘に感染しないなど，罹患によって獲得される何かが存在することが古くから知られていた．このように，一度感染した病原体などに対して何らかの抵抗性を獲得するのは，適応免疫応答が機能しているからであり，多くの脊椎動物がもつ防御機構である．一方，無脊椎動物は，病原体などを食細胞によって破壊する戦略を採用しており，これを自然免疫応答とよぶ．

適応免疫応答は，病原体にたいしてきわめて高い特異性をもっており，天然痘に感染したヒトは二度と天然痘に感染しないが，感染歴がないおたふく風邪には感染する．このような特異性の高い適応免疫応答を誘導する病原体などの物質を抗原（antigen）とよび，その免疫応答の主役の1つとなる物質を抗体（antibody）とよぶ．この適応免疫応答を担うのがリンパ球である．以下，適応免疫応答とその多様性獲得のメカニズムについて解説する．

A 体液性免疫応答と細胞性免疫応答

B細胞が免疫グロブリン（Ig：immunoglobulin）とよばれる抗体を分泌することによって生じる免疫応答が**体液性免疫応答**で，下記のT細胞性免疫応答に対して単に抗体応答ともよばれる（図8.16）．体液性免疫応答では，病原体などの抗原分子に特異的に反応する免疫グロブリンを産生することからはじまる．この病原体などに結合する部分を抗原決定基またはエピトープとよぶ．抗原のどの部位と結合するかによって，何種類もの抗体が産生され，このような応答をポリクローナルとよび，そのような抗体の集まりをポリクローナル抗体とよぶ．抗体による病原体破壊は単独では十分ではなく，補体とともにその病原体の細胞膜を破壊することで，生体防御反応を起こすことが知られている．

抗原が体内に入ると，数日をかけて抗体などがつくられはじめ，急激に産生量が上がった後に低下することが知られている．これが**一次免疫応答**である．その後，再度同じ抗原物質が体内に入ると，急激な応答によりすばやく抗体をつくる．これが**二次免疫応答**である．この迅速な応答は，免疫細胞が一度目の抗原に対する免疫応答を覚えているためで，免疫記憶とよばれる．これらの応答はB細胞の分化プロセスで説明することができる．抗原が未感作細胞であるB細胞に接触すると，その抗原刺激により分化し抗体産生細胞であるエフェクター細胞となる．また，その中の一部は別の分化を経て記憶細胞となり，二度目以降の抗原による攻撃に備える免疫記憶をつかさどることになる（図8.17）．

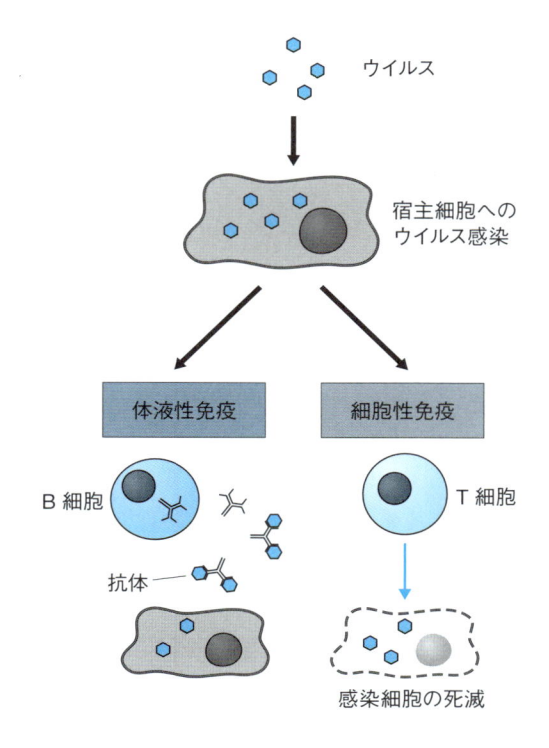

図8.16　体液性免疫と細胞性免疫

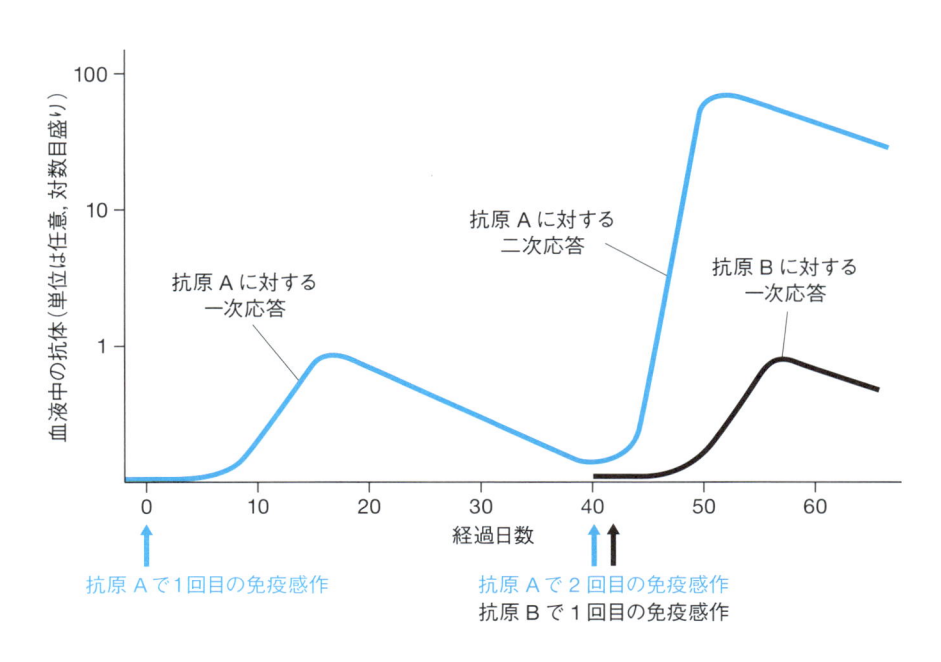

図8.17　一次免疫応答と二次免疫応答

さまざまな抗原決定基をもつ抗体の集まりであるポリクローナル抗体に対して，単一の抗原決定基をもつ抗体をモノクローナル抗体とよぶ．モノクローナル抗体は，1975年にケーラーとミルスタインによってその精製方法が報告されたものである．マウスに対して抗原物質を与えると，さまざまな抗原決定基をもつ抗体を産生するポリクローナルなリンパ球集団がつくられる．リンパ球は一定期間で死滅するため，このままでは必要な抗体を必要量分離することができないため，これらのリンパ球集団を，無限増殖能をもつミエローマ細胞と細胞融合させる．このようにして得られた細胞をハイブリッド細胞とよぶ．ハイブリッド細胞は無限増殖能をもち，かつ単一のハイブリッド細胞は単一の抗原決定基をもつ抗体を産生するため，分離培養することで容易にモノクローナルな抗体を産生することができる．これがモノクローナル抗体の作製方法である（図8.18）．モノクローナル抗体は，その特異性の高さから多くの免疫組織学的手法や医療に応用されている．モノクローナル，ポリクローナル抗体に限らず，抗原の中には分子量が小さいために抗体産生を誘導することができないものがある．このような性質をもつ物質をハプテンとよぶ．ハプテンは，それだけでは抗原性を有していないが，キャリアーとよばれるタンパク質を結合させることにより抗原性を高めることができる．

　一方，**細胞性免疫**とは，キラーT細胞が標的となる病原体などを，T細胞受容体（TCR）を介して認識するとともに攻撃をする応答で，T細胞性免疫応答ともよばれる．細胞性免疫応答では，免疫グロブリンと似たT細胞受容体が抗原分子を認識することが知られている．B細胞による体液性免疫との違いは2つある．1つは，T細胞は抗原提示細胞や樹状細胞の表面に抗原が提示されたときに，それが非自己であると認識し分化をはじめることである．この抗原は抗原提示細胞内で消化された断片であり，これが主要組織適合抗原複合体とともに提示される．もう1つの違いは，B細胞が抗体を分泌することにより離れた場所でも機能するのに対し，細胞性免疫ではT細胞が感染部位などに移動して近接したと

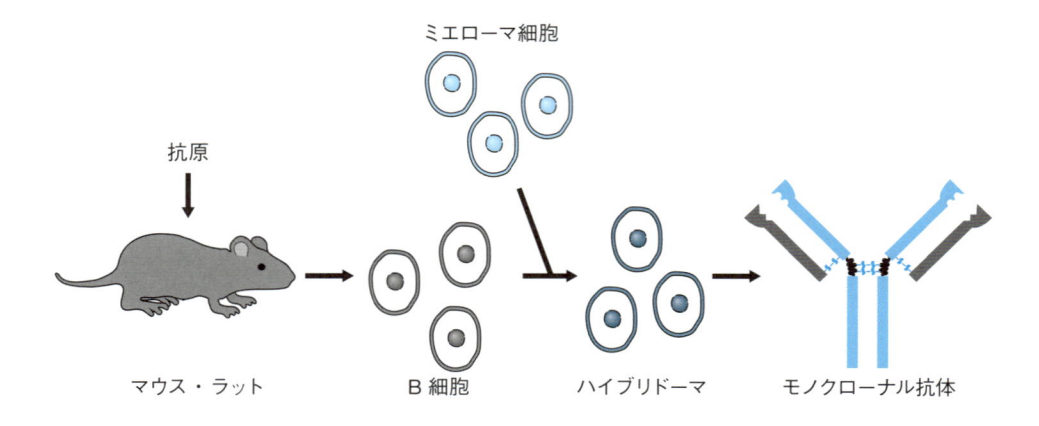

図8.18　モノクローナル抗体の作製法
抗原をマウス腹腔内に注射し，抗体産生を誘導する．その後，脾臓内のB細胞を取り出し，がん細胞であるミエローマ細胞と融合させ，目的の抗体を産生するハイブリドーマを選択する．

きのみはたらくことである．

そのため抗体分子と同様の構造をもつT細胞受容体は，膜結合型である．T細胞受容体は，可変ドメインと定常ドメインからなるヘテロ二量体である．このT細胞受容体の多様性は，イムノグロブリンと同様にRAGタンパク質による組換えによって獲得される．

B リンパ球細胞

ヒトには約1兆個のリンパ球が存在し，その量は脳細胞数と同等である．リンパ球は，血液やリンパ節，胸腺や脾臓などに存在している．このリンパ球が適応免疫反応の主役である．体内に侵入した病原体などは病原体関連分子パターン（PAMP）をもっており，自然免疫応答に関与する樹状細胞により認識される．これがマクロファージや好中球に仲介されて細胞内に取り込まれるとリソソームで消化され，これが目印となりT細胞などを活性化して適応免疫応答へとつながる．すなわち，自然免疫応答と適応免疫応答は，相互に密接に連携しているのである．

免疫に関与するリンパ球の中で主役を演じるのは，T細胞とB細胞である．T細胞は胸腺，B細胞は骨髄でつくられることから，その名前がついた．両細胞ともきわめて小さな細胞であり，分化を経て成熟した細胞と成る．成熟したB細胞は抗体をつくり，T細胞はサイトカインやT細胞受容体などを産生する．また，T細胞には，細胞障害性T細胞（キラーT細胞），ヘルパーT細胞，調節性（サプレッサー）T細胞などがある．細胞障害性T細胞は，文字通り感染した細胞を殺す役割を担っており，ヘルパーT細胞はサイトカインを分泌することにより，さまざまな細胞を活性化する．調節性（サプレッサー）T細胞は，逆にヘルパーT細胞などの機能を阻害する働きがある．

これらのリンパ球は，リンパ系器官を巡回しており，気管や消化管などを通して侵入してきた病原体などは樹状細胞などにより運ばれ，末梢のリンパ器官において病原体を特異的に認識できるリンパ球と遭遇することとなる．このリンパ球の循環と細胞の移動を誘導する物質がサイトカインの一種であるケモカインである．ケモカインは，細胞を血中から器官に誘導してT細胞は傍皮質へ，B細胞はリンパ濾胞へと移動する．

C 抗原と抗体

体液性免疫応答機構をもつ生物は，新しい抗原にさらされると，それに対する抗体を産生するようになる．一般的にほ乳類は10^6～10^8種類の抗体を産生する能力をもつといわれており，これまで遭遇したことがないような抗原に対しても対応する準備ができているといってよいだろう．この抗体を産生する細胞はB細胞であり，産生される抗体量は全血漿中タンパク質の20％を占めるほどである．大量の抗体を産生するために，1つのB細胞が産生する抗体量は，約5,000分子／秒という膨大な量となる．

抗体分子は，2個のL鎖（軽鎖：light chain）と2個のH鎖（重鎖：heavy chain）がジスルフィド結合により連結したY字状の免疫グロブリン四量体構造をとっている．L鎖とH鎖の先端は可変領域（V領域）とよばれ，認識する抗原に対して特異的なアミノ酸配列を

もっている．Y字の上部分（V字の領域）はFab領域とよばれる．可変領域以外の部分は定常領域（C領域）とよばれており，決まったアミノ酸配列をとっている．また，Y字の根元に相当するH鎖領域はFc領域とよばれ，抗原が結合した後の反応を引き起こすエフェクター機能をもっている．このエフェクター機能は，免疫グロブリンのアイソタイプによって異なる（図8.19）．

ほ乳類の抗体分子には，IgA，IgD，IgE，IgG，IgMの5つのクラスがある．このクラスの違いは，H鎖の違い，すなわち，α，δ，ε，γ，μに由来する（表8.4）．

B細胞が最初につくる抗体は，μ鎖をH鎖としてもつIgMである．IgMは未成熟な未感作B細胞の膜に結合した形で発現し，成熟した未感作B細胞を経て，分泌型IgMへと変化していく．分泌型IgMは，IgMが5つ集まった五量体構造をとるため，合計10ヶ所の抗原結合部位が存在することになる．

γ鎖をH鎖としてもつIgGには，さらにIgG1，IgG2，IgG3，IgG4のサブクラスがあり，それぞれH鎖としてγ_1，γ_2，γ_3，γ_4が使われている．IgGは，抗原抗体反応において主要な

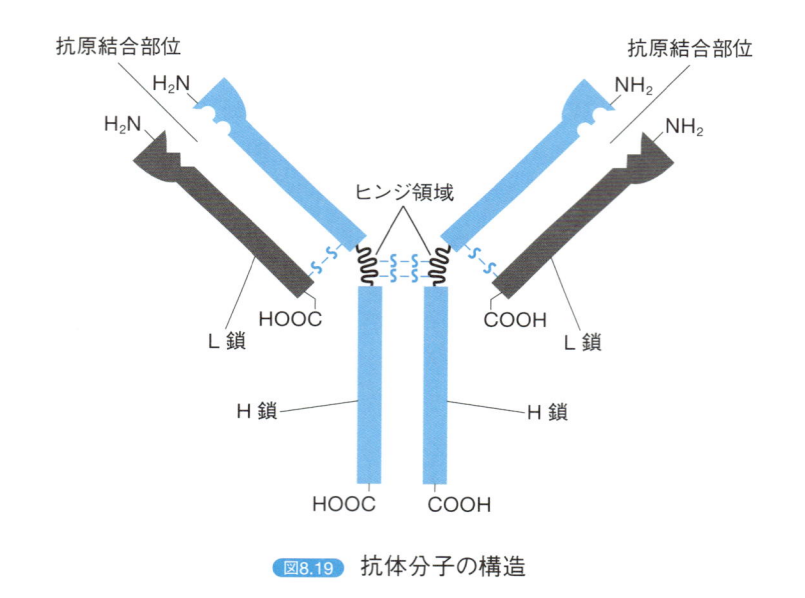

図8.19 抗体分子の構造

表8.4 イムノグロブリンとクラススイッチ

	抗体のクラス				
	IgM	IgD	IgG	IgA	IgE
H鎖	μ鎖	δ鎖	γ鎖	α鎖	ε鎖
L鎖	κかλ	κかλ	κかλ	κかλ	κかλ
四本鎖単位の数	5	1	1	1か2	1
割合	10%	1%以下	70〜75%	10〜15%	0.001%以下

参考：細胞の分子生物学, p.1557, 表25-1

分子であり，補体の活性化を促すとともに，食細胞（マクロファージや好中球）などのFc受容体と結合し，病原体などを破壊する．IgG2は胎盤に発現しているFc受容体に結合することができるFc領域をもち，母体から胎児に移行することができる唯一のサブクラスである．このIgG2が母体から胎児に移行することが，免疫システムが確立していない胎児を感染から防御するシステムとなっている．

α鎖をH鎖としてもつIgAは，唾液や腸管内の分泌液中に含まれる抗体であり，主に腸管免疫に関与している．分泌時にY字の根元部分同士が結合して二量体となる．

ε鎖をH鎖としてもつIgEは，そのFc領域が肥満細胞や好塩基球に発現するFc受容体と特異的に結合し，さまざまな生理活性物質を放出させる．その中でも，ヒスタミンは花粉症などのアレルギー反応に大きくかかわっていることが知られている．

δ鎖をH鎖としてもつIgDの機能は，長年にわたって不明とされてきたが，近年，上気道細胞や扁桃腺に存在する抗体産生細胞がIgDを産生しており，細菌や病原体などを認識するとともに，免疫細胞が発熱誘導物質などの放出を促し，感染を防ぐ機能があることが報告されている．

D 免疫系の多様性（遺伝子再構成）

2001年にヒトゲノム配列の概要が発表され，ヒトの遺伝子総数は約25,000であることが明らかになった．ところが，ヒトがつくり出す抗体の種類は抗原刺激がなくても10^{12}種類といわれており，ヒト遺伝子総数をはるかに上回る数となる．選択的スプライシング（p.111参照）などにより1遺伝子から複数のタンパク質がつくられる機構はあるが，10^{12}種類以上の抗体タンパク質をつくることは明らかに不可能である．それでは，生物は多種多様な抗原に対する抗体をいかにして産生しているのだろうか．

前項Cで述べたように，抗体分子はH鎖とL鎖からなるヘテロ四量体である．そのため，単純に計算すると，L鎖とH鎖それぞれの遺伝子数をかけた組み合わせ数となるため，100遺伝子ずつあれば$100×100=10^4$種類，1000遺伝子ずつあれば$1000×1000=10^6$種類となり，少ない遺伝子数で多様性を得ることが可能である．しかし，L鎖とH鎖が1000遺伝子ずつあるわけではなく，かつヒトは10^{12}種類以上の抗体分子をつくり出すことができるといわれており，L鎖とH鎖のかけ合わせのみでは不十分である．

そこで，より多くの抗体分子を産生するために生物がとった戦略が，L鎖やH鎖をさらに分割して各領域を複数個もつことで，さらに組み合わせ数を増やすという方法である．L鎖の構造についてみてみよう．

L鎖はV領域とC領域の間にさらにJ領域が存在しており，それぞれ遺伝子上も別のエキソンにコードされている．ヒトの場合，L鎖の1つであるκ鎖には40のV領域と5のJ領域が存在しており，これらの中から1つずつが選ばれて，VJCそれぞれが結合したL鎖を形成する．したがって，40×5=200種類のL鎖を産生することができる．もう一方のL鎖のλ鎖には120種類の組み合わせが存在する．さらにH鎖には，V領域とC領域の間に，D領域とJ領域が存在し40のV領域，25のD領域，6のJ領域が存在することから，

$40 \times 25 \times 6 = 6000$ 種類の H 鎖を産生することができる．200 種類の Lκ 鎖および 120 種類の Lλ 鎖と 6000 種類の H 鎖がそれぞれ 1 つずつ組み合わさることにより，$(200+120) \times 6000 = 1.9 \times 10^6$ 種類の抗体が産生されることになる（図 8.20）．

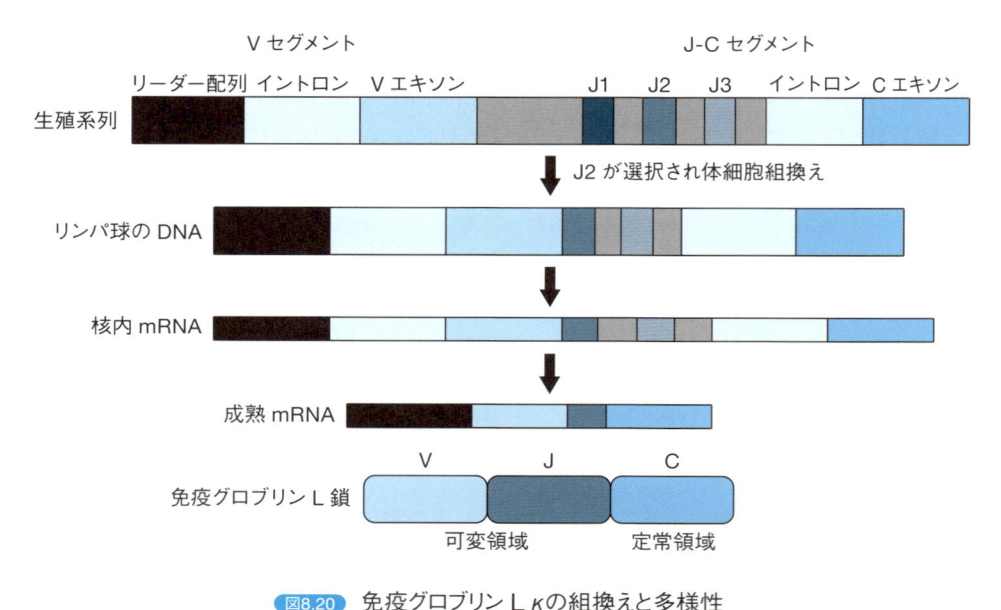

図8.20 免疫グロブリン L κ の組換えと多様性

上記のように抗体の多様性が確保されるが，それでも 10^{12} 種類以上といわれる抗体をつくり出すには十分ではない．細胞は，さらに別の方法を用いて多様性を増大させているのだが，その機構を説明する前に，VDJ の組換えがどのように行われているかをみていこう．

H 鎖をコードするゲノム領域では，5′ 上流から 3′ 下流に向けて，V 領域をコードするエキソン群，D 領域をコードするエキソン群，J 領域をコードするエキソン群の順番に直列に並んでいる．一連の組換えがはじまると，まず DJ の連結が起こり次に VD の連結が起こる．この組換えに関与しているタンパク質が RAG1 と RAG2 であり，この 2 遺伝子を抗体産生細胞ではない線維芽細胞に導入すると VDJ の組換え反応が起きることから，抗体分子の組換えに必要にして十分なタンパク質である．

Lλ 鎖の組換えをみていこう．図 8.21 に示したように，V 領域をコードするエキソンの 3′ 側と隣接したイントロンに 7 bp−スペーサー配列（23 bp）−9 bp のコンセンサス配列があり，J 領域をコードするエキソンの 5′ 側と接したエキソンに 9 bp−スペーサー配列（12 bp）−7 bp のコンセンサス配列が存在している．このスペーサー配列には共通性がないが，7 bp，9 bp は保存された配列となっており，組換えシグナル配列（RSS）とよばれる．RAG タンパク質は，V 領域側および J 領域側，双方のスペーサー領域にそれぞれ結合し，その後 RAG タンパク質どうしが結合する．その後，7 bp のシグナル配列が切断され，DNA 修

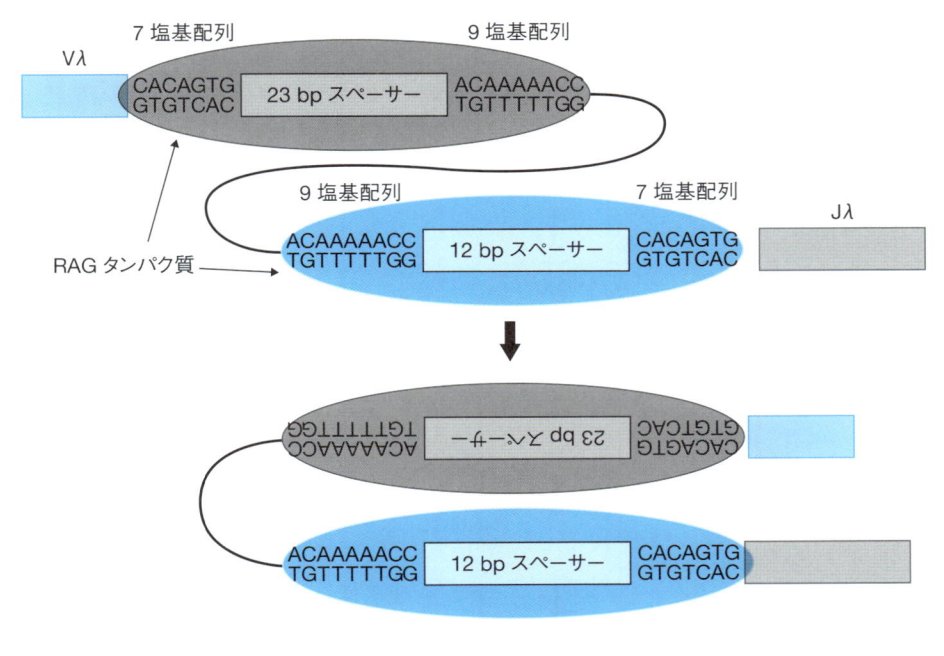

図8.21 RAGと免疫グロブリン遺伝子の組換え

復酵素によって，切断されたV領域とJ領域が結合される（図8.21）．

この一連の過程により，選択されたV領域とJ領域の間に存在する他のV領域およびJ領域は切り出されるため，元に戻ることはできない．この組換えによって機能的な抗体がつくられた場合は，もう一方の対立遺伝子の組換えは抑制されることが知られており，これを**対立遺伝子排除**とよぶ．しかし，この組換えによって機能的な抗体が産生されない場合があり，このときは再度組換えが起こることとなる．

機能的な抗体ができない原因は，生物が抗体の多様性を増加させる機構を獲得する代償として，非生産型再編成のリスクを甘受したためと考えられる．RAGタンパク質によって切断されたV領域とJ領域は，非相同末端連結であるため，切断された末端から塩基が欠失する可能性がある．また，B細胞にはヌクレオチドターミナルトランスフェラーゼとよばれる鋳型非依存性のDNA合成酵素が存在し，これが切断末端に塩基を付加することも知られている．これにより連結による多様化が起こり，抗体がさらに多様な抗原に対する反応性を獲得することになる．しかし，常に3塩基の倍数の欠失や挿入になるとは限らず，3n+1または3n+2塩基の欠失や挿入となると，フレームシフト変異が生じ，非生産型再編成となってしまう．確率的には2/3が非生産的となり，このようなB細胞は，骨髄内で死滅することになる（図8.22）．

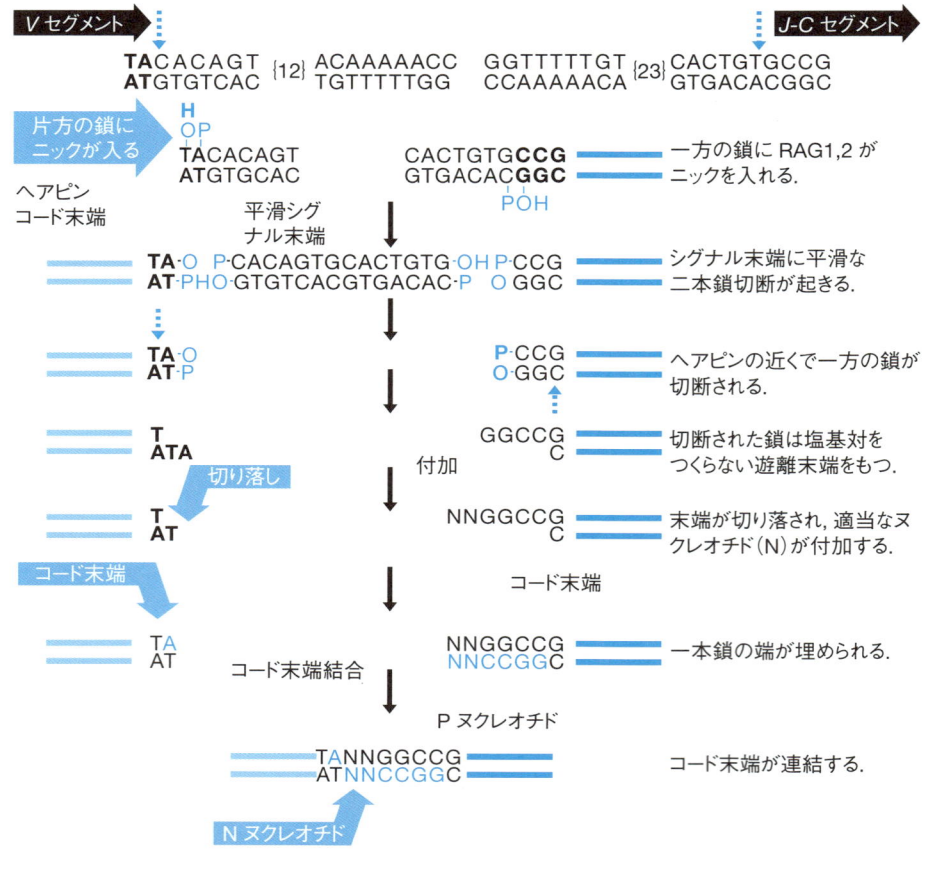

図8.22 ヌクレオチドターミナルトランスフェラーゼと多様性の創出
（出典：遺伝子第 8 版，p.681，図 26.13）

E 主要組織適合系複合体遺伝子群と組織適合抗原

　免疫反応に関与する細胞は，病原体などと自己の細胞を区別しなければいけない．自己細胞に対して抗体をつくるようになってしまえば，体内のさまざまな組織が攻撃を受け，自己免疫疾患の原因となる．膵臓のインスリン分泌細胞を攻撃するようになれば，インスリンを産生することができなくなり，糖尿病を発症することになり，個体としての生存を脅かすことになる．そのため，自己に対する免疫応答を押さえる**自然免疫寛容**（自己寛容）能をもっている．また，移植後にその移植細胞を受け入れる現象があることも知られており，これを獲得免疫寛容とよぶ．獲得免疫寛容は，誕生間もないマウスに他のマウス細胞を移植することで非自己を自己として学習し，その後，移植細胞と同じ個体からの移植に対して免疫反応を起こさなくなるものと考えられている．

　では，自己と非自己をどのようにして認識しているのだろうか．すでに述べたように，

抗原は抗原提示細胞内で消化され，断片として抗原提示細胞表面に提示される．その際に，MHCタンパク質と結合した状態となっている必要がある．抗原を認識するT細胞は，この抗原の断片と**MHC複合体**を認識することになる．MHCには2つのクラスがあり，クラスⅠMHCは細胞障害性T細胞に対して抗原を提示する際に使われ，クラスⅡMHCはヘルパーT細胞や調節性T細胞に抗原を提示する際に使われる（図8.23）．

これらMHCは，移植拒否反応に関与するタンパク質として同定されたため，移植抗原ともよばれた．クラスⅠおよびⅡのMHCは，どちらも類似の構造をもつ膜貫通型ヘテロ二量体であり，クラスⅠにはHLA-A，B，C，クラスⅡにはDP，DQ，DRなどが存在する．このMHCとともに提示される抗原とTCRの親和性は低いため，これらだけでは十分に結合し機能することは難しい．これを補う役割を担っているのが，補助受容体とよばれるCD4やCD8タンパク質である．これらは，膜貫通型のイムノグロブリン様タンパク質である．CD4はヘルパーT細胞や調節性T細胞で発現しており，クラスⅡのMHCタンパク質に結合する．一方CD8は細胞障害性T細胞に発現しており，クラスⅠMHCに結合する．

ヘルパーT細胞は，分泌するサイトカインでTH1細胞とTH2細胞に分類できる．TH1細胞は，インターフェロンγや腫瘍壊死因子αなどを分泌し，細胞障害性T細胞とともに感染細胞を破壊する．一方，TH2細胞はインターロイキン4や10などを分泌してB細胞による抗体産生を誘導する．このことは，ヘルパー細胞の分化が免疫応答の種類を決めるということを意味する．すなわち，TH1細胞への分化が誘導されれば，マクロファージ活性化による細胞性免疫応答が，TH2細胞が優性となれば抗体による体液性免疫応答が引き起こされるのである．

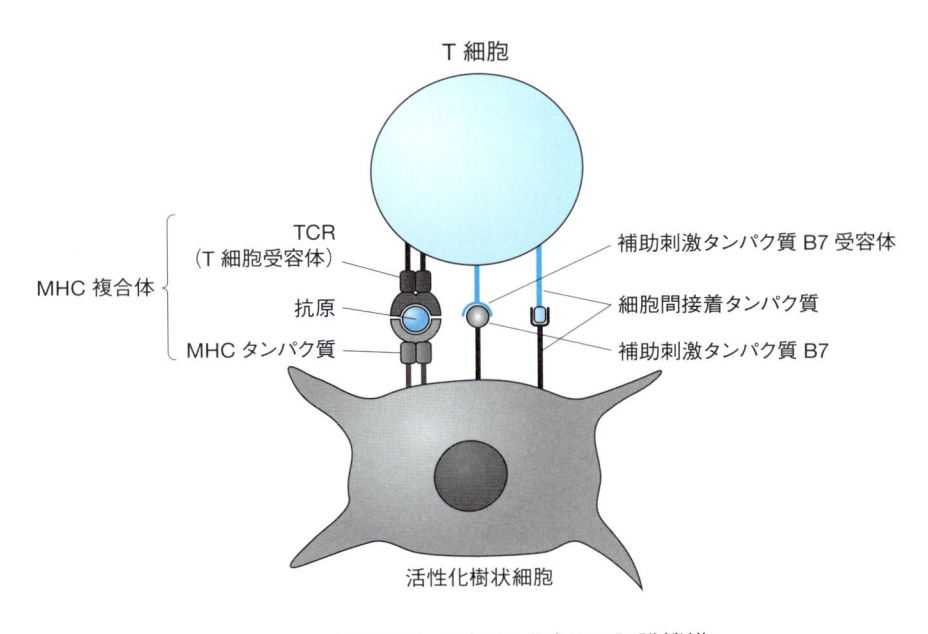

図8.23　MHCによる自己と非自己の認識機構

ま と め

1. 細胞は，細胞膜によって外界との壁をつくっているが，外部から栄養素やさまざまな刺激を受けている．細胞外からの刺激を受け取り，細胞内へと伝えるしくみをシグナル伝達とよぶ．
   シグナル伝達では，膜に存在する受容体が外からの刺激（リガンド）を受容し，多くの場合，核内の転写因子の活性化を引き起こす．
2. 細胞内には，cAMP，Ca^{2+}，DG，IP3，cGMPなどのセカンドメッセンジャーが存在する．
3. 細胞内のシグナル伝達経路は，カスケード機構を用いている．
4. 細胞周期は，S期，G_1期，M期，G_2期，それに休止状態のG_0期に分かれる．
5. 各期間において制御機構が存在し，これをチェックポイント制御とよぶ．
6. 細胞周期は，サイクリン依存性キナーゼ（Cdk）活性によって制御される．
7. M-サイクリンは，G_2期からM期にかけて合成量が上昇するが，分裂とともに分解される．
8. Rbタンパク質がリン酸化を受けると，細胞周期関連遺伝子が活性化して細胞周期がスタートする．このため，Rbタンパク質が機能を失うとがん化を引き起こす．
9. がん遺伝子は，細胞由来の清浄機能を担っていた遺伝子が変異を起こしたものであり，多くのものが増殖に関与する遺伝子である．
10. Rasタンパク質はGタンパク質であり，2ヶ所の変異により常に細胞内に増殖シグナルを送る異常型となる．
11. *myc*遺伝子は，発現量が上昇することでがん化を引き起こすがん遺伝子であり，転座によって活性化した例が多く報告されている．
12. がん抑制遺伝子には，*p53*や*Rb*などが知られており，本来の機能は細胞周期を制御することであるが，その機能が失われたときにがん化が引き起こされる．
13. 正常な形態形成やDNAの損傷による細胞機能の喪失により，それらの細胞死が誘導されることがあり，これをアポトーシスとよぶ．
14. アポトーシスには数種のカスパーゼが関与しており，初期に機能する開始プロカスパーゼとそれらによって活性化される実行プロカスパーゼに大別される．
15. アポトーシスには，外部アポトーシス経路と内部アポトーシス経路が存在する．外部アポトーシス経路では，FasリガンドがFas細胞死受容体に結合することでスイッチが入る．一方，内部アポトーシス経路では，シトクロムcの放出とApaf1により引き起こされる．
16. アポトーシスは，*Bcl2*遺伝子群などにより厳密に制御されるとともに，IAPやIAP抑制因子などのバランスによっても制御されている．
17. 免疫機構には，抗体と補体が関与する体液性免疫応答とT細胞が関与する細胞性免疫応答の2種類がある．

18. 病原体など外部から侵襲する物質を抗原，それに結合して体液性免疫応答を引き起こす分子を抗体とよぶ．
19. 免疫応答には，抗原が初めて侵入して起きる一次免疫反応と二度目の侵入によってすばやく引き起こされる二次免疫反応がある．
20. モノクローナル抗体とは，まったく同じ抗原認識部位をもつ抗体の集合であり，人工的には，ミエローマ細胞と抗体産生細胞を細胞融合させることでつくり出すことができる．
21. T細胞はT細胞受容体を産生し，抗原提示細胞や樹状細胞による抗原提示が行われた際に活性化される．
22. T細胞には，細胞障害性T細胞（キラーT細胞），ヘルパーT細胞，調節性（サプレッサー）T細胞などがある．
23. 抗体やT細胞受容体は，体細胞組換えによって多様性を獲得する．
24. 抗体には，IgA，IgD，IgE，IgG，IgMがある．
25. 自己と非自己の区別には，クラスⅠMHCやクラスⅡMHCが重要なはたらきをする．

参考文献

Albert, B. et al.，中村桂子他訳，『細胞の分子生物学 第5版』，ニュートンプレス，2010

Gomperts, B.，上代淑人他訳，『シグナル伝達 第2版』，メディカル・サイエンス・インターナショナル，2011

Lewin, B. et al.，永田和宏他訳，『ルーイン細胞生物学』，東京化学同人，2008

Lewin, B. et al., Gene XI, Jones & Bartlett Leaning, 2012

東原和成（編），『化学受容の科学』，化学同人，2012

Weaver, R.，杉山弘他訳，『ウィーバー分子生物学 第4版』，化学同人，2008

Watson, J. D. et al.，中村桂子他訳，『ワトソン遺伝子の分子生物学 第5版』，東京電機大学出版局，2006

Rodbell, The role of hormone receptors and GTP-regulatory proteins in membrane transduction., *Nature*, **284**, pp.17-22, 1980

索引

英文索引

ARS	76
Bcl2	179
cAMP	90, 100, 164
cccDNA	32
cos	65
CRP	90, 100
CTD	93, 96, 108
DnaA	76
DnaB	76
DPE	95
E2F	169
eIF	128
fMet-tRNA$_f^{Met}$	125
Hfr	60
HLH	102
hnRNA	26, 93, 107
Inr	94
IP3	164
lacZ	88
IgA	184
IgD	184
IgE	184
IgG	184
IgM	184
LINE	50, 62
LTR	62
Met-tRNA$_f^{Met}$	125
miRNA	106
mRNA	26
ocDNA	32
OD	30
oriC	76
p53	175
ras	172
RdRp	104
RF	128
RFLP	51
RISC	104
rpoH	84
rRNA	26, 47
RuBisCO	54
SINE	49, 62
siRNA	104
snRNA	27, 93, 108, 111
snRNP	108, 111
sRNA	91
TBP	95
TFIID	95
TFIIE	96
TFIIH	96
TFIIIA	97
TFIIIB	96
TFIIIC	96
T_m	30
tRNA	26, 96, 121
UAS	100

和文索引

あ行

IS 因子	59, 61
IAP 抑制因子	179
アクセプターアーム	124
アクチベーター	90
アクチン	11
アクチンフィラメント	10
アクリジン色素	135
アテニュエーション	90
アテニュエーター	90
アデニン	21
アデニンメチラーゼ	81
アドヘンスジャンクション	12
アニーリング	31
アポトーシス	176
アポトーシス阻害因子	179
アミノアシル tRNA	123
アミノアシル tRNA 合成酵素	124
アミノ酸残基	35
アミノ酸配列	36
アミノ末端	35
R 因子	57
RNA	17
RNAi	104
RNA 依存 RNA ポリメラーゼ	104
RNA エディティング	53, 115
RNA 干渉	104
RNA サイレンシング	104
RNA プライマー	74
RNA 編集	53, 115
RNA ポリメラーゼ	26, 83, 92
RNA ポリメラーゼ I	93
RNA ポリメラーゼ II	93
RNA ポリメラーゼ III	93
RNA 誘導サイレンシング複合体	104
RNA リガーゼ	114
アルキル化剤	134
RB タンパク質	169
αアマニチン	93
α-アミノ酸	34
αヘリックス	36
R プラスミド	57
アレルギー	185
アンチコドン	124
アンチコドンアーム	124
アンチセンス RNA	103
アンチセンス鎖	83
鋳型鎖	83
維持型メチラーゼ	117
一次構造	36
一次免疫応答	180
一本鎖 DNA 結合タンパク質	77
遺伝暗号	121
遺伝子ファミリー	48
イニシエーター	94
イノシトール 3-リン酸	164
E 部位	128
インスリン	39

インスリン受容体	42	活性化因子	90
インスレーター	100	活性クロマチン	46
インテグリン	12	滑面小胞体	7
インデューサー	88	可動 DNA	60
イントロン	46, 109	可動遺伝子	60
ウラシル	21	カドヘリン	12
エーブリー	18	カプシド	63
HTH モチーフ	100	可変領域	183
H 鎖	183	ガラクトースオペロン	57
Alu 配列	50	下流	84
Alu ファミリー	50	下流プロモーター配列	95
エキソン	46, 109	4-カルボキシグルタミン酸	41
S-S 結合	36	カルボキシル末端	35
S 期	167	がん遺伝子	171
エステル転移反応	110	環状二本鎖 DNA	56
枝分かれ部位	110	がん抑制遺伝子	175
N 末端	35	キナーゼ	42
N 末端アミノ酸残基	35	機能獲得型変異	140
A 部位	127	機能喪失型変異	140
F 因子	57	基本転写因子	101
F プラスミド	57	キモトリプシン	41
F' プラスミド	60	逆転写	71
M13 ファージ	66	逆転写酵素	61, 71
MHC 複合体	189	逆方向くり返し配列	86
M 期	167	逆向き反復配列	61
M 期促進因子	168	キャッピング	107
L 鎖	183	キャッピング酵素	96
塩基	21	ギャップ結合	13
塩基欠失	135	キャップ構造	29, 107
塩基除去修復	143	ギャップジャンクション	13
塩基挿入	135	キャリアー	182
塩基置換	134	吸光度	30
塩酸グアニジン	38	キラー T 細胞	182
エンテロキナーゼ	41	グアニリルトランスフェラーゼ	96
エンドヌクレアーゼ	114	グアニン	21
エンハンサー	99	組換え修復	144
応答配列	99	クラスター	56
岡崎フラグメント	75	グラム染色液	5
オペレーター	88	グリコサミノグリカン	14
オペロン	57, 88	クリック	1
オペロン説	88	グリフィス	18
		グループ I イントロン	108
か行		グループ II イントロン	108
開環状 DNA	32	グルコース抑制	89
介在配列	109	クレノウ断片	74
開始因子	84	クロマチン	6, 45
開始コドン	121	軽鎖	183
ガイド RNA	104, 116	形質転換	18
外部アポトーシス経路	178	血液凝固因子	41
回文	85	欠失変異	135
解離因子	128	決定複合体	96
核	5	ゲノム	45
核小体	6	ゲノムインプリンティング	116
核内低分子 RNA	93, 111	ゲノムサイズ	5
核内低分子リボタンパク質	108, 111	ケモカイン	183
核膜	4, 6	ケラチン	11
核膜孔	4, 6	原核細胞	4
核様体	56	減色効果	30
カスケード反応	42	コア酵素	78, 84
カスパーゼ	177	コアヒストン	45
カタボライト抑制	89	抗原	180

抗原提示細胞	189	ジスルフィド結合	14, 36
高次構造	36	自然免疫寛容	188
校正修復	141	持続感染	66
酵素適応	88	シータ型複製	58, 65
抗体	180	シトシン	21
抗転写終結因子	91	ジヒドロウリジンアーム	124
コサプレッション	104	C 末端	35
5′-デオキシリボヌクレオチド	21	C 末端アミノ酸残基	35
5′ 末端	24, 27	C 末端ドメイン	93
コード鎖	83	C 領域	184
コドン	121	シャイン−ダルガーノ配列	126
コピー数	57	ジャコブ	73, 88
コラーゲン	14	シャルガフの規則	23
コリシン産生因子	57	重鎖	183
ゴルジ体	5	GU-AG ルール	109
コレステロール	4	終止コドン	122
コンセンサス配列	84	縦列型反復配列	48, 51
コンティグ地図	52	受動輸送	6
コンホメーション	38	受容アーム	124
		受容体	164

さ行

サイクリック AMP	164	小サブユニット	26
サイクリン B	168	小胞体	5
サイクリン依存性キナーゼ	168	上流	84
再生	31, 39	上流活性化配列	100
サイトカイン	183	自律複製配列	76
細胞	12	真核細胞	4
細胞外マトリックス	12	真核性開始因子	128
細胞間接着	12	新規型メチラーゼ	117
細胞骨格	10	新奇性	156
細胞周期	167	ジンクフィンガーモチーフ	100
細胞障害性 T 細胞	183	シンシチウム	11
細胞小器官	6	伸長因子	127
細胞性免疫	182	伸長複合体	96
細胞接着	12	水素結合	23
細胞膜	3	スーパー遺伝子ファミリー	48
細胞融合	182	スーパーソレノイド構造	45
サイレンサー	99	スプライシング	26, 96, 108
サイレント変異	139	スプライシング複合体	111
サブユニット	38	スプライス部位	109
サプレッサー	104	スプライソソーム	108
サプレッサー変異	140	刷込み	116
三次構造	38	制御点	170
3′→5′ エキソヌクレアーゼ活性	74	性決定因子	57
3′-デオキシリボヌクレオチド	21	制限酵素地図	52
3′ 末端	24, 27	制限断片長多型	51
Col プラスミド	57	セカンドメッセンジャー	164
紫外線	134	接合	58
G_0 期	167	接着結合	12
G_1 期	167	接着斑	15
G_2 期	167	Ser/Thr キナーゼ	42
シグナル伝達	163	セルフスプライシング	108, 113
シグナルペプチド	40, 54	染色体異常	137
σ 因子	84	染色体ウォーキング	52
自己スプライシング	108, 113	染色体地図	51
CG アイランド	47	染色体歩行	52
CCAAT ボックス	94	センス RNA	102
GC ボックス	94	センス鎖	83
シススプライシング	112	選択的スプライシング	111
シストロニック転写	84	先導部位	90
シストロン	84	セントロメア	46
		相同組換え	147

挿入 ································· 66
挿入配列 ···························· 59, 61
挿入変異 ······························ 135
相補性 ································ 24
粗面小胞体 ······························ 7
ソレノイド構造 ·························· 45

た行

体液性免疫応答 ························ 180
ダイサー ······························ 104
ダイサーホモログ ······················ 104
大サブユニット ·························· 26
タイトジャンクション ···················· 12
対立遺伝子排除 ························ 187
多核細胞 ································ 11
多剤耐性因子 ···························· 57
脱アミノ反応 ·························· 135
ターミネーター ·························· 84
Dam メチラーゼ ···················· 81, 141
短鎖縦列反復配列多型 ···················· 51
淡色効果 ································ 30
タンパク質分解酵素 ······················ 40
短分散型反復配列 ···················· 50, 62
チェイス ································ 20
チェックポイントコントロール ·········· 170
チミン ·································· 21
中間径フィラメント ··················· 6, 10
調節性 T 細胞 ·························· 183
重複性転位 ······························ 61
長分散型反復配列 ···················· 50, 62
Tyr キナーゼ ···························· 42
TATA ボックス ·························· 94
TATA ボックス結合タンパク質 ············ 95
DNA ···································· 17
DNA 依存 RNA ポリメラーゼ ·············· 83
DNA ウラシルグリコシラーゼ ············ 143
DNA 型トランスポゾン ···················· 60
DNA トポイソメラーゼ ···················· 78
DNA フィンガープリント法 ················ 49
DNA 複製 ································ 71
DNA 複製開始タンパク質 ·················· 76
DNA プライマーゼ ························ 77
DNA ヘリカーゼ ····················· 76, 147
Dna ボックス ···························· 76
DNA ポリメラーゼ ························ 73
DNA ポリメラーゼ I ················ 74, 77, 144
DNA ポリメラーゼ II ······················ 74
DNA ポリメラーゼ III ···················· 141
DNA ポリメラーゼ III ホロ酵素 ········ 74, 77
DNA ポリメラーゼ α ······················ 79
DNA ポリメラーゼ γ ······················ 79
DNA ポリメラーゼ δ 複合体 ················ 79
DNA ポリメラーゼ ε 複合体 ················ 79
DNA リガーゼ ···························· 78
T 偶数系ファージ ························ 62
T 細胞 ································ 183
T 細胞受容体 ·························· 182
定常領域 ······························ 184
TψC ループ ···························· 124
T2 ファージ ···························· 19
T4 ファージ ···························· 63

D アーム ······························ 124
低分子核 RNA ·························· 27
デオキシリボ核酸 ························ 17
デオキシリボース ························ 21
デオキシリボヌクレオシド ················ 21
テロメア ························ 50, 79, 173
テロメラーゼ ······················ 50, 173
転位 ·································· 128
転移 RNA ······························ 121
転位可能因子 ···························· 60
転座 ·································· 137
転写 ···································· 71
転写後型ジーンサイレンシング ·········· 104
転写因子 ································ 93
転写開始点 ······························ 84
転写開始複合体 ·························· 93
転写減衰 ································ 90
転写酵素 ································ 83
転写終結配列 ···························· 84
転写単位 ································ 84
テンペレートファージ ················ 62, 64
電離放射能 ···························· 134
頭殻 ···································· 63
同義コドン ···························· 121
糖鎖の付加 ································ 7
糖脂質 ·································· 4
糖タンパク質 ························ 4, 42
頭部 ···································· 64
同方向反復配列 ·························· 62
毒性ファージ ···························· 62
突然変異 ······························ 133
ドメイン ······························ 100
トランススプライシング ················ 112
トランスファー RNA ···················· 121
トランスポセス ·························· 61
トランスポゾン ···················· 50, 60
トランスロケーション ·················· 128
トリプシノーゲン ························ 41
トリプシン ······························ 40
トリプトファンオペロン ·················· 57

な行

内部アポトーシス経路 ·················· 178
ナンセンス変異 ···················· 122, 139
2 回転対称部位 ·························· 86
二次構造 ································ 36
二次免疫応答 ·························· 180
二重らせん ······························ 24
ニック ·································· 32
二本鎖切断 ···························· 144
ニューロフィラメント ···················· 11
尿素 ···································· 38
ヌクレオソーム ······················ 6, 45
ヌクレオチド ···························· 17
ヌル変異 ······························ 139
ネクローシス ·························· 177
熱ショックタンパク質 ···················· 39
濃色効果 ································ 30
能動輸送 ································· 6

は行

肺炎双球菌	18
ハーシー	19
発現配列タグ	52
ハプテン	182
パリンドローム	85
半数体	50
半不連続複製	76
半保存的複製	71
ヒアルロン酸	14
光栄養生物	10
B細胞	183
微小管	10
ヒストン	6, 45
ヒストンオクトマー	45
P部位	127
尾部	63
尾部繊維	63
ビメンチン	11
標的の重複	61
ピリミジン塩基	21
ピリミジン二量体	134
ビルレントファージ	62, 64
ファイアー	104
ファージの誘発	66
Fas細胞死受容体	178
Fasリガンド	178
フィブリン	41
フィブロネクチン	14
V領域	183
複合型トランスポゾン	62
複製開始点認識複合体	77
複製フォーク	73, 75
付着末端	64
復帰変異	140
プライマーゼ複合体	79
プライモソーム	76
プラスミド	57
ブランチ部位	110
プリブナウボックス	85
プリン塩基	21
ブレオマイシン	134
プレプロインスリン	40
フレームシフト変異	139
不連続複製	75
プロインスリン	40
プログラム細胞死	177
プロセシング	39, 107
プロファージ	64
プロモーター	56, 84
プロモータークリアランス	96
分散型反復配列	48, 62
分子シャペロン	39
分子進化	150
分子時計	151
分枝部位	110
閉環状DNA	31
ベイシックロイシンジッパーモチーフ	102
β-ガラクトシダーゼ遺伝子	88
β構造	36

βシート	36
βターン	37
ヘテロ核RNA	26, 93, 107
ヘテロクロマチン	46
ペプチジルtRNA	128
ペプチド結合	34
ペプチドホルモン	39
ヘミメチル化部位	117
ヘリックス・ターン・ヘリックスモチーフ	100
ヘリックス・ループ・ヘリックス	102
ペルオキシソーム	9
変異	139
変性	30, 38
変性剤	39
ホスホジエステル結合	22
保存性転位	61
補体	180
ホットスポット	138
ホメオタンパク質	100
ホメオドメイン	100
ポリ(A)鎖	29, 108
ポリ(A)付加	106
ポリ(A)付加シグナル	108
ポリ(A)ポリメラーゼ	108
ポリガラクチュロナーゼ	103
ポリクローナル抗体	180
ポリシストロニック転写	84
ポリシストロン性mRNA	57
ポリソーム	121
ポリヌクレオチド	17, 28
ポリペプチド	35
ポリリボソーム	121
N-ホルミルメチオニルtRNA	125
ホロ酵素	84
翻訳	71, 121
翻訳後修飾	39

ま行

マイクロRNA	106
マイクロサテライトDNA	48, 51
マイクロフィラメント	11
−35塩基配列	85
−10塩基配列	85
膜タンパク質	4
末端連結修復	144
マトリックス間接着	12
ミーシャー	21
ミスセンス変異	122, 139
ミスマッチ修復	81, 141
密着結合	12
ミトコンドリア	5, 8
ミトコンドリアゲノム	55
ミニサテライトDNA	48, 50
無機栄養生物	10
メセルソン	71
メチル化	29
メロー	104
免疫グロブリン	180
モノー	88
モノクローナル抗体	182

や行

薬剤耐性因子……57
融解温度……30
有機栄養生物……10
溶菌……19
溶菌サイクル……64
溶菌ファージ……62
溶原化サイクル……64
溶原（性）ファージ……62
葉緑体……9
四次構造……38

ら・わ行

LINE-1（*Kpn*）ファミリー……50
ラギング鎖……75
ラクトースオペロン……57
ラミニン……14
ラミン……6
λファージ……64
ラリアット……111
リガンド……164
リーキー変異……139
リーダー配列……90
リーダーペプチド……90
立体配座……38
リーディング鎖……75
リプレッサー……88
リブロース1,5-二リン酸カルボキシラーゼ／オキシゲナーゼ……54
リボ核酸……17
リボース……28
リボザイム……113
リボソーム……26, 47
リボソームRNA……47
リボソームタンパク質……47
リボヌクレオシド……28
リボヌクレオチド……27
両性電解質……34
リンカーDNA……45
リンカーヒストン……45
リン酸化酵素……42
リン脂質……4
レトロウイルス……71
レトロトランスポゾン……61
レトロポゾン……61
レプリコン……73
レプリソーム……77
連鎖……51
ロイシンジッパーモチーフ……102
ρ因子……85
ρ因子依存性ターミネーター……85
ρ因子非依存性ターミネーター……85
ローリングサークル型複製……58, 65
ワトソン……1

著者紹介

池上正人(いけがみまさと)（農学博士）
- 1975年　アデレイド大学大学院農学研究科 農学専攻博士課程修了
- 現　在　日本バイオ技術教育学会理事長
　　　　　東北大学名誉教授

海老原 充(えびはらみつる)（農学博士）
- 1990年　東京大学大学院農学研究科 農芸化学専攻博士課程
　　　　　単位取得退学
- 現　在　関東学院大学理工学部理工学科動物分子生物学研究室教授

NDC464　　207p　　26cm

新バイオテクノロジーテキストシリーズ
分子生物学　第2版

2013年11月　1日　第1刷発行
2025年　1月16日　第9刷発行

監　修	NPO法人日本バイオ技術教育学会
著　者	池上正人・海老原 充
発行者	篠木和久
発行所	株式会社　講談社
	〒112-8001　東京都文京区音羽2-12-21
	販売　(03) 5395-5817
	業務　(03) 5395-3615
編　集	株式会社　講談社サイエンティフィク
	代表　堀越俊一
	〒162-0825　東京都新宿区神楽坂2-14　ノービィビル
	編集　(03) 3235-3701
本文データ制作	株式会社エヌ・オフィス
印刷所	株式会社平河工業社
製本所	株式会社国宝社

落丁本・乱丁本は，購入書店名を明記のうえ，講談社業務宛にお送りください．送料小社負担にてお取替えいたします．なお，この本の内容についてのお問い合わせは，講談社サイエンティフィク宛にお願いいたします．定価はカバーに表示してあります．

© Masato Ikegami and Mitsuru Ebihara, 2013

本書のコピー，スキャン，デジタル化等の無断複製は著作権法上での例外を除き禁じられています．本書を代行業者等の第三者に依頼してスキャンやデジタル化することはたとえ個人や家庭内の利用でも著作権法違反です．

JCOPY〈(社)出版者著作権管理機構 委託出版物〉

複写される場合は，その都度事前に(社)出版者著作権管理機構（電話 03-5244-5088，FAX 03-5244-5089，e-mail: info@jcopy.or.jp）の許諾を得てください．

Printed in Japan
ISBN 978-4-06-156352-0